コロイドの物理学

表面・界面・膜面の熱統計力学

S. A. サフラン 著

好村 滋行 訳

物理学叢書
86

吉岡書店

STATISTICAL THERMODYNAMICS OF SURFACES, INTERFACES, AND MEMBRANES
by Samuel A. Safran

Copyright © 1994 by Samuel A. Safran.
First published in in the United States by Perseus Book,
a Member of the to Perseus Book Group.
Reading, Massachusetts 01867 U.S.A.

Japanese translation rights arranged with
Perseus Books, a Member of the Perseus Books Group.,
Reading, Massachusetts, U.S.A.
through Tuttle-Mori Agency, Inc., Tokyo

序文

　表面と界面の構造や相挙動，動力学を研究することは魅力的である．なぜならば，二次元界面は三次元の世界に『宿って』おり，そのため三次元空間に広がることができて，三次元的なバルクの物質では見られないような現象を示すからである．実用的な見地からも，特定の目的に合った材料を作るためには，複雑な多成分系の理解とその内部にある界面の理解が必要である．新材料の開発で重要となる複雑な流体と固体は，成分とパラメータの多様性のため，試行錯誤的な方法では設計することはできない．これらの材料は，ある場合には微視的な混合物として分析することができる一方，それを分散系と見なし，系に内在する界面の特徴に着目することも都合が良い．このようにして系の研究と理解は非常に単純化される．なぜならば，複雑かつ三次元的な混合物の振舞いを調べるかわりに，問題が二次元の界面(の集団)を調べることに帰着されるからである．もちろんこの単純化は，界面の長さのスケールが一分子の構成単位のスケールより遥かに大きい時に適用可能である．そうでない場合には，バルクの三次元的な分子混合物として説明するのが最も良い．

　以上のアプローチは，この『表面，界面，膜面の熱統計力学に関する講義ノート』による理論的な説明の背後にある原理である．本書の意図は，系に存在する大きなスケールの特徴に着目することで，伝統的なコロイド科学の教科書に書いてある表面や界面，膜面の構造や熱力学に関する多く

のすばらしい手法を補うことである．ここでは，分子サイズより大きなスケールでの系の特徴を記述する概念と，その理論的な道具立てについて述べてある．この本は (講義中の形式張らない内容，参考文献，図を含めた) 一連の講義ノートであり，実際の材料や実験に関する詳細については，より伝統的な教科書や専門書を参照していただきたい (1 章の終りの参考文献を見よ)．本書は，系の巨視的，熱力学的な性質の基礎となる統計力学に関心を持つ物理学，物理化学，化学工学，物質科学の分野の人達を想定している．読者は，大学院レベル以下の統計力学の講義を受講していることが望ましい．しかし，統計力学に関する若干の復習や曲面の微分幾何学，流体力学の幾つかの考え方については，1 章で導入的に述べられている．この導入的な内容が理解できれば，その後の展開のほぼすべてが理解できるようになっている．私の経験からすると，この本のすべてではないが，ほとんどの部分を大学院レベルの一学期間の講義で扱うことができる．本文中には，例題と各章末のより高度な問題もある．

　本書では最初に問題を扱う伝統的な手法を示し，それから系の熱的なゆらぎが単純な記述にどのような影響を与えるかを調べる．この考え方は，コロイドおよび界面科学の分野で研究されている系の豊かな多様性を扱う際に絶えず用いられる．簡単な連続体的記述に適していることから，着目するのは一般に液体・液体か液体・気体の界面である．ただし，ラフニングやぬれとの関連で固体・気体の界面についても述べる．2 章では一つの孤立した界面の性質についての議論から始める．そこでは表面張力または界面張力を，相分離した成分の密度プロファイルと関係付ける．3 章ではゆらぎについて調べ，表面ゆらぎとそのラフニング転移への影響を議論する．また界面は孤立したままでは存在しないので，4 章では三相共存について論じ，ぬれについての議論，接触線のゆらぎの問題を扱う．実用的にも科学的にも興味のある系は界面の集団から成り，その振舞いは界面間の

相互作用の影響を受ける．5章では固い界面間の相互作用について説明する．ここでは，ファン・デル・ワールス相互作用，静電相互作用，そして『枯渇力[1]』として知られている溶質を媒介とした相互作用の議論を通して，ゆらぎによる効果と直接的な効果の両方について言及する．6章では柔らかい界面(流体膜)の性質と膜間の相互作用について，ゆらぎの役割と曲率エネルギーに重点をおいて議論する．5,6章では少数の界面や表面間の相互作用を扱うのに対して，7,8章では界面の集団の熱力学的性質を議論する．コロイド分散系は7章で扱う．コロイド粒子間の最も重要な相互作用は粒子の表面を介して働く．表面(そしてコロイド粒子)の構造は固定されているため問題は単純化されており，興味のある問題は集団の協同的な振舞いである．自己会合する系については8章で述べる．その際，界面の性質は固体のコロイド粒子のようには固定されておらず，熱力学的条件と共に変化する．

　本書の主要な関心はコロイドおよび界面科学で重要な系にしぼられているが，より一般的な目標は統計力学を物質に応用するに当たって，幾つかの有用な理論的方法を読者に紹介することである．従って，2章では与えられた系に対して適用可能な『平均場』理論を得るための一般的な変分法について述べる．3章ではゆらぎが支配的な系とラフニング転移にこの方法を拡張する．5章の表面間の相互作用では，応力テンソルの一般的議論および媒質によって隔てられた表面間の相互作用と応力テンソルの関係について述べる．この考え方は，物質の曲げ弾性率を微視的モデルから計算される物質内部の応力分布と関係付けるために6章でも用いられる．繰り込み群の理論は，想定した読者層の中で恐らくごく一部の読者に限られたものとなるので，本書では扱わなかった．幸いなことに，本書で議論されるほとんどの興味深い物理現象は，自由エネルギーとガウスゆらぎを中心

---

[1] depletion interaction

とした理論で理解することができる．この比較的単純な取り扱いが破綻する場合には参考文献を紹介する．同じ理由により，本書では比較的単純な系における界面の平衡状態の性質に注目する．動的に不安定な界面の振舞いは豊かで変化に富んでいるが，ほとんどは本書の範囲外である．ただし，ぬれと表面不安定性のダイナミクスについては述べる．液晶物質における界面と関連した問題は興味深く，また工学的に重要であるが，ここでは扱わなかった．界面に吸着した高分子については，幾つかの問題とコロイド安定性についての章で説明する．内容の選択とレベルは，一般的にこの本が広く学際的な読者層に読まれるべきであるという考えによって決めた．私はこの本によって凝縮系物理学者にはコロイド科学を知ってもらう一方，その基本的な現象についてすでに知っている物理化学者や物質科学者には，新しい理論的な展望を示せることを望んでいる．

　私はこの講義ノートを読んで一緒に議論してくれた仲間や学生に感謝したい．S. Alexander, D. Andelman, R. Bar Ziv, X. Chatellier, N. Dan, E. Frishman, W. Helfrich, J. F. Joanny, J. Klein, T. Lubensky, R. Menes, P. Pieruschka, P. Pincus, U. Steiner, Z. G. Wang, A. Weinstein, T. Witten らの助言は特に助けになった．タイプを手伝ってくれた M. Cymbalista と Aspen Center for Physics でのもてなしにも感謝する．この本は Weizmann Institute of Science での大学院の講義で使うことによって最終的な形にまとめられたが，界面，膜面の物理的性質についての私の理解は，Exxon Research Company での以前の仲間との多くの刺激的な交わりによって培われた．最後に私は Marilyn と子供達の本書執筆中の辛抱と理解に対して，また両親および義理の両親の長年にわたる励ましに対して感謝したい．

日本語版への序文

"Statistical Thermodynamics of Surfaces, Interfaces, and Membranes" の講義ノートは，数年前に英語で出版されました．本書の目的は，界面の振舞いで特徴付けられるソフトマターの系を扱うために培われた概念と手法を，大学院生やポスドクレベルの初学者に対して紹介することでした．これまでその内容の多くは論文でしか見ることができず，必要となる理論的背景についての説明もありませんでした．幾つかの内容は誰でも知っている考え方であっても，決して教育的な見地からは述べられていませんでした．この数年間で，本書は大学院の講義やソフトマター研究の一般的な参考書として用いられてきました．特に揺らぎ，静電気，表面間力，曲率エネルギー，また自己会合を扱った章が有用とされてきました．

この翻訳によって，より多くの人がこれらの考え方に触れることが可能となるでしょう．この日本語版では英語版の修正，変更，明確化が含まれています．これらは訳者である好村助教授の努力によって可能となりました．彼はイスラエル滞在中に，翻訳の段階で改良できそうな原著中の考え方や説明の仕方について細かく検討しました．これを通じて日本語版で多くの改良が加えられたばかりでなく，実りの多い共同研究を行うことができました．この両方の点において私はとても嬉しく思います．

ソフトマター研究者の現在の興味は，多くの工業的応用で重要な「合成された」複雑流体から生物において重要な物質やシステムの研究へと広がっ

ています．この日本語訳によってソフトマターの技術的な知識と基礎的な理解が読者に伝えられるばかりではなく，これらの基礎的概念が新しいミレニウムの研究分野に拡張されていく興奮が伝わることも願っております．

2000年6月，レホボトにて

Samuel A. Safran

目 次

序文 iii

日本語版への序文 vii

第1章 混合物と界面 1
   1.1 序論 1
   1.2 複雑物質と界面 1
   1.3 古典統計力学の復習 8
   1.4 二元混合物の相分離 24
   1.5 曲面の微分幾何学 36
   1.6 流体力学の復習 52
   1.7 問題 60
   1.8 参考文献 64

第2章 界面張力 69
   2.1 序論 69
   2.2 表面と界面の自由エネルギー 70
   2.3 表面・界面張力の理論 73
   2.4 界面活性な物質 88
   2.5 問題 91
   2.6 参考文献 93

第 3 章　界面のゆらぎ　　95

3.1　序論 95
3.2　ゆらいでいる界面の自由エネルギー 96
3.3　界面の熱ゆらぎ 100
3.4　界面の表面張力不安定性 107
3.5　固体表面のラフニング転移 111
3.6　問題 118
3.7　参考文献 120

第 4 章　界面のぬれ　　121

4.1　序論 121
4.2　平衡状態：巨視的な記述 122
4.3　長距離相互作用：巨視的な理論 129
4.4　接触線のゆらぎ 132
4.5　平衡状態：微視的な記述 138
4.6　ぬれのダイナミクス 151
4.7　問題 157
4.8　参考文献 159

第 5 章　固い界面間の相互作用　　161

5.1　序論 161
5.2　分子間相互作用 162
5.3　ファン・デル・ワールス相互作用のエネルギー 166
5.4　ファン・デル・ワールス力の連続体理論 176
5.5　静電相互作用 186
5.6　溶質によって誘起される相互作用 203
5.7　問題 210

5.8	参考文献	215

第 6 章　柔らかい界面 (流体膜) — 217

6.1	序論	217
6.2	流体膜と界面活性剤	218
6.3	流体膜の曲率弾性	220
6.4	曲率剛性率	235
6.5	流体膜のゆらぎ	245
6.6	流体膜の相互作用	250
6.7	問題	254
6.8	補遺 A: 可溶性界面活性剤の曲率エネルギー	259
6.9	補遺 B: 曲げ剛性率の繰り込み	263
6.10	参考文献	265

第 7 章　コロイド分散系 — 267

7.1	序論	267
7.2	コロイド分散系	268
7.3	相互作用している粒子の分散系	271
7.4	コロイド相互作用：DLVO 理論	280
7.5	長距離の静電相互作用	282
7.6	立体相互作用：高分子吸着	287
7.7	コロイド凝集体の構造	292
7.8	問題	295
7.9	参考文献	297

第 8 章　自己会合する界面 — 299

| 8.1 | 序論 .... | 299 |

8.2	ミセル	300
8.3	ベシクル	308
8.4	マイクロエマルション	312
8.5	スポンジ相と双連結相	320
8.6	問題	329
8.7	参考文献	330

訳者あとがき   **335**

索引   **340**

第1章 混合物と界面

1.1 序論

　本章では複雑な物質や界面の工学的，科学的重要性について述べることから始め，界面や表面の性質を研究する動機付けを行う．次に，界面と膜面の熱統計力学に関して，後の議論で用いる物理的，数学的方法を復習する．これらの話題の多くは，参考文献および本章全体を通じて十分に議論される．最初に古典統計力学の復習から始め[1,2,3,4]，平衡のまわりでのゆらぎと二元混合物について説明する．次に界面の数学的記述[5]について (ベクトル解析のみを用いて) 述べ，任意の形状の界面の面積と曲率の計算を示す．最後に本章は流体力学についての短い要約で終る[6]．

1.2 複雑物質と界面

　複雑物質という言葉は複合的な固体や流体の分散系を意味し，それぞれの種類の分子が (原子または一個の分子サイズと比較して) 大きな長さのスケール (数十オングストロームからミクロン) の構造を作っている．このような物質[7,8]には固体のコロイド分散系[9,10] (図1.1を見よ)，高分子[11,12]，自己会合する両親媒性物質[13,14,15] (例えばミセル，ベシクル，マイクロエマルション) などがあり，工学上重要であるとともに，生体系の一般的なモデルにもなっている．牛乳や血液，塗料，石鹸，洗剤などは，分散やカ

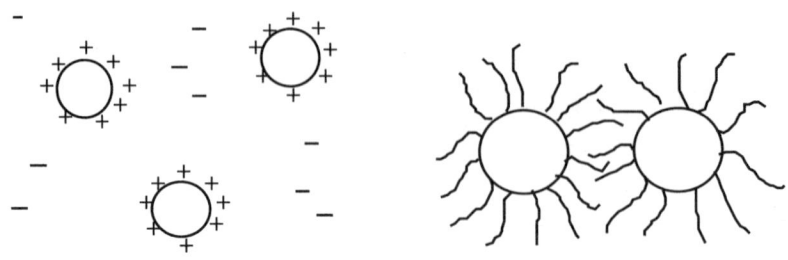

図 1.1: 表面電荷による静電斥力 (左)，またはグラフトされた長い高分子鎖の立体斥力相互作用 (右) によって安定化されたコロイド粒子の溶液．

プセル化，洗浄などの性質が用いられている身近な例である．単純液体や固体のような単一成分系の研究ではバルクの振舞いに着目するが，複雑流体[16]の多成分系としての性質を考えるためには，物質間の界面の理解が必要である．分散系に特有な性質は，多くの場合には界面の振舞いで決まる．この事実のために，逆にこの系の研究と理解を非常に単純化することができる．なぜならば，複雑で三次元的な混合物の振舞いを調べる代わりに，二次元の界面を調べることに問題が単純化されるからである．もちろんこの単純化は，界面の長さのスケールが分子の構成単位のスケールよりも遥かに大きい時に適用可能である．そうでない場合には，バルクの三次元的な分子混合物として系を記述するのが最も良い．

このような系の最も簡単な例は，半無限空間に詰まった系と真空 (あるいはそれ自身の希薄な気相) の間の界面である．このような界面は一般的に**表面**と呼ばれる．半無限の物質が他の凝縮相と共存する時，この二つを分ける表面は**界面**と呼ばれる．界面は二つのバルク相とは異なった物質か

1.2. 複雑物質と界面

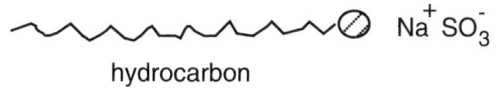
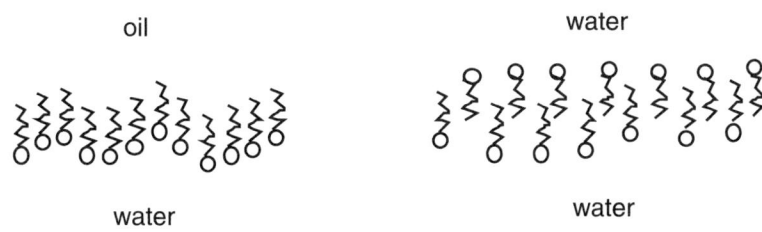

図 1.2: 極性頭部と炭化水素 (hydrocarbon) 鎖から成る界面活性剤分子．水と油を分け隔てる両親媒性の単層膜，および二つの水の領域を分け隔てる両親媒性の二重膜．

らできていることもある．例として (石鹸のような) 両親媒性分子から成る表面被覆や膜があり (図 1.2 を見よ)，分子は水と油の領域の間に並ぶ．系の二次元的性質が界面の熱統計力学に対する熱ゆらぎの効果を増大させるので，一つの表面や界面の物理は豊かで興味深い [17]．一つの界面の理解は多くの応用においても重要である．例として，触媒現象 (表面や界面上で起こる化学反応)，被覆 (例えば金属表面を分子程度の厚さの半導体や絶縁体で覆う)，摩擦と摩耗 (二つの表面間または界面間の力が重要) などがある．

一つの表面や界面の物理の研究は，界面の形の特徴付けから始まる．その際，以下のような問題がある．『どこに界面が存在するか？』『界面を形成するための自由エネルギーは何か？』『界面は熱平衡状態にあるのか？ そしてその構造や成分は，温度やその他の系のパラメータの変化に応じて変

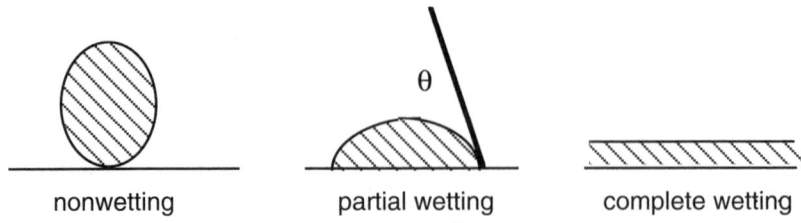

図 1.3: 蒸気・液体・固体の界面の様々な形．固体基盤上の液体層による非ぬれ (nonwetting)，部分ぬれ (partial wetting)，完全ぬれ (complete wetting) を示している．

わることができるのか？決められた構造や成分に対して，界面は固定された状態であるのか？』『熱平衡状態にある界面に対して，熱ゆらぎは表面を乱すのか，あるいは表面は分子レベルで滑らかなのか？』分子スケールの乱れも，表面被覆の効果を特徴付けるためには重要な問題である．被覆の構造はその機能と密接な関連があり，二次元の物理と化学の興味深い例となっている．この被覆が準巨視的 (単層膜の集まり) な大きさになると，表面や界面のぬれ具合 (図 1.3 を見よ) を論じることになる．固体表面をぬらす液体に関して重要な問題には，例えば以下のようなものがある．『液体は固体上で広がるか (完全ぬれ)？あるいは玉のようになるか？』『液滴が広がる時の形はどうなっているか？』『これらのぬれ層の安定性はどうか？』

もちろん，多くの応用において，単一の『きれいな』界面だけでは系を特徴付けるのに不十分である．石油の三次回収 (岩の小さな割れ目中における水や油の振舞いが重要) やインク，塗料，洗剤，化粧品のような応用ではコロイド分散系 (10Å から 10,000Å($1\mu m$) の大きさの固体粒子や液滴を

1.2. 複雑物質と界面

含むような液体の分散系) を用いる．コロイド『粒子』は主に界面を通じて相互作用するので，これらの系の構造，動的性質，レオロジー (流れの性質) を理解するためには，二つ (またはそれ以上) の界面間の相互作用に着目する[9,10]．この接触相互作用は，粒子間距離に比べると近距離的な相互作用である．しかし，電荷を持つ系では，静電相互作用が非常に長距離まで及ぶことがあり，結果的に特異な性質を示す．他方，表面に支配された相互作用が比較的弱くなることもあり，(粒子の Brown 運動となる) 熱エネルギーが構造や相挙動，レオロジーを決定する場合もある．特に興味深い疑問として以下のようなものがある．『界面間の重要な相互作用は何か？[18]』『強い引力相互作用がある時，界面同士は付着し，コロイド分散系が不安定化を起こすとする．その時，グラフト高分子などの表面に吸着した物質が相互作用を引力から斥力に変化させることによって，分散系を安定化させることは可能か？』『このような界面が静止している時と運動している時の相互作用はそれぞれ何か？』『表面処理はコロイド分散系の相挙動にどのような影響を与えるか？』

最後の例として，より多彩な現象と応用に関係しているのが図 1.4 に示す「自己会合コロイド」である．このような系は通常 (石鹸のような) 分子の水溶液から成り[13,14,15]，コロイド『粒子』は固くはない．粒子の大きさや形は粒子間力と同程度の力の影響を受け，温度や溶媒，界面活性剤の分子化学的性質を変えることで『制御』することができる．界面活性剤分子は水のような大きな誘電率を持つ媒質を好む極性部分と，水に比較的溶けにくい炭化水素の部分によって特徴付けられる．従って，これらの分子は空気・水や油・水の界面で決まった方向性をもって集合する．すなわち極性部が水，炭化水素の部分が油を向く．これらの集合体によって作られる構造は，規則正しく配列したミセル (極性部が球面上に並んだ界面活性剤の球状集合体であり，これは水溶性である) から，乱れた双連結構造をもつ

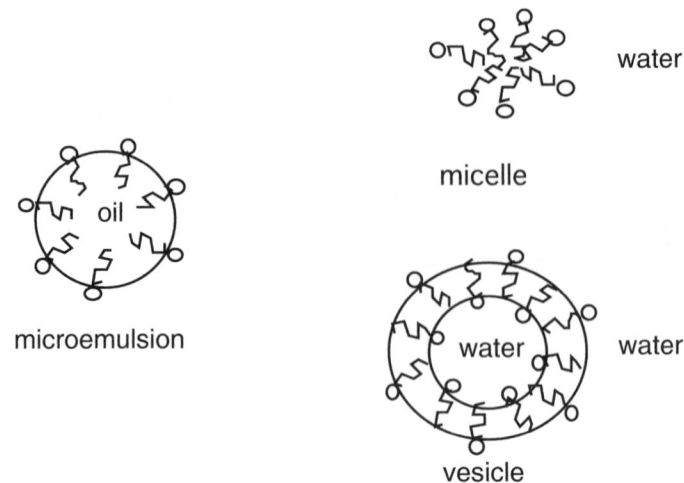

図 1.4: ミセル (micelle)，ベシクル (vesicle)，マイクロエマルション (microemulsion) への両親媒子の自己会合.

マイクロエマルション (水と油の分散系で，水と油の間の界面に界面活性剤の単分子膜が吸着したもの) まで様々な形や性質を示す (図 1.5 を見よ).

短い鎖 (炭化水素基の数が 20 以下) をもつ界面活性剤に加えて，長い鎖の高分子も界面活性剤のような振舞いを示すことがある．このような例としては，一方の末端に極性基を持つ高分子や，二本あるいはそれ以上の互いに「非相溶」な高分子が化学的に結合したブロックコポリマーなどがある[19] (図 1.6 を見よ)．界面活性剤もブロックコポリマーも，細胞壁や膜，肺の裏打ち物質などの生体構造のモデル系として重要である．さらに自己会合コロイドで作られる微細構造は，薬品産業で扱う「賢い」マイクロカプセルを設計するために有益である[20]．これらの系に関連する概念的に重要な疑問は，自己会合凝集体の形や大きさの分布，温度や溶媒の性質を変

1.2. 複雑物質と界面

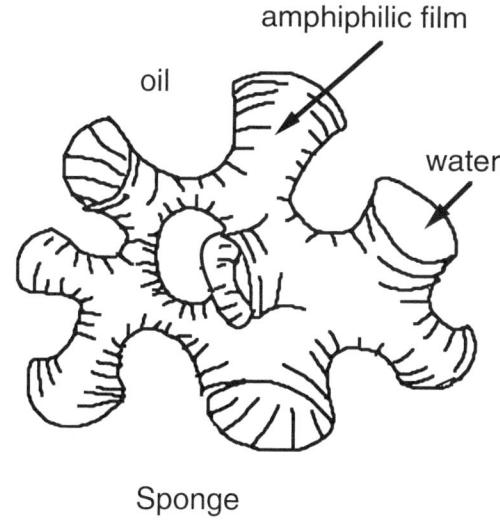

図 1.5: 界面活性剤の単分子膜から成る双連結なマイクロエマルションのスポンジ (sponge) 構造．膜は水と油の領域を分け隔てる．

化させた時の相挙動，またその動的性質とレオロジーなどである．

　以下の章では，単一の表面と界面の構造と熱力学的性質，コロイド科学で重要となる相互作用する固体表面，界面活性剤や高分子から成る自己会合する界面に関する理論的な説明を示す．複雑流体の物理的性質の研究においては，数十から数千Åの『メソスコピック』な長さのスケールにおける系の振舞いに着目し，熱的ゆらぎや相関，乱雑性，長距離相互作用の影響の問題を扱う．このアプローチは界面とコロイドの議論の中で強調される．そこでは平均的な形態を調べ (平均場)，その上でこれらの平均構造からのゆらぎの影響を調べる．問題を簡単にかつ一般的に扱うために，我々は液体・液体，液体・固体，液体・気体間の界面に着目する．本書では，界

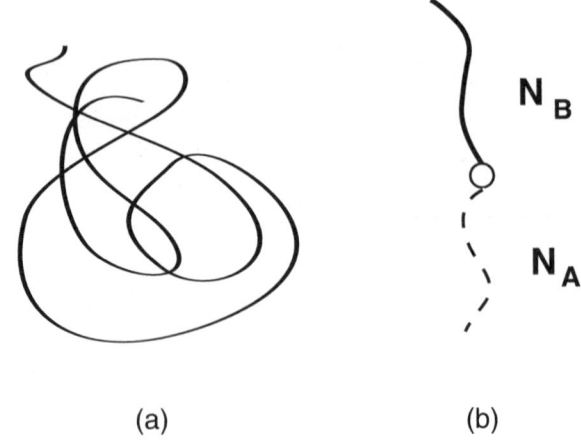

図 1.6: (a) 良溶媒中の長い高分子鎖．高分子の配置はランダムウォークの道筋と類似している．(b) ブロックコポリマー．N_A と N_B はそれぞれ二つのブロックの分子量を表している．二つのブロックは化学的結合で結ばれており，その結合を白丸で表している．

面や膜面の構造と相挙動について理論的な視点を与えるが，ここで扱われる問題は，これらの物質の構造や相挙動，動的性質を測定するための中性子散乱や光散乱，X線散乱，電子顕微鏡，実空間の核反応解析などの実験的研究と密接な関係がある．

1.3 古典統計力学の復習

この節では多粒子系の平衡状態の古典統計力学について，かいつまんで説明する．粒子は位置 $\vec{q}$ と運動量 $\vec{p}$ で指定される．最初にエントロピーの

1.3. 古典統計力学の復習

定義とボルツマン分布の導出の復習から始め，系の最も確からしい状態[1]に対するゆらぎの影響について論じる．幾つかの例題では，準理想気体の熱力学とゆらぎのガウス確率分布について取り扱う．

確率分布とエントロピー

各々の粒子が運動量 $\vec{p}_i$ と位置 $\vec{q}_i$ (i は粒子のラベル) で特徴付けられる古典的多粒子系の統計的な記述で重要な量は，**確率分布関数** $P(\{\vec{p}_i, \vec{q}_i\})$ である．この分布は各々の粒子の運動量と位置の関数であり，1 に規格化されている．すなわち粒子を見出す確率をすべての可能な運動量と位置に関して足し合わせたものは 1 になる．

$$\int d\vec{p}_i \int d\vec{q}_i \ P(\{\vec{p}_i, \vec{q}_i\}) = 1 \tag{1.1}$$

ここで，積分は系の位相空間の全領域に及ぶ．$P(\{\vec{p}_i, \vec{q}_i\})$ が重要なのは，これがわかればどのような観測可能な物理量の集団平均値 ($\langle \cdots \rangle$ で表す) も計算できるからである．従って，もしも A が運動量と位置のある関数であれば，

$$\langle A \rangle = \prod_i \int d\vec{p}_i \int d\vec{q}_i \ A(\vec{p}_i, \vec{q}_i) \, P(\{\vec{p}_i, \vec{q}_i\}) \tag{1.2}$$

である．エントロピー S は $P(\{\vec{p}_i, \vec{q}_i\})$ の対数の平均値に負記号を付けたものとして「定義」され，系がとり得る状態数の尺度となる．

$$S = -\prod_i \int P(\{\vec{p}_i, \vec{q}_i\}) \, \log[P(\{\vec{p}_i, \vec{q}_i\})] \, d\vec{p}_i \, d\vec{q}_i \tag{1.3}$$

熱平衡状態において最も確からしい分布は，系に課せられた条件のもとでエントロピーを最大にするものである．この結論は，例えば二つの状態をとる系のように，自由度が必ずしも位置と運動量ではないような系に対し

---

[1] most probable state

ても容易に一般化することができる．話を簡単にするために，以下の議論では位置と運動量を考える．さらに話を簡単にするために添字 i は除き，ベクトル $\vec{p}$ と $\vec{q}$ ですべての粒子の位置と運動量を表すことにする．例えば $\vec{p} = (p_{x,1}, p_{y,1}, p_{z,1}, p_{x,2}, p_{y,2}, p_{z,2}, \cdots)$ を意味し，$1, 2\cdots$ は個別粒子のラベルである．

ギブス分布

熱浴と平衡状態にある系は，熱浴との相互作用によって温度が一定に保たれている．系と熱浴を合わせて考えれば，全エネルギーは保存されている．従って，平衡状態の確率分布は，系と熱浴を合わせた全エネルギーが保存されるという制約のもとで系のエントロピーを最大にするものである．このため，$F = U - TS$ で定義されるヘルムホルツの自由エネルギー F を考える．ただし，T は温度として定義される定数である．我々はボルツマン定数 k_B を 1 とするような単位系を用いる．平均の内部エネルギーは U で表し，これはハミルトニアンの集団平均で与えられる．すなわち $U = \langle \mathcal{H} \rangle$ で，$\mathcal{H}(\vec{p}, \vec{q})$ は系のハミルトニアン (各々の粒子の位置と運動量の関数であるエネルギー)

$$U = \langle \mathcal{H} \rangle = \frac{\int d\vec{p}\, d\vec{q}\, \mathcal{H}\, P(\vec{p}, \vec{q})}{\int d\vec{p}\, d\vec{q}\, P(\vec{p}, \vec{q})} \tag{1.4}$$

である．S は式 (1.3) で与えられるエントロピーである．系の最も確からしい分布を求めるために，S と U，従って F が確率分布関数の汎関数であることに注意する．この分布関数は，系と熱浴のエントロピーが「関数」$P(\{\vec{p}_i, \vec{q}_i\})$ に関して最大になるように決められる．その時の制約条件は，(i) 系と熱浴を合わせた全エネルギーが一定であり，(ii) 確率分布は規格化されている (式 (1.1)) ことである．熱浴は系より十分大きく，系の影響を受けないとする．さらに，エネルギーのゆらぎは無視し，全エネルギーが

1.3. 古典統計力学の復習

一定という制約条件の代わりに，系の平均エネルギー U が一定という条件を用いる．$-F/T = S - (1/T)U$ と書き直すと，(F と S が負符号で結ばれているので) エントロピーを最大化することは，自由エネルギー F を「最小化」することと等価であることがわかる．すると，$1/T$ はエネルギーが一定であることを保証するラグランジュの未定乗数となる．式 (1.3), (1.4) を用いると，$\delta F/\delta P = 0$ から確率分布がボルツマンの関係

$$P(\vec{p},\vec{q}) \sim e^{-\mathcal{H}(\vec{p},\vec{q})/T} \tag{1.5}$$

を満たすことがわかる．ただし，$\mathcal{H}$ はハミルトニアンである．比例係数は規格化条件の式 (1.1) を課すことで決められる．

分配関数

三次元空間の一粒子系において，**分配関数** Z は次のように定義される．

$$Z = \int \frac{d\vec{p}\,d\vec{q}}{(2\pi\hbar)^3}\, e^{-\mathcal{H}/T} \tag{1.6}$$

ここで，因子 $(2\pi\hbar)^3$ は Z の規格化のために存在し，量子力学的な不確定性原理を考慮したものである[1]．これによって Z は無次元となる．すべての物理的観測量は確率分布関数に関する平均と関係付けられるため，規格化された分布関数を用いると，この因子は必ずキャンセルされてしまう．そのため，非常に大きな系での観測量の熱力学的極限における表式には現れてこない．ここでは位相空間を

$$d\Lambda = \frac{d\vec{p}\,d\vec{q}}{(2\pi\hbar)^3} \tag{1.7}$$

と定義することによってこの因子を考慮に入れる．N 個の同種粒子系の場合には，分配関数を次のように書く[2]．

$$Z = \frac{1}{N!}\int d\Lambda\, e^{-\mathcal{H}[\vec{p},\vec{q}]/T} \tag{1.8}$$

ここで，$1/N!$ の因子は粒子の不可弁別性（区別できないこと）によるもので[2]，$\vec{p}$ と $\vec{q}$ に関する積分はすべての粒子の座標を含む．すなわち

$$d\Lambda = \prod_{i=1}^{N} \frac{d\vec{p}_i \, d\vec{q}_i}{(2\pi\hbar)^3} \tag{1.9}$$

である．これらの定義と式 (1.3)，(1.4) により，自由エネルギーは

$$F = -T \log Z \tag{1.10}$$

となることが示せる[2][(2)]．同様に，エントロピーは

$$S = -\frac{\partial F}{\partial T} \tag{1.11}$$

であり，内部エネルギーは

$$U = \frac{\partial (F/T)}{\partial (1/T)} \tag{1.12}$$

となることも示せる[(3)]．

　以上の表式では，粒子の総数は一定であると仮定している．熱力学的に多数の粒子が存在する系では（$N \to \infty$，従って粒子数のゆらぎは無視できる），「平均」の粒子数が一定という条件のもとで自由エネルギーを最小化すれば良い．そこで以下で与えられるグランドポテンシャル G を考える[(4)]．

$$G = F - \mu \bar{N} \tag{1.13}$$

ここで，μ は化学ポテンシャルで，平均の粒子数 $\bar{N}$ を一定に保つためのラグランジュの未定乗数である．$\bar{N}$ は

$$\bar{N} = \sum_{M=1}^{\infty} \int M P_M(\vec{p}, \vec{q}) \, d\Lambda \tag{1.14}$$

[(2)]「ヘルムホルツの自由エネルギー」とも呼ばれる．
[(3)] これは「ギブス・ヘルムホルツの式」とも呼ばれる．
[(4)] グランドポテンシャルについては，例えば章末の参考文献（以下，文献と約す）4 を参照せよ．

1.3. 古典統計力学の復習

で与えられる．ただし，和はすべての可能な粒子数についてとり，P_M は M 個の粒子から成る系の確率分布関数

$$P_M(p,q) \sim \frac{1}{M!} \, e^{-\mathcal{H}_M(\vec{p},\vec{q})/T + \mu M/T} \tag{1.15}$$

である．ここで，ラグランジュの未定乗数は平均の粒子数が $\bar{N}$ であることを保証する．修正された分配関数 $Z_{\bar{N}}$ は

$$Z_{\bar{N}} = \sum_{M=1}^{\infty} \frac{1}{M!} \int e^{-\mathcal{H}_M(\vec{p},\vec{q})/T + \mu M/T} \, d\Lambda \tag{1.16}$$

となる．平均は $(\vec{p},\vec{q})$ に関する積分と M に関する和をとることで計算できる．化学ポテンシャルは式 (1.14) を満たすように決められるので，

$$\bar{N} = \frac{T}{Z_{\bar{N}}} \frac{\partial Z_{\bar{N}}}{\partial \mu} = -\frac{\partial G}{\partial \mu} \tag{1.17}$$

とも書ける．

古典系では運動量 $\vec{p}$ と位置の自由度 $\vec{q}$ がカップルしていないということを指摘しておくことは重要である．従って，運動量についてのみ積分することで，$\vec{q}$ にしか依存しない有効的な分配関数を得ることができる．すると，系の「平衡」の振舞いは位置の自由度のみを考慮することで決定される．このことは，運動量と位置の両方が考慮されていても，運動量に関する積分の影響が自由エネルギーに定数項を加えるだけであるような以下の例題で見られる．本書のほとんどでは (しかし 3, 4 章を見よ) 系の運動エネルギーを除いて考える．

例題：準理想気体

希薄な準理想気体を考える．この時，自由エネルギーは密度 n のべき級数で展開できる．ポテンシャル $v(\vec{r}-\vec{r}')$ によって相互作用する粒子の自

由エネルギーを n の二次まで求めよ[5].

[解答] 展開の形を導くために，次のグランドポテンシャルを考える．

$$G = F - \mu \bar{N} \tag{1.18}$$

ここで，μ は化学ポテンシャルであり，粒子数 $\bar{N}$ を固定する役割を果たす $(\partial G/\partial \mu = -\bar{N})$．$\mu$ が一定の系では，二つの状態変数 (位置 $\vec{q}$ と運動量 $\vec{p}$) に関して積分し，粒子数に関する和をとることで G は計算できる．

$$G = -T \log \left[\sum_{M=0}^{\infty} \frac{1}{M!} e^{\mu M/T} \int e^{-\mathcal{H}_M(p,q)/T} \, d\Lambda \right] \tag{1.19}$$

ここで，$\mathcal{H}_M$ は M 個の粒子系のエネルギー・ハミルトニアンであり，エネルギー E_M は

$$E_0 = 0 \tag{1.20a}$$

$$E_1 = p^2/2m \tag{1.20b}$$

$$E_2 = p_1^2/2m + p_2^2/2m + v(\vec{r}_1 - \vec{r}_2) \tag{1.20c}$$

で与えられる．相互作用ポテンシャルは，系に粒子が二つ以上存在する時に問題となるので考慮する．位相空間の因子 $d\Lambda$ は式 (1.9) で定義されている．

展開計算をするために気体は希薄であると仮定し，原子間の距離に比べると大きいが系全体の体積に比べると小さいような体積 V を考えよう．従って，体積 V 中の平均粒子数は小さいという領域を考えることになる．気体は希薄で粒子は区別がつかないので，多数のこのような領域からの寄与を単に足し合わせることによって全自由エネルギーを構成することができる．このようにして良い理由は，自由エネルギーが示量的な物理量だからであ

―――――――――
[5] この問題については，文献 1 の §75 も参照せよ．

1.3. 古典統計力学の復習

る. この考え方を用いて $M=2$ の次数の項まで残すと, $\xi = e^{\mu/T}/v_0$ に関して二次のオーダーまでの展開を得る. ここで,

$$v_0 = \left(\frac{2\pi\hbar^2}{mT}\right)^{3/2} \tag{1.21}$$

は運動量に関する積分から現れる特徴的な体積である. すると

$$G = -T \log \left[1 + \xi V + \frac{\xi^2}{2} \int e^{-v(r-r')/T} \, d\vec{r} d\vec{r}'\right] \tag{1.22}$$

となる. 理想気体の場合 ξ は密度に比例しているので, 対数を ξ の二次のオーダーまで展開することで自由エネルギーの低密度展開を行う. 制約条件から μ について解くと, 密度の二次のオーダーまでの自由エネルギーの展開形は

$$G = -TV\left[\xi - \frac{1}{2}\xi^2 a \cdots\right] \tag{1.23}$$

となる. ただし

$$a = \int d\vec{r} \left[1 - e^{-v(\vec{r})/T}\right] \tag{1.24}$$

である. すると

$$n \approx \xi - a\xi^2; \quad \xi \approx n(1+an) \tag{1.25}$$

となる[6].

従って, n^2 のオーダーまで残し ξ を代入すると[7], 自由エネルギー $F = G + \mu \bar{N}$ は

$$F = T\bar{N}\left[(\log[nv_0] - 1) + \frac{1}{2}an\right] \tag{1.26}$$

$$F = TV\left[n(\log[nv_0] - 1) + \frac{1}{2}an^2\right] \tag{1.27}$$

---

[6] $n = \bar{N}/V$ に注意せよ. 式 (1.25) の左側の式を ξ に関する二次方程式と思って解けば良い.
[7] 式 (1.25) の ξ を式 (1.23) に代入する.

となる．第一項は理想気体のエントロピーによる自由エネルギーで，第二項では相互作用と配置のエントロピーの両方が考慮されている．

定数 a はビリアル係数として知られている．それは自由エネルギーを密度の関数として展開した時に，粒子間の相互作用を取り込んでいる最低次項の係数である．相互作用は $a > 0$ の時に主に斥力で，$a < 0$ の時に主に引力である．自由エネルギーのこの『ビリアル展開』は n の二次までの展開なので，低密度において正しいことに注意せよ．

密度汎関数理論

均一な準理想気体の自由エネルギーの導出は，界面近傍で見られるような空間的不均一性をともなって相互作用する粒子系に対して，以下のような取り扱いを発見するきっかけとなる．『小さな』あるいはもう少し正確に言うと，ゆっくりと変化する密度の不均一性を扱うために，自由エネルギーを場所に依存する密度 $n(\vec{r})$ の汎関数として書き，この自由エネルギーを $n(\vec{r})$ に関して汎関数的に最小化することで平衡状態の密度プロファイルを決定することを試みよう．$n(\vec{r})$ の汎関数としての自由エネルギーの形は，均一な場合における密度の関数としての自由エネルギーと類似していると仮定する．境界条件から不均一性がどのように導入されるかが決まり，ポテンシャルの非局所性によってこのポテンシャルの効果がどのように伝播するかも決まる．従って，準理想的で局所的な変数 $n(\vec{r})$ で記述される系については，自由エネルギーを次のように書く．

$$F = T \int d\vec{r}\, n(\vec{r}) \left[\log[n(\vec{r})\, v_0] - 1\right] + \frac{T}{2} \int d\vec{r}\, d\vec{r}'\, n(\vec{r})\, n(\vec{r}')\, v_e(\vec{r} - \vec{r}') \tag{1.28a}$$

ここで，有効ポテンシャル v_e は

$$v_e(\vec{r} - \vec{r}') = 1 - e^{-v(\vec{r} - \vec{r}')/T} \tag{1.28b}$$

1.3. 古典統計力学の復習

であり，これは均一な極限で準理想気体の自由エネルギーの式 (1.27) に帰着する．$|v|/T \ll 1$ の場合には，エントロピーとエネルギーの項が分離可能で

$$F = T \int d\vec{r}\, n(\vec{r})\, [\log[n(\vec{r})\, v_0] - 1] + \frac{1}{2} \int d\vec{r}\, d\vec{r}'\, n(\vec{r})\, n(\vec{r}')\, v(\vec{r} - \vec{r}') \tag{1.29}$$

となる．

ゆらぎを無視して平均密度を決めるためには，全密度が一定という条件のもとで自由エネルギーを密度 $n(\vec{r})$ に関して最小化する．相互作用の項が $n(\vec{r})$ の二乗の形であることに注意すると，密度に関する非局所的な方程式は

$$T\log[n(\vec{r})v_0] + \int d\vec{r}'\, n(\vec{r}')\, v(\vec{r} - \vec{r}') = \mu \tag{1.30}$$

となる[8]．ここで，μ は化学ポテンシャルであり，全密度を一定に保つ役割を果たす．

相互作用が近距離力であれば，$n(\vec{r}')$ は $n(\vec{r})$ の近傍で級数展開することができる．v は通常 $\vec{r}$ と $\vec{r}'$ の入れ換えに関して対称であるから，

$$\int d\vec{r}'\, (\vec{r} - \vec{r}')\, v(\vec{r} - \vec{r}') = 0 \tag{1.31}$$

が成り立つことに注意すれば[9]，$n(\vec{r})$ の展開は二次の項まで残す必要がある．すると，最小化された方程式は

$$\log[n(\vec{r})\, v_0] - \xi_0^2 \nabla^2 [n(\vec{r})\, v_0] = \mu' \tag{1.32}$$

となる[10]．ここで，μ' は空間に依存しない定数であり，また

$$\xi_0^2 = -\frac{1}{2Tv_0} \int d\vec{r}\, \vec{r}^2\, v(\vec{r}) \tag{1.33}$$

---

[8] $F - \mu \int d\vec{r}\, n(\vec{r})$ を $n(\vec{r})$ に関して最小化すれば求まる．
[9] ベクトルを含む積分になっているので，(x, y, z) の各成分について成り立つと理解する．
[10] この式は $\bar{v} = (1/T) \int d\vec{r}\, v(\vec{r}) = 0$ の場合に正しい．そうでない場合には，$n(\vec{r})\bar{v}$ という項が式 (1.32) の左辺に付け加わる．

である．引力ポテンシャルの場合 $\xi_0 > 0$ が成り立つ．対称性から相互作用ポテンシャルの一次モーメントはゼロになる．長さのスケール ξ_0 はポテンシャルのベア (裸) の相関長に対応する．例えば指数関数的な減衰長 λ をもつポテンシャル ($v \sim \exp(-r/\lambda)$ など) の場合，相関長 ξ_0 は λ に比例する．

しかし，v をベアの相互作用ポテンシャルと同一と見なせるのは低密度の極限でのみ正しい．密度が高くなると，自由エネルギー中のポテンシャル v には，比較的遠く離れた粒子間に働く間接的な相互作用も考慮に入れなければならない．その際問題となる量は，系の二体分布関数に関連した実効的なポテンシャルである．詳細な微視的モデルを用いて液体と液体表面にこの考え方を適用した例は，文献 21 で統一的に述べられている．ここではより現象論的なアプローチを行う．

熱平均とゆらぎ

位置と運動量のさまざまな関数量の熱平均とゆらぎを計算することを考えよう．式 (1.2) のように，演算子 $A(\vec{p}, \vec{q})$ の平均値を

$$\langle A \rangle = \frac{1}{Z} \int d\Lambda \, e^{-\mathcal{H}(\vec{p}, \vec{q})/T} A(\vec{p}, \vec{q}) \tag{1.34}$$

と定義する．$A(\vec{p}, \vec{q})$ は位置と運動量の任意の関数であり，$d\Lambda$ は式 (1.9) で与えられる位相空間に関する積分である．演算子 A の単純な例は $\vec{p}$, $\vec{q}$ または位置や運動量の二乗平均である．位置 ($\vec{q}_i, i = 1 \cdots N$) と運動量 ($\vec{p}_i, i = 1 \cdots N$) の組で記述される多粒子系では，例えば $\langle \vec{q}_i \cdot \vec{q}_j \rangle$ のように異なった二粒子の位置の相関にも関心がある．

このような期待値を計算するために，次のような拡張された分布関数を考える．

$$P(\vec{p}, \vec{q}, \lambda) \sim e^{-\mathcal{H}(\vec{p}, \vec{q})/T - \lambda A(\vec{p}, \vec{q})/T} \tag{1.35}$$

1.3. 古典統計力学の復習

式 (1.10) によって λ の関数である自由エネルギーが求まる．A の平均値は

$$\langle A \rangle = \left(\frac{\partial F}{\partial \lambda} \right)_{\lambda=0} \tag{1.36}$$

で与えられる．A の平均値 $\langle A \rangle$ からのずれの二乗平均は

$$\chi = \langle (A - \langle A \rangle)^2 \rangle = \langle A^2 \rangle - \langle A \rangle^2 = -T \left(\frac{\partial^2 F}{\partial \lambda^2} \right)_{\lambda=0} \tag{1.37}$$

であり，$\lambda = 0$ で評価する．

$A(\vec{p}, \vec{q})$ が特定の A_0 という値をとる確率分布は，すべての他の自由度について積分すれば良い．

$$P[A(\vec{p},\vec{q}) = A_0] = \frac{1}{Z} \int \delta\left(A(\vec{p},\vec{q}) - A_0\right) e^{-\mathcal{H}/T} \, d\Lambda \tag{1.38}$$

ここで，$\delta(x)$ はディラックのデルタ関数である．この確率分布の表式が正しいことは，式 (1.38) をすべての A_0 について積分すれば確認できて，結果は 1 になる．この式を実際に使うには，デルタ関数を以下の形で表すと便利である．

$$\delta(x) = \frac{1}{2\pi} \int_{-\infty}^{\infty} d\omega \, e^{i\omega x} \tag{1.39}$$

ここで現れる指数関数をボルツマン因子の指数関数と一緒にすることができる．

調和振動子

簡単な例として，平衡状態にある調和振動子を考えよう．ハミルトニアンは $\mathcal{H} = p^2/2m + K(q - q_0)^2/2$ で与えられる．これは，ガウス的な分布関数を与える．式 (1.34), (1.37) を使うと，平均の位置とゆらぎの二乗平均はそれぞれ $\langle q \rangle = q_0$ と $\langle (q - q_0)^2 \rangle = T/K$ で与えられる．式 (1.38) より，位置が平均の位置 q_0 では「ない」確率，すなわち $P[q = q_0 + \delta q]$ は

$$P[q = q_0 + \delta q] \sim e^{-\delta q^2 / 2\sigma^2} \tag{1.40}$$

となる. ただし, $\sigma^2 = T/K$ である.

例題：ガウス分布

調和振動子を多数の空間的自由度をもつ系に一般化したものは，ガウスモデルと呼ばれる. 最も簡単な場合として，変数 $h(\vec{r})$ ($-\infty < h(\vec{r}) < \infty$) が自由度 (例えば空間内をさまよう界面の位置) を表し，ハミルトニアンは

$$\mathcal{H} = \frac{1}{2} \int d\vec{r} \int d\vec{r}' \, h(\vec{r}) \, G(\vec{r} - \vec{r}') \, h(\vec{r}') \tag{1.41}$$

で与えられるとする. 変数 $h(\vec{r})$ のゆらぎの二乗平均はどうなるか？

[解答] 位置 $\vec{r}$ と $\vec{r}'$ での自由度がカップルしていて積分できないため，式 (1.37) を直接に使うことはできない. しかし，並進不変な系の場合，カップリングは「差」$\vec{r} - \vec{r}'$ だけに依存するため，ハミルトニアンをフーリエ空間で対角化することができる. 従って，次のようなフーリエ変換を考える.

$$h(\vec{r}) = \frac{1}{\sqrt{L^d}} \sum_{\vec{q}} h(\vec{q}) \, e^{-i\vec{q}\cdot\vec{r}} \tag{1.42a}$$

$$h(\vec{q}) = \frac{1}{\sqrt{L^d}} \int d\vec{r} \, h(\vec{r}) \, e^{i\vec{q}\cdot\vec{r}} \tag{1.42b}$$

カップリング $G(\vec{r} - \vec{r}')$ のフーリエ変換は係数 $\sqrt{1/L^d}$ を付けないで「定義」する. 並進不変性をもつ系では，カップリングは距離の一変数関数であり

$$G(\vec{q}) = \int d\vec{r} \, G(\vec{r}) \, e^{i\vec{q}\cdot\vec{r}} \tag{1.43}$$

と書く. 反転対称な系では，$G(\vec{q})$ は $\vec{q}$ に関して偶関数である. 空間次元が d, 長さが L で，N 個の細胞に分割された系では，波数ベクトル $\vec{q}$ はとびとびの値をとる. 各々の細胞は大きさ a をもち，$a^d = L^d/N$ で与えられ

1.3. 古典統計力学の復習

る[11]．ここで，d は変数 h に関係した空間次元数である (例えば表面の場合 $d = 2$ である)．周期境界条件を用いれば，この値の組から波数ベクトルの各々の成分 (例えば表面の場合，$\vec{q} = (q_x, q_y)$) は

$$\{q_m a\} = \left\{\frac{2\pi m}{N}\right\}_{m=-N/2,\cdots,N/2} \tag{1.44}$$

と決まることがわかる．$a \to 0$ の連続極限では，和が $\vec{q}$ に関する積分

$$\sum_{\vec{q}} = \left(\frac{L}{2\pi}\right)^d \int d\vec{q} \tag{1.45}$$

に変わる．ここで，d は $\vec{q}$ の適切な空間次元数である．これらの表式をハミルトニアンで用いると

$$\mathcal{H} = \frac{1}{2} \sum_{\vec{q}} h(\vec{q}) \, G(\vec{q}) \, h(-\vec{q}) \tag{1.46}$$

となる[12]．$\vec{q}$ と $-\vec{q}$ がカップルしている以外は，ハミルトニアンはフーリエ空間で対角化されている．($\vec{q}$ と $-\vec{q}$ のカップリングは，$\mathcal{H}$ が振幅 $|h(\vec{q})|^2$ にしか依存しないということに帰着される．) 厳密に計算すると $\langle h(\vec{q}) \rangle = 0$ であり，波数ベクトル $\vec{k}$ をもつモードのゆらぎの二乗平均は

$$\left\langle |h(\vec{k})|^2 \right\rangle = \prod_{\vec{q}} \int dh(\vec{q}) \, h(\vec{k}) \, h(-\vec{k}) \, P[h(\vec{q})] \tag{1.47}$$

および

$$P[h(\vec{q})] = \frac{e^{-\mathcal{H}/T}}{\prod_{\vec{q}} \int dh(\vec{q}) \, e^{-\mathcal{H}/T}} \tag{1.48}$$

で与えられる[13]．ここで，$\mathcal{H}$ は式 (1.46) で与えられる．式 (1.47) 中の積はすべての波数ベクトル $\{\vec{q}\}$ に関するもので，$\vec{q} = \vec{k}$ も含む．

---
[11]次の式 (1.44) と矛盾しないためには，全体で N^d 個の細胞があり，$a = L/N$ としなければならない．
[12]式 (1.41) に式 (1.42), (1.43) を代入し，$\int d\vec{r} e^{i(\vec{q}+\vec{q}')\cdot\vec{r}} = (2\pi)^d \delta(\vec{q}+\vec{q}')$ という関係を用いる．これは式 (1.39) を拡張したものである．
[13]ここで $\prod_{\vec{q}} \int dh(\vec{q}) = \int dh(\vec{q}_1) \int dh(\vec{q}_2) \cdots \int dh(\vec{q}_N)$ の多重積分を表す．

位置を表す変数 $h(\vec{r})$ は当然ながら「実数」の量で，$h(\vec{q})$ は実部 ($Re[h(\vec{q})]$ と書く) と虚部 ($Im[h(\vec{q})]$ と書く) をもつ複素数であることに注意すれば，$\vec{q}$ と $-\vec{q}$ のカップリングを扱うことができる．フーリエ変換の定義と $h(\vec{r})$ が実数であることを使うと

$$Re[h(\vec{q})] = Re[h(-\vec{q})] \tag{1.49a}$$

と

$$Im[h(\vec{q})] = -Im[h(-\vec{q})] \tag{1.49b}$$

が示せる．従って，$\vec{q}$ と $-\vec{q}$ のフーリエ成分は独立では「ない」．しかし，式 (1.47)，(1.48) の中の積分は

$$\prod_{\vec{q}} \int dh(\vec{q}) = \int \prod_{\vec{q}>0} dRe[h(\vec{q})] \, dIm[h(\vec{q})] \tag{1.50}$$

と書き直すことができる ($\vec{q}>0$ は d 次元の波数ベクトル空間の上半分を意味する)．$G(\vec{q}) = G(-\vec{q})$ の関係 (これは $G(\vec{r}-\vec{r}') = G(\vec{r}'-\vec{r})$ の時に成り立つ) を使って

$$\sum_{\vec{q}} h(\vec{q}) \, G(\vec{q}) \, h(-\vec{q}) = \sum_{\vec{q}} G(\vec{q}) \left[Re[h(\vec{q})]^2 + Im[h(\vec{q})]^2 \right] \tag{1.51}$$

と書くことで，$\vec{q}>0$ に対して実部と虚部の積分を別々に行うことができる．すると

$$\langle |h(\vec{q})|^2 \rangle = -\frac{2T}{G(\vec{q})} \left[\frac{\partial}{\partial \alpha} \log \int dh(\vec{q}) \, e^{-\alpha G(\vec{q})|h(\vec{q})|^2/2T} \right]_{\alpha=1} \tag{1.52a}$$

と書くことができ

$$\langle |h(\vec{q})|^2 \rangle = \frac{T}{G(\vec{q})} \tag{1.52b}$$

を得る．これは，多自由度系の場合の等分配則を述べているに過ぎない [1,2]．同様にして，異なった $|\vec{q}|$ 間でのカップリングが存在しないことが簡単に

1.3. 古典統計力学の復習

示せて，一般に

$$\langle h(\vec{q})\, h(\vec{q}')\rangle = \frac{T}{G(\vec{q})}\, \delta_{\vec{q},-\vec{q}'} \tag{1.53}$$

となる．ただし，とびとびの $\vec{q}$ の成分に対してクロネッカーのデルタ関数を用いている．

実空間でのゆらぎの二乗平均を計算するには，フーリエ変換の定義と式 (1.53) (二つの波数ベクトルに関する二重和を一つの和に置き換えるため) を使い

$$\langle h^2(\vec{r})\rangle = \frac{1}{L^d}\sum_{\vec{q}} \langle |h(\vec{q})|^2\rangle = \left(\frac{1}{2\pi}\right)^d \int d\vec{q}\, \frac{T}{G(\vec{q})} \tag{1.54}$$

となる．

散乱構造因子

多粒子系では密度のゆらぎが光，中性子，X 線などの放射線の散乱の原因となる．密度のゆらぎは分極のゆらぎ[14]を導き，散乱の原因となる[22,23]．密度演算子を

$$n(\vec{r}) = \sum_i \delta(\vec{r}-\vec{r}_i) \tag{1.55}$$

と定義する．ここで，和は i でラベルされるすべての粒子に関してとり，粒子の位置は $\vec{r}_i$ で表される．散乱強度 $I(\vec{q})$ は散乱波数ベクトル $\vec{q}=\vec{q}_{out}-\vec{q}_{in}$ の関数で

$$I(\vec{q}) = \tilde{I}_0 \int d\vec{r} \int d\vec{r}'\, \langle n(\vec{r})\, n(\vec{r}')\rangle\, e^{-i\vec{q}\cdot(\vec{r}-\vec{r}')} \tag{1.56}$$

となる．ここで，$\tilde{I}_0$ は ($\vec{q}$ に依らない) 定数であり，散乱のメカニズムに依存する．散乱強度の他の便利な表式は

$$I(\vec{q}) = I_0\, \langle n(\vec{q})\, n(-\vec{q})\rangle \tag{1.57}$$

---
[14] より一般的には散乱振幅密度のゆらぎである．

である．ここで，I_0 は $\tilde{I}_0$ に比例した定数であり[15]，$n(\vec{q})$ は以下のように密度をフーリエ変換したものである．

$$n(\vec{q}) = \frac{1}{\sqrt{L^d}} \int d\vec{r}\, n(\vec{r})\, e^{-i\vec{q}\cdot\vec{r}} \tag{1.58}$$

相互作用しない球状粒子系および高分子 (長い，鎖状の分子) 系からの散乱は章末の問題で議論される．

1.4　二元混合物の相分離

相分離と界面

　前節では表面や界面，膜面の構造やゆらぎ，相挙動を考える際に重要な統計力学について復習した．本節では，この考え方の重要な応用として，二元混合物の相分離の問題を考える．この問題は，例えばイジング磁性体で見られるような他の種類の相転移とも類似している[2]．相分離の問題を理解することは重要である．なぜなら相分離現象の結果として共存する二状態間の平衡が実現され，自然に界面が形成されるからである．

混合物

　二成分間の界面 (または物質とその蒸気間の表面，あるいは物質と真空の間の表面) を記述するために，まず最初にバルクのハミルトニアンと自由エネルギーから始める．一般的に，二成分から成る二元混合物を考える．それは蒸気と平衡にある液体や固体を記述するための原子と空孔でも良いし，二元混合物の場合のように二つの異なる種類の分子でも良い．興味があるのは，分子サイズよりも遥かに大きな長さのスケールの，熱力学的性

---

[15] $I_0 = L^d \tilde{I}_0$ である．

1.4. 二元混合物の相分離

質と構造的性質である．従って，分子のハードコア間の排除体積相互作用は，二種類の分子を格子上 (各格子点は $i = 1 \cdots N$ でラベルされる) に置くことで考慮することができる．さらに話を簡単にするために，二つの分子の大きさは同じで一種類の格子の大きさしか考えないものとする．この『格子気体』モデルでは変数 $s_i = 1$ で『B』分子 (溶質) が格子点 i を占有していることを意味し，$s_i = 0$ で格子点が『A』分子 (溶媒) で占有されているとする．話を簡単にするために，二種類の分子間には二体の相互作用しか働かないとする．距離 $|\vec{R}_i - \vec{R}_j|$ だけ離れた二個の『A』分子間に働く相互作用エネルギーを J_{ij}^{AA} と書く．同様に，二個の『B』分子間に働く相互作用を J_{ij}^{BB}，『A』・『B』対間の相互作用を J_{ij}^{AB} とする．微視的なハミルトニアンはこれらすべての相互作用の和で

$$\mathcal{H} = -\frac{1}{2}\sum_{ij} K_{ij} \tag{1.59a}$$

と書ける．ここで，

$$K_{ij} = J_{ij}^{AA}(1-s_i)(1-s_j) + J_{ij}^{BB} s_i s_j + J_{ij}^{AB}\left[(s_i(1-s_j) + s_j(1-s_i)\right] \tag{1.59b}$$

である．

負符号はこれらの相互作用が引力であることを意味する．J_{ij} は正の量で，引力相互作用の大きさの目安である．第一項は s_i と s_j が共にゼロの時のみ値をもち，これは二個の『A』分子が距離 $|\vec{R}_i - \vec{R}_j|$ だけ離れて存在することを意味する．同じ考え方が第二項と第三項にも当てはまる．

すべての占有変数 $\{s_i\}$ を掛け合わせて，$\{s_i\}$ のべきの順に集める．その結果，まず定数が現れるが，これはエネルギーの原点を定義し直すことで省ける．その他に溶質分子の平均の体積分率 (化学ポテンシャルによって固定または決定される) を表す $\sum_i s_i$ の線形項および二次項が現れる．$\sum_i s_i$

の線形項を足したり引いたりすることで，正味の相互作用は

$$\frac{1}{2}\sum_{ij}\left[J_{ij}^{AA}+J_{ij}^{BB}-2J_{ij}^{AB}\right]s_i(1-s_j) \tag{1.60}$$

と書ける[16]．従って，AA と BB 対間の引力相互作用の大きさが AB 対間の相互作用よりも大きければ系は相分離する傾向をもち，二つの共存相において AA 対と BB 対の数を最大にする．従って

$$J_{ij}=J_{ij}^{AA}+J_{ij}^{BB}-2J_{ij}^{AB} \tag{1.61}$$

と定義し，相互作用ハミルトニアンを

$$\mathcal{H}=\frac{1}{2}\sum_{ij}J_{ij}s_i(1-s_j) \tag{1.62}$$

の形に書く．分配関数を計算するに当たって，『B』粒子の数を保存するための化学ポテンシャルを導入する (その他のすべての $\{s_i\}$ の線形項はこれに含められる)．条件付きの分配関数 Z_μ は

$$Z_\mu=\prod_k\sum_{\{s_k=0,1\}}e^{-\mathcal{H}'/T} \tag{1.63}$$

である．ただし

$$\mathcal{H}'=\mathcal{H}-\sum_i\mu s_i \tag{1.64}$$

であり，また式 (1.63) の積は $s_k=0,1$ の各々の値に関する和に掛かる．すべての格子点は互いに相互作用を通じてカップルしており，一般に分配関数は解析的には扱えないが，相互作用行列 J_{ij} が簡単な形の場合には，一次元と二次元に対して解析的な解が知られている[1,2]．次節では，平均場近似または乱雑混合近似を使ってこの系を議論する．この近似は無限の長距離相互作用の場合に厳密であることが示される．平均場近似を変分原理からより厳密に導出する議論は 2 章で述べる．

---
[16]実際には $\sum_{ij}J_{ij}^{AA}s_j$ を落して，$\sum_{ij}J_{ij}^{BB}s_i$ を加えている．

1.4. 二元混合物の相分離

平均場理論

もしもすべての J_{ij} が正であれば，系は相分離する傾向をもつ．その際，ある格子点のエネルギーは，その周囲の格子点との平均的な相互作用として捉えることができる．このことは数学的に，相互作用の項が一個の格子点しか含まないように分離してしまうことを意味する．従って，$J_{ij}s_i s_j \to J_{ij}s_i\phi + J_{ij}s_j\phi$ のように近似する．ここで，$\phi = \langle s_i \rangle$ で『B』粒子の平均の体積分率を表す．すると各格子点が独立になるので，式 (1.63) の和を計算することができて，Z_μ は

$$Z_\mu = \left[e^{-J\phi^2/2T} \{1 + \exp[\phi J/T + (\mu - J/2)/T]\} \right]^N \quad (1.65)$$

のように近似できる．N 個の格子点を含む無限に大きい系では相互作用が並進不変なので，J_{ij} は二つの添字の「差」にしか依らない．そこで $J = \sum_j J_{ij}$ と定義すると，溶質分子が他の溶質分子のバックグランド (平均場) および溶媒分子と相互作用する際の平均的なエネルギーは，$J\phi$ で表される．グランドポテンシャルはもちろん $G = -T \log Z_\mu$ で与えられ，ヘルムホルツの自由エネルギー $F = G + N\mu\phi$ は (式 (1.13) を見よ)

$$F = -TN \log\left(1 + \exp[\phi J/T + (\mu - J/2)/T]\right) + \frac{1}{2}NJ\phi^2 + N\mu\phi \quad (1.66)$$

となる．化学ポテンシャルは条件 $\langle s_i \rangle = \phi$ から決まり，

$$e^{\mu/T} = \left(\frac{\phi}{1-\phi}\right) \exp\left[-\frac{1}{2T}J(2\phi - 1)\right] \quad (1.67)$$

を満たす[17]．また一格子当たりのヘルムホルツの自由エネルギー $f = F/N$ は

$$f = T[\phi \log \phi + (1-\phi) \log(1-\phi)] + \frac{J}{2}\phi(1-\phi) \quad (1.68)$$

---

[17] 式 (1.17) に基づいて，$N\phi = -\partial G/\partial \mu$ という関係を用いる．

となる．今，一つの格子点には (『A』または『B』の) 一分子しか存在しないので，f を一分子当たりの自由エネルギーと考えても良い．

この自由エネルギーは，準理想気体の自由エネルギー (式 (1.27)) と比較することができる．どちらの場合も，自由エネルギーは (相互作用のない系から計算される) エントロピーによる項と相互作用の項から成り立っている．式 (1.68) では，最初の項が相互作用のない系のエントロピーを表している．それは全体のうちで ϕ の割合の格子点を『B』粒子で占有する場合の数と関係していて，異なる粒子間の占有には相関がない．第二項は，ϕ の割合の『B』粒子と $1-\phi$ の割合の『A』粒子の間の相互作用を，乱雑混合近似で表したものである．ここでの手続きは，乱雑混合近似の範囲で，相互作用する任意の成分数の場合に容易に拡張することができる．

共存する二相の最小自由エネルギー

ここでは自由エネルギーの最小化の問題を，全体積が一定であり，さらに分子の圧縮性を無視するという条件のもとで考える．相図上の二相領域では，系は二つの共存相から成り ($i=1,2$)，それぞれの相における『B』粒子の体積分率は ϕ_i である．体積分率の他に，それぞれの巨視的な相が占める格子点数 (すなわち非圧縮な系における体積) を決める必要がある．それぞれの相の格子点の数を N_i とする．非圧縮な系の全格子点数 N は一定なので，N_1 と N_2 は

$$N_1 + N_2 = N \tag{1.69}$$

を満たす．同様に，『B』粒子の平均の体積分率も ϕ でなければいけないので

$$N_1\phi_1 + N_2\phi_2 = N\phi \tag{1.70}$$

であり，$N_i\phi_i$ はそれぞれの相での『B』粒子の総数である．

1.4. 二元混合物の相分離

共存する二相の全自由エネルギーを，二つの条件 (式 (1.69), (1.70)) のもとで最小化する．そのために，全系の熱力学ポテンシャル G を

$$G = [N_1 f(\phi_1) + N_2 f(\phi_2)] - \mu[N_1\phi_1 + N_2\phi_2] + \Pi[N_1 + N_2]v_0 \quad (1.71)$$

として，それぞれの相の粒子数と体積についての条件を含める．式 (1.71) で，最初の括弧の項は式 (1.68) で定義された一粒子当たりの自由エネルギー f であり，μ と Π は条件を満たすためのラングランジュの未定乗数である．化学ポテンシャル μ は『B』粒子の保存を，浸透圧 Π は非圧縮な系での体積保存を保証する．式 (1.71) の因子 v_0 は分子体積であり，そのため Π は圧力の次元 (単位体積当たりのエネルギー) をもつ．

G を ϕ_i と N_i について最小化すると，平衡状態では二相間で化学ポテンシャルと浸透圧が等しくなることがわかる．すなわち

$$\frac{\partial f(\phi_1)}{\partial \phi_1} = \frac{\partial f(\phi_2)}{\partial \phi_2} = \mu \quad (1.72)$$

と

$$\Pi = \frac{\phi_1^2}{v_0}\left(\frac{\partial f(\phi_1)/\phi_1}{\partial \phi_1}\right) = \frac{\phi_2^2}{v_0}\left(\frac{\partial f(\phi_2)/\phi_2}{\partial \phi_2}\right) \quad (1.73)$$

が成り立つ．

式 (1.72), (1.73) は平衡状態で共存する ϕ_1 と ϕ_2 を決める二つの代数方程式と見なすことができて，これから T および ϕ の関数として「共存曲線」が決まる．幾何学的には，この二つの条件はまとめて自由エネルギーに対する『共通接線』構築法として理解することができ

$$\mu = \frac{f(\phi_1) - f(\phi_2)}{\phi_1 - \phi_2} \quad (1.74)$$

である．この条件を使うと，グラフ上で共存する二相を求めることができて，図 1.7 に示すような共存曲線が決まる．しかし多くの場合では，有限の範囲内 $(0 \leq \phi \leq 1)$ にある体積分率を固定してから式 (1.72) によって化

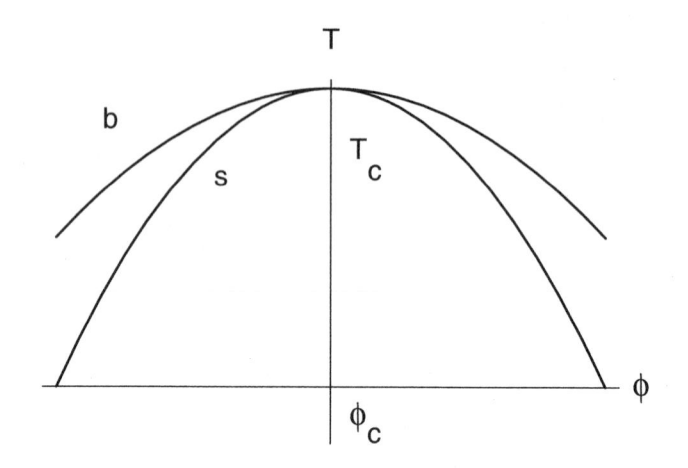

図 1.7: 体積分率 ϕ と温度の関数で表された平衡の共存曲線 (バイノーダル, b の曲線) とスピノーダル曲線 (s の曲線, 本文中では一様相の安定性限界として定義されている). b の曲線下のすべての領域で系は一相状態ではなくなる.

学ポテンシャルを決める方が容易である. すなわち共存する ϕ_1 と ϕ_2 の値は, 同じ μ と Π の値をとる.

不安定性と相分離の臨界点

臨界点 (ϕ_c, T_c) は平衡状態の相図上で, 共存する二相の成分が等しくなる点として定義され, そこでは $\phi_1 = \phi_2 = \phi_c$ が成り立つ. 式 (1.72) より, $\phi_1 = \phi_c + \delta$ と $\phi_2 = \phi_c - \delta$ と展開すれば, 小さい δ に対して化学ポテンシャルが等しいという条件は

$$\left(\frac{\partial^2 f}{\partial \phi^2}\right)_{\phi_c} = 0 \tag{1.75}$$

1.4. 二元混合物の相分離

となる. (ϕ, T) 平面上で一相状態が不安定になる点の軌跡中で, 臨界点は特別な点である. 一相状態が不安定になる点では, $f - \mu\phi$ はもはや ϕ について最小化されず, 不安定性が生じ得る最も高い温度が臨界温度である. スピノーダル曲線は不安定性が生じるこの軌跡を決めるもので, (ϕ, T) 平面上で

$$\frac{\partial^2 f}{\partial \phi^2} = 0 \tag{1.76}$$

を満たす曲線として表される.

臨界点 (ϕ_c, T_c) では, 共存曲線 (またはバイノーダル曲線) とスピノーダル曲線が一致する. 熱平衡状態では, (臨界点自身を除いて) スピノーダル曲線には決して到達できないということを指摘しておくことは重要である. なぜならば, スピノーダル曲線は (ϕ, T) 平面上の共存曲線で記述される一次相分離によって排除されてしまうからである. 共存曲線は熱平衡状態で一相状態と二相状態の境界であるが, 運動論的な効果で準安定状態が実現することがある. すなわち共存曲線の下であっても, 一相状態がかなり長時間持続することがある. それに対して, スピノーダル曲線の下で系は不安定状態にあり, どんなに小さな熱ゆらぎでも系は平衡状態に向かおうとする. スピノーダル曲線は, 濃度 ϕ のゆらぎが大きくなる線でもある. なぜならば, ϕ が (式 (1.72) で決まる) 自由エネルギー最小の値からゆらぐために必要な自由エネルギーは, $\partial^2 f/\partial \phi^2$ に比例しているからである. この量が小さい時にゆらぎの確率は大きくなる[1]. よってスピノーダル曲線上での散乱は大きい. しかし, スピノーダル曲線に到達するには, 熱力学的に平衡ではない状態をとる必要がある. そのためには, 例えば一相状態からスピノーダル曲線の下へ温度を急冷すれば良い.

臨界点ではゆらぎが大きくなるので, ここで用いた単純な平均場理論は破綻する. 大きなゆらぎでは, 式 (1.65) の分配関数を簡単化するために用いた近似 $J_{ij}s_is_j \to J_{ij}s_i\phi + J_{ij}s_j\phi$ はもはや正しくない. それは, 濃度の

局所的な値が，平均の濃度では近似的にも与えられないからである．たとえゆらぎの効果が平均場近似に対して『補正』として取り入れられても，臨界点の近傍で理論は定量的に不正確になる．『臨界現象』の詳しい理論的取り扱いは，本書の範囲外である (例えば文献 24 を見よ)．しかし，単純な平均場理論と，それにゆらぎの補正を「加える」という両方の解析は，重要な物理のほとんどを含んでいるし，臨界点の非常に近傍でより高度な取り扱いを含める必要がある時の指針となる．

臨界点近傍での自由エネルギーのランダウ展開

格子気体 (イジングモデル) や準理想気体の平均場の自由エネルギーに対して，臨界濃度近傍の濃度については，自由エネルギーを解析的なテイラー級数で展開することが可能であると考えられる．このアプローチは自由エネルギーの**ランダウ展開**として知られ (図 1.8 と図 1.9 を見よ)，バルクの系や界面の相転移の理論で中心的役割を果たす．平均の濃度が臨界濃度 ϕ_c で与えられるような系を考えよう．系が $\phi = \phi_c$ の一相状態のままで安定に存在するか，それとも平均濃度が ϕ_c になるような体積比をもつ二相共存状態に分離するかが問題である．もしも濃度がある与えられた値 ϕ_0 に近ければ，単位体積当たりの自由エネルギーを微小量 $\eta = \phi - \phi_0$ の解析的な関数として展開できると仮定する．(これは平均場的なアプローチが破綻する臨界点の「ごく」近傍では正しくない[24]．) 単位体積当たりの自由エネルギー f は η についてテイラー級数展開できて

$$f = h\eta - \frac{\epsilon}{2}\eta^2 + \frac{b}{3}\eta^3 + \frac{c}{4}\eta^4 + \cdots \tag{1.77}$$

となる．線形の項は係数 $h = (\partial f/\partial \phi)_{\phi_0}$ をもつ．しかし，これは体積分率 ϕ_0 での化学ポテンシャル μ_0 に過ぎない．従って，$\mu_0 = (\partial f/\partial \phi)_{\phi_0}$ であり，化学ポテンシャルをこの値に等しくとればグランドポテンシャル

1.4. 二元混合物の相分離

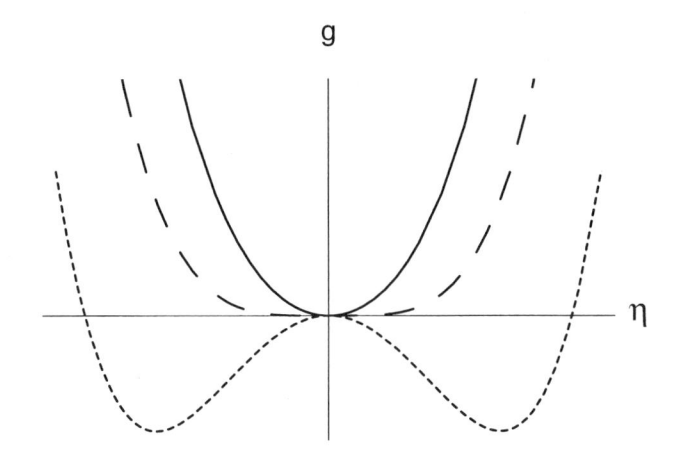

図 1.8: 二次相転移の場合の自由エネルギー g と秩序変数 η の関係．実線は $\epsilon < 0$，破線は $\epsilon = 0$，点線は $\epsilon > 0$ の場合である．

$g = f - \mu\eta = f - h\eta$ から η の線形の項が消え

$$g = -\frac{\epsilon}{2}\eta^2 + \frac{b}{3}\eta^3 + \frac{c}{4}\eta^4 + \cdots \tag{1.78}$$

となる．

g を η について最小化すると，共存する二相の濃度が決まる．これは g を η に対してプロットしたグラフで見るとわかりやすい．$b \neq 0$ の時，負で絶対値が大きな ϵ に対する $\eta = 0$ から ϵ を大きくすることによって ($\epsilon > 0$ に向かって)，η の値が η_0 へとび一次相転移となる[18]．この時，(η がゼロでない) 二相領域では，共存する二相の濃度差は連続的にゼロにはなら「ない」．一方，$b = 0$ の時は (図 1.8 を見よ)，式 (1.78) で $b = 0$ と置いて最小化してわかるように，$\eta \to 0$ および $\epsilon \to 0$ ($\epsilon > 0$) の極限の臨界点において，共存する二相の濃度差はゼロに近づく．$\epsilon = 0$ の時に $b = 0$ となる

---
[18]図 1.9 を見よ．

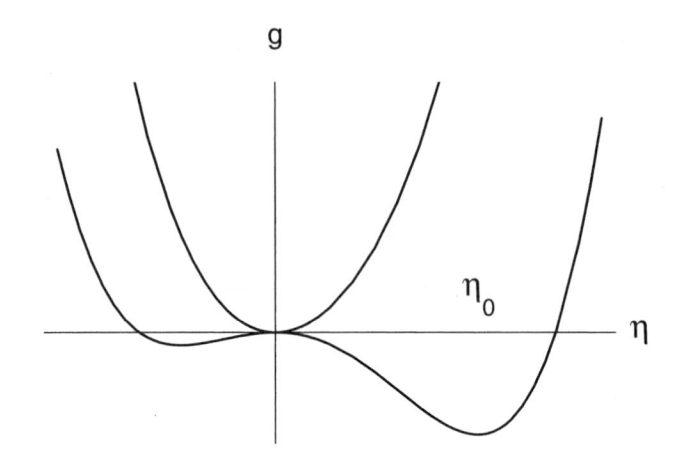

図 1.9: 一次相転移の場合の自由エネルギー g と秩序変数 η の関係. g を最小化する η の値は, ϵ が負で絶対値が大きい時の $\eta = 0$ から ϵ が小さい時の η_0 にとぶ.

ような濃度 ϕ_0 の値を臨界濃度 ϕ_c と定義する. 従ってこの特別な値において, $\mu = \mu_c$ に対する自由エネルギーを $\phi_0 = \phi_c$ の近傍で展開すると, 式 (1.78) の形の自由エネルギーで $b = 0$ とおいたものが求まる. さらに, 化学ポテンシャルがその臨界値 μ_c に等しい時 (従って, 平均の濃度は ϕ_c に等しい), g を最小化すると $\eta_1 = -\eta_2$ となる. これは二相で浸透圧が等しいことと一致している. そのため, g の最小化によって相の共存すなわちバイノーダル曲線が決まる.

式 (1.77), (1.78) は自由エネルギーを級数展開して得られたもので, 以前に述べたように, 臨界点は

$$\epsilon = \left(\frac{\partial^2 f}{\partial \phi^2}\right)_{\phi_c, T_c} = 0 \tag{1.79a}$$

1.4. 二元混合物の相分離

で決められる．一般に ϵ と b は温度 (あるいは相互作用エネルギーでスケールされた温度) の関数なので，臨界値 ϕ_c と T_c は二つの条件，式 (1.79a) と

$$\left(\frac{\partial^3 f}{\partial \phi^3}\right)_{\phi_c, T_c} = 0 \tag{1.79b}$$

で決まる．式 (1.79) の条件を別に解釈すれば，自由エネルギーが「まさに」臨界温度 $T = T_c$ ($\epsilon = 0$) で最小値をとるためには，$b = 0$ かつ $c > 0$ ということを表している．

高分子溶液の相分離

前節での議論は，微視的な出発点が混合体の格子気体理論であり，ほぼ同じ大きさの分子が隙間なく詰まっている混合体に対して適用可能である．小さな分子から成る溶媒中における，長くて柔らかい鎖状高分子の混合体を扱うためには，高分子と溶媒分子の大きさが違うという点と高分子は柔らかい巨大分子であるという点を考慮するために，上で説明した平均場近似は修正されなければいけない．最終的な高分子当たりの『フローリー・ハギンス』自由エネルギー f_{FH} は[11,25]

$$f_{FH} = T\left[\left(\frac{\phi}{N}\right)\log\left(\frac{\phi}{N}\right) + (1-\phi)\log(1-\phi) + \chi\phi(1-\phi)\right] \tag{1.80}$$

となる．この表式を簡単に説明すると，自由エネルギーは一本当たり N 個のモノマーから成る高分子の並進エントロピー (式 (1.80) の第一項) と溶媒の並進エントロピー (式 (1.80) の第二項) の和で表される．高分子の重心が移動する時には N 個のモノマーが一斉に動かねばならないので，高分子の並進エントロピーは溶媒の並進エントロピーより $1/N$ の因子だけ小さい．χ に比例した項は，高分子のモノマー同士の引力相互作用を意味する．もしも χ が十分に大きければ，以前に説明した二元混合体と同様な相分離が起こる．しかし，$1/N$ の因子のため，高分子の分子量が大きい時

には臨界濃度の値は小さくなり，$\phi_c = 1/(1+\sqrt{N})$ で与えられる．これは $1/N$ の因子のため，高分子の体積分率が非常に小さい時だけエントロピーが相互作用と同程度に効くからである．長い高分子の場合，臨界点での χ の値 (単純な混合体の議論の T_c に対応するもの) は N にはほとんど依存せず，$\chi_c \approx 1/2$ である．

1.5 曲面の微分幾何学

相分離現象が起こると，必然的に界面が存在するようになる．以下の章ではこの界面の研究に着目する．この節では (厚みがゼロの) 界面や表面の数学的な定義を説明し[5]，任意の曲面の面積や曲率をどのように計算するかを示す．表面や界面，膜面の統計物理においては，エネルギー中に面積 (例えば表面張力) や曲率 (例えば曲率エネルギー) に依存する項が多く現れるので，面の面積と曲率の概念は非常に有用である．もちろん，界面の形や大きさは初めから与えられるものではなく，系自身によってセルフコンシステントに決められるため，実際的な物理の問題はより複雑である．従って，どのような表面が与えられた面積や曲率を持つかということが問題になる．さらに問題が複雑なのは，着目する表面が多くの場合に決定論的ではなく，確率的に振舞うことである．表面と膜面のゆらぎについての章でも扱うように，その際には表面の熱ゆらぎ (表面エントロピー) も考慮しなければいけない．

曲線

図 1.10 に示すように，空間内の曲線は位置ベクトル $\vec{r} = \vec{R}(u)$ で記述される．u は助変数であり，曲線に沿った単純な一次元的な位置を表す．例

1.5. 曲面の微分幾何学

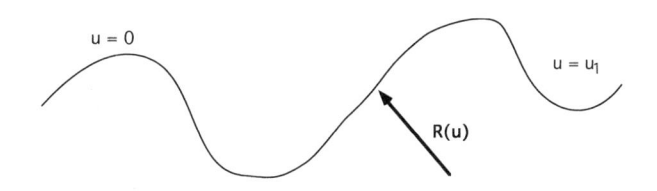

図 1.10: 空間内の曲線. 座標 u は曲線に沿った弧長を表している. $\vec{R}(u)$ は曲線上の弧長 u で表される点の位置ベクトル.

えば高分子鎖の場合，u はモノマーをラベルする．無限小の弧長 du は u_1 と u_2 でラベルされる二点間の線に沿っての距離で，$u_1 \to u_2$ の極限をとったものである．空間内における二点間の「実際の距離」を s と定義する．不連続的な点の場合には $\Delta s = |\vec{R}(u_1) - \vec{R}(u_2)|$ であり，これは $u_1 \to u_2$ の極限で

$$ds = \left|\frac{\partial \vec{R}}{\partial u}\right| du \tag{1.81}$$

となる．単位接線ベクトル $\hat{t}(u)$ は

$$\hat{t} = \frac{d\vec{R}}{ds} = \frac{d\vec{R}/du}{ds/du} \tag{1.82}$$

と定義される．式 (1.81) を使えば，$\hat{t}$ が実際に単位ベクトルであることがわかる．接線ベクトルの変化の割合は，曲率 κ および法線ベクトル $\hat{n}_c$ と

$$\frac{d\hat{t}}{ds} = \kappa \hat{n}_c = \frac{d^2\vec{R}}{ds^2} \tag{1.83}$$

のように関係している．

曲面

曲面を記述する時，助変数表示 $x = f(u,v)$, $y = g(u,v)$, $z = h(u,v)$ でベクトル $\vec{r}(u,v)$ を与えるか，あるいは陰関数的表示 $F(x,y,z) = 0$ で表す．助変数表示の簡単な例は，u と v がそれぞれ x と y に等しく，曲面の『高さ』が $z = h(u,v) = h(x,y)$ の場合である．これは図 1.11 に示してあり，曲面の**モンジュ表示**と呼ばれる．曲面の位置は

$$\vec{r} = (u, v, h(u,v)) = (x, y, h(x,y)) \tag{1.84}$$

で与えられる．他の例としては単位球上の球座標があり，その場合 u と v はそれぞれ角度 θ と ϕ に対応する．曲面上では「二つ」の接線ベクトルとして，$\vec{r}_u = \partial \vec{r}/\partial u$ と $\vec{r}_v = \partial \vec{r}/\partial v$ が定義できる．これらのベクトルは必ずしも単位ベクトルではないし，また直交もしていない．二つのベクトルから接平面が決まる．その平面の方程式は $d\vec{r} \cdot \hat{n} = 0$ であり[19]，$\hat{n}$ は位置 (u,v) における法線ベクトルである．法線ベクトルは外積

$$\hat{n} = \frac{\vec{r}_u \times \vec{r}_v}{|\vec{r}_u \times \vec{r}_v|} \tag{1.85}$$

で与えられる．

曲面の陰関数的表示を使うと $F(x,y,z) = 0$ であり，モンジュ表示は $F(x,y,z) = z - h(x,y) = 0$ と表される．任意の陰関数的表示の場合，法線ベクトルは以下のようにして求められる．曲面上では F が一定で，F の全微分がゼロであることに注意すると

$$dF = d\vec{r} \cdot \nabla F = 0 \tag{1.86}$$

となる．ただし，$d\vec{r}$ は曲面上の二点を結ぶベクトルである．$d\vec{r}$ は曲面上のある方向での接線であるので，式 (1.86) は ∇F がこの接線に垂直である

---
[19] $d\vec{r} = (dx, dy, dz)$ は曲面上の微小変位ベクトルである．

1.5. 曲面の微分幾何学

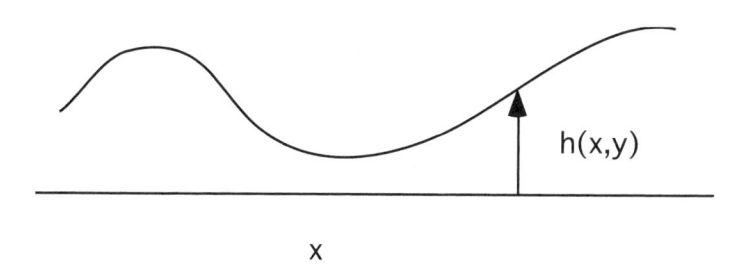

図 1.11: xy 平面上の曲面. 曲面の z 座標は $h(x,y)$ で与えられる.

ことを示している. よって法線ベクトルは ∇F に平行である (∇F は曲面上での値で評価する). 従って, 単位法線ベクトルは

$$\hat{n} = \frac{\nabla F}{|\nabla F|} \tag{1.87}$$

である.

曲面の計量

$\vec{r}(u,v)$ で定義される曲面を考えよう. 二点 (u,v) と $(u+du, v+dv)$ の間の距離 ds は

$$(ds)^2 = (d\vec{r})^2 = (\vec{r}_u\,du + \vec{r}_v\,dv)^2 \tag{1.88}$$

である. これを

$$(ds)^2 = E(du)^2 + 2F du\,dv + G(dv)^2 \tag{1.89}$$

と書けば

$$E = \vec{r}_u^2; \qquad F = \vec{r}_u \cdot \vec{r}_v; \qquad G = \vec{r}_v^2 \tag{1.90}$$

である．計量 g は
$$g = EG - F^2 \tag{1.91}$$
と定義される．これは
$$g = (\vec{r}_u \times \vec{r}_v)^2 > 0 \tag{1.92}$$
なので正定値の量である．$d\vec{r}_u$ と $d\vec{r}_v$ を二辺とする平行四辺形の面積は面積要素 dA となり
$$dA = |\vec{r}_u \times \vec{r}_v|\,du\,dv = \sqrt{g}\,du\,dv \tag{1.93}$$
で与えられる．モンジュ表示の場合には $\vec{r}_u = \vec{r}_x = (1, 0, h_x)$, $\vec{r}_v = \vec{r}_y = (0, 1, h_y)$ となる．下付添字は微分を意味する (例えば $h_x = \partial h(x,y)/\partial x$)．これから面積要素が求まり
$$dA = dx\,dy\sqrt{1 + h_x^2 + h_y^2} \tag{1.94}$$
となる．法線ベクトルは
$$\hat{n} = \frac{\hat{z} - h_x\hat{x} - h_y\hat{y}}{\sqrt{1 + h_x^2 + h_y^2}} \tag{1.95}$$
で与えられる[20]．

曲面の陰関数的表示の場合 $F(x, y, z) = 0$ であり，$F = 0$ となる所が曲面であることに注意すれば面積要素が求まる．すなわち式 (1.93) と同等な式は
$$\int dA = \int d^3\vec{r}\,\delta(F)\,|\nabla F| \tag{1.96}$$
となる．$F(x, y, z) = z - h(x, y)$ の場合に，この式は直接的に証明できる[21]．すなわち変数 z に関して積分すれば，局所面積要素に対する式 (1.94) が求まる．常にこの表示を用いて「局所的」に表面を定義できるので，式 (1.96) の面積要素の表式は一般的に正しい．

---
[20] 式 (1.85) の分母は $\sqrt{g}$ であることに注意せよ．
[21] $\nabla F = (-h_x, -h_y, 1)$, $d^3\vec{r} = dx\,dy\,dz$ であることを用いる．

1.5. 曲面の微分幾何学

曲面の曲率

距離 ds が式 (1.89) で与えられる曲面上のある曲線を考えよう．この曲線の法曲率[22]は

$$\kappa = \vec{r}'' \cdot \hat{n} \tag{1.97}$$

で定義される．ここで，プライムは s に関する微分を意味し (例えば $\vec{r}' = d\vec{r}/ds$)，$\hat{n}$ は法線ベクトルである．これは式 (1.83) の曲線の曲率の定義と似てはいるが，異なるものであることに注意する必要がある．なぜならば曲面の曲率の場合には，曲面に垂直な方向を選ぶからである．すなわち曲面上の曲線の曲率は，この観点から重要ではない．特別な場合として $\hat{n} = \hat{n}_c$ と選ぶこともできるが，これは一般的には正しくない．$\vec{r}''$ は u と v に関する微分を使って

$$\vec{r}'' = u''\vec{r}_u + v''\vec{r}_v + (u')^2 \vec{r}_{uu} + (v')^2 \vec{r}_{vv} + 2(u'v')\vec{r}_{vu} \tag{1.98}$$

と書ける[23]．以前と同様に，プライムは空間内での距離 s に関する微分を意味する．式 (1.89)，(1.98) を式 (1.97) で使い，$\hat{n} \cdot \vec{r}_u = \hat{n} \cdot \vec{r}_v = 0$ (式 (1.85) を見よ) を用いると，曲率は

$$\kappa = \frac{L(du)^2 + 2M\,du\,dv + N(dv)^2}{E(du)^2 + 2F\,du\,dv + G(dv)^2} \tag{1.99}$$

となる[24]．ただし

$$L = \hat{n} \cdot \vec{r}_{uu}; \qquad M = \hat{n} \cdot \vec{r}_{uv}; \qquad N = \hat{n} \cdot \vec{r}_{vv} \tag{1.100}$$

である．法線ベクトルと接線ベクトルが直交しているため，$\hat{n} \cdot \vec{r}_u = \hat{n} \cdot \vec{r}_v = 0$ という関係に注意する．これを微分し

$$L = -\hat{n}_u \cdot \vec{r}_u; \qquad M = -\hat{n}_v \cdot \vec{r}_u = -\hat{n}_u \cdot \vec{r}_v; \qquad N = -\hat{n}_v \cdot \vec{r}_v \tag{1.101}$$

---
[22] normal curvature
[23] まず $\vec{r}' = u'\vec{r}_u + v'\vec{r}_v$ である．これをもう一回 s で微分することによって求まる．
[24] この式の分母は式 (1.89) と等しい．

のように定義する．ここで，$\hat{n}$についた添字は微分を意味する(例えば$\hat{n}_u = d\hat{n}/du$である)．この関係から，式(1.99)の曲率は

$$\kappa = -\frac{d\vec{r} \cdot d\hat{n}}{d\vec{r} \cdot d\vec{r}} \tag{1.102}$$

のようにも書けることがわかる[25]．従って，曲面上の各々の方向$d\vec{r}$に対して曲率の値が存在する．

曲面上の曲線の曲率の表式は，曲面の陰関数的表示$F(x, y, z) = 0$からも導かれる．そのためには，式(1.87)で定義された法線ベクトルが曲面に沿ってどのように変化するかを調べる．曲面に沿って距離$d\vec{r}$だけ動くと，法線ベクトル$\hat{n}$は

$$d\hat{n} = d\vec{r} \cdot \mathbf{Q} \tag{1.103}$$

だけ変化する．ここで，$\mathbf{Q}$はテンソルで，そのデカルト座標系での成分は式(1.87)を微分することによって与えられる．

$$Q_{ij} = \frac{1}{\Upsilon}\left[F_{ij} - \frac{F_i \Upsilon_j}{\Upsilon}\right] \tag{1.104}$$

ここで，$\Upsilon = |\nabla F|$, $F_i = \partial F/\partial r_i$, $\vec{r} = (x, y, z)$であり，Υ_iについても同様である[26]．式(1.103)と$d\vec{r}$の内積をとると，与えられた方向に沿った曲率に対する式(1.102)と似た表式が求まる．これらの二つの表式を比べると，曲率κはテンソル$\mathbf{Q}$のトレースに比例することがわかる．従って，曲率は曲面に沿って動いた時の法線ベクトルの変化と関係している．曲面の法線と曲面に沿っての方向は両方ともベクトル量なので，曲率は一般にテンソル量である．

---

[25] $d\vec{r}$は式(1.88)で与えられ，$d\hat{n} = \hat{n}_u\, du + \hat{n}_v\, dv$である．
[26] さらに，$F_{ij} = \partial^2 F/\partial r_i \partial r_j$である．

1.5. 曲面の微分幾何学

曲率テンソルの不変量：平均曲率とガウス曲率

曲率テンソルをその不変量で表すことは有用である．なぜならば，曲面を記述するための座標系を回転させても不変量は変わらないからである．すなわち不変量は曲面に固有な量である．曲面の陰関数的表示 $F(x,y,z) = 0$ の場合，任意の方向の曲率は式 (1.104) で定義されるテンソル $\mathbf{Q}$ と関係している．三次元の場合，$\mathbf{Q}$ は 3×3 の行列であり，三つの固有値をもつ．式 (1.104) と $\Upsilon = |\nabla F|$ から，$\mathbf{Q}$ の行列式と一つの固有値はゼロであることが直接の計算で示せる．残りの二つの固有値が曲面の主曲率であり，任意の F について直接 $\mathbf{Q}$ から計算できる．

三次元のテンソル $\mathbf{Q}$ は，(回転を含む) 相似変換に対して三つの不変量をもっている．それらはトレース，主小行列式 (すなわち対角成分に対応する行と列を除いてできる三つの小行列式) の和，行列式である (証明は次の例題を見よ)．直接の計算から $\mathbf{Q}$ の行列式はゼロとなることがわかる．$\mathbf{Q}$ の二つの固有値は長さの逆数の次元をもち，主曲率と呼ばれる (残りの一つの固有値はゼロである)．ゼロでない固有値に対する二つの固有ベクトルは，曲面の二つの主方向と呼ばれる．すなわち主方向に沿って曲率テンソルは対角化される．固有値 (すなわち主曲率) の和であるトレースは，平均曲率 H の二倍である．二つの主曲率のどちらの量も長さの逆数の次元をもつ．テンソル $\mathbf{Q}$ のもう一つの不変量は主小行列式の和で，長さの逆数の二乗の次元をもつ．これはガウス曲率 K と呼ばれ，二つの主曲率 ($\mathbf{Q}$ の固有値) の積に等しい．式 (1.104) を使うと平均曲率は

$$H = \frac{1}{2\Upsilon^3} \left[F_{xx}(F_y^2 + F_z^2) - 2F_x F_y F_{xy} + \text{Perm} \right] \tag{1.105}$$

と表され，「Perm」と書いた項は各々の項に対応する次の二つの置換を意味している．すなわち一つは $(x,y,z) \to (z,x,y)$ の置換で，もう一つは

$(x, y, z) \to (y, z, x)$ の置換である．また

$$\Upsilon = \sqrt{F_x^2 + F_y^2 + F_z^2} \tag{1.106}$$

である．一方，ガウス曲率は

$$K = \frac{1}{\Upsilon^4} \left[F_{xx}F_{yy}F_z^2 - F_{xy}^2 F_z^2 + 2F_{xz}F_x(F_yF_{yz} - F_zF_{yy}) + \text{Perm} \right] \tag{1.107}$$

となる．以下の議論と章末問題にあるように，F がモンジュ表示 $F = z - h(x, y)$ と表される時，これらの表式は非常に簡単になる．

例題：テンソルの不変量

任意の 3×3 の行列 $\mathbf{A}$ について，そのトレース，主小行列式 (すなわち対角成分に対応する行と列を除いてできる三つの小行列式) の和，行列式が，相似変換に対して不変であることを示せ．

[解答] $\mathbf{A}$ の特性多項式

$$P(\lambda) = \det(\mathbf{A} - \lambda \mathbf{I}) \tag{1.108}$$

を考える．ここで，$\mathbf{I}$ は単位行列である．最初に $P(\lambda)$ が相似変換 $\mathbf{A} \to \mathbf{C}^{-1}\mathbf{A}\mathbf{C}$ に対して不変であることを示す[26]．行列式を $\det \mathbf{A} = |\mathbf{A}|$ と書くことにすると

$$\begin{aligned} P'(\lambda) = |\mathbf{C}^{-1}\mathbf{A}\mathbf{C} - \lambda \mathbf{I}| &= |\mathbf{C}^{-1}\mathbf{A}\mathbf{C} - \lambda \mathbf{C}^{-1}\mathbf{C}| \\ &= |\mathbf{C}^{-1}(\mathbf{A} - \lambda \mathbf{I})\mathbf{C}| \end{aligned} \tag{1.109}$$

となる．$|\mathbf{XY}| = |\mathbf{X}||\mathbf{Y}|$ の関係を使うと

$$P'(\lambda) = |\mathbf{C}^{-1}| \, |\mathbf{A} - \lambda \mathbf{I}| \, |\mathbf{C}| \tag{1.110}$$

1.5. 曲面の微分幾何学

が成り立つ．最後に $|\mathbf{C}^{-1}| = 1/|\mathbf{C}|$ を使うと，$P'(\lambda) = P(\lambda)$ が示せる．つまり，特性多項式は回転やその他の相似変換に対して不変である．

3×3 の行列 $\mathbf{A}$ (成分は A_{ij}) の特性多項式を直接計算すると

$$P(\lambda) = |\mathbf{A}| - \lambda \sum_{i=1,2,3} M_i + \lambda^2 \sum_{i=1,2,3} A_{ii} - \lambda^3 \tag{1.111}$$

となる．ここで，M_i は対角成分に対応する行と列を除いてできる小行列式である．λ^2 に比例した項はトレースであり，λ に比例した項は主小行列式の和となっている．$P(\lambda)$ は相似変換に対して不変であり，また λ は任意であるから，式 (1.111) の各項がそれぞれ独立に相似変換に対して不変でなければならない．よって，トレース，主小行列式の和，行列式のすべてが相似変換に対して不変である．

助変数表示：平均曲率とガウス曲率

ここでは，曲面の助変数表示 $x = f(u,v)$, $y = g(u,v)$, $z = h(u,v)$ を使って，平均曲率とガウス曲率の表式を導こう．二つの主曲率は，与えられた点におけるすべての可能な曲率のうちで極値を与えることを示す．曲面内の単位ベクトル $\hat{a} = \ell \vec{r}_u + m \vec{r}_v$ を考える．$a^2 = E\ell^2 + 2F\ell m + Gm^2 = 1$ なので，この単位ベクトルに沿っての曲率は式 (1.99) のように

$$\kappa = L\ell^2 + 2M\ell m + Nm^2 \tag{1.112}$$

である．単位ベクトルという条件のもとで，曲率を最大または最小にするような (ℓ, m) の値で決まる曲線を求める．ここで，ラグランジュの未定乗数 λ を導入して，次の $\tilde{\kappa}$ の極値を探す．

$$\tilde{\kappa} = L\ell^2 + 2M\ell m + Nm^2 - \lambda(E\ell^2 + 2F\ell m + Gm^2) \tag{1.113}$$

$\partial\tilde{\kappa}/\partial\ell = \partial\tilde{\kappa}/\partial m = 0$ とおくと，二つの方程式を得る．未定乗数 λ は $\lambda = \kappa$ となり，この時 κ は式 (1.112) で与えられる[27]．$\tilde{\kappa}$ が極値をとるような ℓ と m の値を探して式 (1.112) に代入すると，曲率 κ の極値が求まる．曲率の値は次の二次方程式によって決定される[28]．

$$\kappa^2(EG - F^2) - \kappa(EN + GL - 2FM) + (LN - M^2) = 0 \quad (1.114)$$

この方程式は κ_a と κ_b の二個の解をもち，それらを用いて平均曲率 $H = (\kappa_a + \kappa_b)/2$ とガウス曲率 $K = \kappa_a \kappa_b$ を定義できる．すると

$$H = \frac{EN + GL - 2FM}{2(EG - F^2)} \quad (1.115)$$

$$K = \frac{LN - M^2}{EG - F^2} \quad (1.116)$$

となる．

ここで説明したことの別の解釈は以下のようなものである．曲面内の任意の方向 $\hat{a} = \ell\vec{r}_u + m\vec{r}_v$ に沿っての曲率は，ℓ と m の二次形式になっている．ベクトル $\hat{a}$ が単位ベクトルであるという条件のもとでこの二次形式を対角化することは，数学的には κ を最小化または最大化することと等しい．従って，曲率の極値 κ_a と κ_b は ℓ と m の極値で決まり，これを ℓ^* と m^* と定義する．極値近傍の曲面上の方向を考えると，ℓ^* と m^* は極値であるため，曲率を $(\ell - \ell^*)$ と $(m - m^*)$ の関数として展開した時に一次の項は現れない．この意味で，局所的な曲率は対角化された二次形式になっている．

---

[27] $\partial\tilde{\kappa}/\partial\ell = 0$ に ℓ，$\partial\tilde{\kappa}/\partial m = 0$ に m をそれぞれ掛けて足し合わせると，$L\ell^2 + 2M\ell m + Nm^2 - \lambda(E\ell^2 + 2F\ell m + Gm^2) = 0$ が求まる．これと式 (1.112) から $\lambda = \kappa$ が示せる．

[28] 連立方程式 $(L - \kappa E)\ell + (M - \kappa F)m = 0$ および $(M - \kappa F)\ell + (N - \kappa G)m = 0$ が $\ell = m = 0$ 以外の解をもつ条件より導かれる．すなわち，$(L - \kappa E)(N - \kappa G) - (M - \kappa F)^2 = 0$ である．

1.5. 曲面の微分幾何学

主方向

曲率が極値をとるような二つの方向は主方向と呼ばれる．この二方向が直交していることは以下のようにして示せる．方程式 $\partial\tilde{\kappa}/\partial\ell = \partial\tilde{\kappa}/\partial m = 0$ から未定乗数 λ を消去すると

$$(EM - FL)\ell^2 + (EN - GL)\ell m + (FN - GM)m^2 = 0 \tag{1.117}$$

となる．式 (1.115), (1.116) より，この方程式は比 (ℓ/m) の解を二つもち，それぞれに κ_a と κ_b が対応する．式 (1.117) の二つの解 $(\ell/m)_1 = \mu_1$ と $(\ell/m)_2 = \mu_2$ の和と積は

$$\mu_1 + \mu_2 = -\frac{EN - GL}{EM - FL} \tag{1.118}$$

$$\mu_1 \mu_2 = \frac{FN - GM}{EM - FL} \tag{1.119}$$

である．(この関係は二次方程式の解の和と積の関係から導かれる．) 今，二つの方向の単位ベクトルは $\hat{a}_1 = m_1(\mu_1 \vec{r}_u + \vec{r}_v)$ と $\hat{a}_2 = m_2(\mu_2 \vec{r}_u + \vec{r}_v)$ である．式 (1.118), (1.119) を使うと，直交条件 $\hat{a}_1 \cdot \hat{a}_2 = 0$ が成り立つことがわかる[29]．従って，曲面上の主方向は互いに直交していて，曲率の極値を与えることがわかる．(直交条件が成り立つためには $F = 0$ でなければならない．) さらに，もしこれらの曲線を助変数的に用いて曲面を定義すると，(すなわちもしそれらが助変数 u と v を定義すれば)，助変数的曲線 $du = 0$ と $dv = 0$ は $\ell = 0$ または $m = 0$ を意味する．式 (1.117) より，この条件と直交条件 $F = 0$ から $M = 0$ となる．従って，主方向に沿った場合の二つの曲率は $\kappa_a = L/E$ および $\kappa_b = N/G$ となる．

---

[29] ただし式 (1.90) を用いる．

例題：モンジュ表示での曲率

曲面が $z = h(x, y)$ で表される時，h の x 微分と y 微分を用いて平均曲率とガウス曲率はどのように表されるか？ また傾きが十分に小さくて，$h_x = \partial h(x,y)/\partial x$ と h_y が最終的な表式で無視できるような極限でこれらの式はどうなるか？

[解答] 式 (1.115)，(1.116) と式 (1.90)，(1.100) の定義から，曲率は $\vec{r} = x\hat{x} + y\hat{y} + h(x,y)\hat{z}$ を使って計算できる．法線ベクトルは式 (1.95) と $E = r_x^2 = 1 + h_x^2$，$G = 1 + h_y^2$，$F = h_x h_y$ で与えられる．同様に，$L = h_{xx}/\Upsilon$，$M = h_{xy}/\Upsilon$，$N = h_{yy}/\Upsilon$ となる．ただし，$\Upsilon = \sqrt{1 + h_x^2 + h_y^2}$ である．従って，二つの曲率はそれぞれ

$$H = \frac{(1+h_x^2)h_{yy} + (1+h_y^2)h_{xx} - 2h_x h_y h_{xy}}{2\sqrt{(1+h_x^2+h_y^2)^3}} \tag{1.120}$$

$$K = \frac{h_{xx}h_{yy} - h_{xy}^2}{(1+h_x^2+h_y^2)^2} \tag{1.121}$$

と書ける．ほぼ平らな曲面の場合，すなわち $h_x \ll 1$，$h_y \ll 1$ の時に，平均曲率とガウス曲率は

$$H \approx \frac{1}{2}(h_{xx} + h_{yy}) \tag{1.122}$$

$$K \approx h_{xx}h_{yy} - h_{xy}^2 \tag{1.123}$$

と近似できる．

曲率の物理的な意味

前述の主方向に沿って，与えられた点 (u_0, v_0) のまわりで位置ベクトルをテイラー展開することができる．位置ベクトルの法線ベクトル方向への

1.5. 曲面の微分幾何学

射影 $(\vec{r}\cdot\hat{n})$ をとって曲面の高さ z を計算すると (図 1.12 を見よ), 法線ベクトルと接線ベクトルの直交性から $u-u_0$ と $v-v_0$ の一次項は消える. さらに主方向を助変数的曲線に選ぶと, 以前に述べたように $M=0$ となる. これから, $\hat{n}\cdot\vec{r}_{uv}=0$ となり, 展開に $(u-u_0)(v-v_0)$ の項は現れない. よって曲面の方程式は局所的に

$$z = \hat{n}\cdot\vec{r}(u,v) = \vec{r}(u_0,v_0)\cdot\hat{n} + \frac{1}{2}(u-u_0)^2(\hat{n}\cdot\vec{r}_{uu}) + \frac{1}{2}(v-v_0)^2(\hat{n}\cdot\vec{r}_{vv}) \tag{1.124}$$

で与えられる. 主方向に沿った場合, 曲面の局所位置に対する二次形式は対角化されている. $z_0 = \vec{r}(u_0,v_0)\cdot\hat{n}$ とおき, $M=0$ より $\vec{r}_{uv}$ に比例する項がゼロであることに注意すれば

$$z = z_0 + \frac{1}{2}L(u-u_0)^2 + \frac{1}{2}N(v-v_0)^2 \tag{1.125}$$

を得る. 直交座標系に変換すると ($\hat{z}$ はすでに法線方向にとってある), $\vec{x} = u\vec{r}_u$, $\vec{y} = v\vec{r}_v$ となる. E と G の定義と主方向の曲率の式から

$$z = z_0 + \frac{1}{2}\kappa_a(x-x_0)^2 + \frac{1}{2}\kappa_b(y-y_0)^2 \tag{1.126}$$

となる. 従って, 主曲率は与えられた点の近傍での曲面の「局所的」な展開と関係があることになる. 任意の方向の場合, 法曲率は κ_a と κ_b の組合わせで表される.

平行な曲面

局所的に平らな曲面を考える (例えばモンジュ表示では $|\nabla h| \ll 1$ とする). 曲面を法線方向に距離 δ だけ移動させたしよう. そうして得られた平行な曲面の位置は

$$\vec{r}' = \vec{r}(u,v) + \hat{n}\delta \tag{1.127}$$

図 1.12: 点 (u_0, v_0) の周辺の曲率．ここでは二つの曲率が正の場合を示している．一方の曲率が正で他方の曲率が負であればサドル状の形になる．

と表される．平行な曲面の面積要素 (dA')，平均曲率 (H')，ガウス曲率 (K') と，元の曲面の面積 dA と曲率 H と K の間には

$$dA' = dA\left[1 + 2H\delta + K\delta^2\right] \tag{1.128}$$

$$H' = \frac{H + K\delta}{1 + 2H\delta + K\delta^2} \tag{1.129}$$

$$K' = \frac{K}{1 + 2H\delta + K\delta^2} \tag{1.130}$$

のような関係がある．法線ベクトルはもちろん符号も含めて変わらない．これらの関係は有限の厚さの曲面の性質を理解する時に重要となる．(証明は単純であるが長くなる．曲率線を助変数的曲線に選べば簡単になる．)

例題：極小曲面–オイラー・ラグランジュ方程式

境界が固定されている曲面で面積が最小なもの (極小曲面) は平均曲率がゼロであることを，モンジュ表示を用いて示せ．二つの曲率の間の関係はどうなっているか？またガウス曲率はどうか？

1.5. 曲面の微分幾何学

[解答] 式 (1.94) で示したように，曲面のモンジュ表示を用いると，xy 平面上の高さ $h(x, y)$ で与えられる曲面の全面積 A は

$$A = \int dx\, dy\, \sqrt{1 + h_x^2 + h_y^2} \tag{1.131}$$

である．ここでの積分は，曲面を xy 平面へ射影した固定面積について行う．面積は $h(x, y)$ の「微分」の汎関数で，曲面のすべての可能な形 (すなわちすべての可能な関数 $h(x, y)$) に関して最小化するためには，変分法におけるオイラー・ラグランジュ方程式を使う[27]．それによって関数の積分を最小化することができる．例えば積分 $I = \int d\vec{r}\, f[\psi(\vec{r}), \nabla\psi(\vec{r})]$ が関数 $\psi(\vec{r})$ とその一階微分の両方の関数である時，I が極小となる $\psi(\vec{r})$ が満たすオイラー・ラグランジュ方程式は

$$\frac{\delta I}{\delta \psi(\vec{r})} = \frac{\partial f}{\partial \psi(\vec{r})} - \nabla \cdot \frac{\partial f}{\partial \nabla \psi(\vec{r})} = 0 \tag{1.132}$$

である．これは関数 $\psi(\vec{r})$ の値が積分の境界で固定されている場合に正しい．$\psi(\vec{r})$ が境界で自由な値をとることができる場合には，最小化は境界条件

$$\hat{n} \cdot \frac{\partial f}{\partial \nabla \psi(\vec{r})} = 0 \tag{1.133}$$

を意味することが示せる[27]．ここで，$\hat{n}$ は境界での法線ベクトルであり，微分は自由境界での値で評価する．

ここの問題では $\psi = h(x, y)$ であり，$f = \sqrt{1 + h_x^2 + h_y^2}$ は微分だけの関数である．すると，式 (1.132) より

$$\frac{\partial}{\partial x} \frac{h_x}{\sqrt{1 + h_x^2 + h_y^2}} + \frac{\partial}{\partial y} \frac{h_y}{\sqrt{1 + h_x^2 + h_y^2}} = 0 \tag{1.134}$$

となる．これは

$$\frac{(1 + h_x^2)h_{yy} + (1 + h_y^2)h_{xx} - 2h_x h_y h_{xy}}{\sqrt{(1 + h_x^2 + h_y^2)^3}} = 0 \tag{1.135}$$

と書ける．これと式 (1.120) より，モンジュ表示においては平均曲率 H がゼロであることがわかる．よって面積が極小な曲面は，平均曲率がゼロであるような曲面である．すると，二つの曲率は大きさが同じで符号が逆になり，ガウス曲率は「負」となる．このような曲面はサドル形をしていて，(正のガウス曲率をもつ) 球面や楕円面とは異なったトポロジーをもつ．

1.6 流体力学の復習

本書で扱う内容のほとんどは界面や膜面の静的な性質のみであるが，工学的に重要かつ興味深い多くの問題には界面の運動が関係している (例えば液体による固体表面のぬれなど)．このような問題の場合，界面の微視的性質は例えば界面張力のような少数のパラメータに押し込められ，流体は時間に依存した局所的な密度 $\rho(\vec{r},t)$ と速度 $\vec{v}(\vec{r},t)$ で記述される．界面の運動はバルクの流体の運動とカップルしている．このカップリングは，界面位置の時間微分が界面での流体の速度に等しいということで表現される．流体力学の問題では，界面や表面は自然に現れる．なぜならば，散逸の原因となる速度勾配は固体表面の存在によって生じるからである．固体表面では流体が『接着』し (いわゆるノンスリップ境界条件)，そこでは速度がゼロになる．ここでは，流体中の界面の運動を研究する上で有用な考え方や方程式を重点的に扱う[6]．幾つかの例は 4 章で示す．4 章ではぬれのダイナミクスについて議論する．

物質の保存

物質の保存は連続の式

$$\frac{\partial \rho}{\partial t} + \nabla \cdot (\rho \vec{v}) = 0 \tag{1.136}$$

1.6. 流体力学の復習

で表される．ここで，ρ は流体の密度，$\vec{v}(\vec{r},t)$ は速度である．非圧縮な流れの場合，ρ は一定で $\partial \rho/\partial t = 0$ なので，連続の式は

$$\nabla \cdot \vec{v} = 0 \tag{1.137}$$

となる．

全微分

粒子に働く力と運動を議論するためには，ニュートンの法則を用いる．すなわち粒子の加速度は粒子に働く力に比例する．与えられた流体粒子が空間内を動く時，速度の変化の割合を $d\vec{v}/dt$ と書くことにすれば，

$$\rho \frac{d\vec{v}}{dt} = \vec{f} \tag{1.138}$$

である．ただし，$\vec{f}$ は単位体積当りの力である．しかし，連続流体を議論する時には，流体粒子が流体中を動いているとして，空間内の固定された点での速度場を考える方が便利である．よって，時間 dt 間の速度 $\vec{v}$ の微小変化は $\vec{v}(\vec{r}+\vec{v}dt, t+dt)$ と $\vec{v}(\vec{r},t)$ の差になる．なぜならば，位置 $\vec{r}$ における粒子速度のあらわな時間的な変化と，時間 dt の間に粒子が距離 $d\vec{r}$ だけ離れた二点間を移動することによる速度の変化の寄与があるからである．これから

$$d\vec{v} = \frac{\partial \vec{v}}{\partial t} dt + (d\vec{r} \cdot \nabla)\vec{v} \tag{1.139}$$

となる．よって加速度 $d\vec{v}/dt$ は

$$\frac{d\vec{v}}{dt} = \frac{\partial \vec{v}}{\partial t} + (\vec{v} \cdot \nabla)\vec{v} \tag{1.140}$$

と書ける．この考え方は全微分の定義に拡張することができて

$$\frac{d}{dt} = \frac{\partial}{\partial t} + (\vec{v} \cdot \nabla) \tag{1.141}$$

と表される．

ニュートンの法則

流体のある体積を考えよう．この体積に含まれるすべての流体粒子に働く力の和 $\vec{F}$ はニュートンの法則

$$\vec{F} = \int dV \, \rho \, \frac{d\vec{v}}{dt} \tag{1.142}$$

に従う．ここで，$d\vec{v}/dt$ は局所的な加速度，ρ は局所的な密度，V は体積である．次に微小体積を考え，その表面に働く力が応力テンソル $\mathbf{\Pi}$ で与えられるとする．すると，表面力 $\vec{F}_s$ は

$$\vec{F}_s = \int \mathbf{\Pi} \cdot dS = \int (\nabla \cdot \mathbf{\Pi}) \, dV \tag{1.143}$$

となる．ただし，面積積分を体積積分に変換するために発散の定理[30]を用いた．すると，単位体積当りの力は

$$(\nabla \cdot \mathbf{\Pi}) + \rho \vec{f} = \rho \frac{d\vec{v}}{dt} \tag{1.144}$$

である．ここで，$\rho \vec{f}$ は(重力や電場のような)「外的」な体積力で，密度に比例している．応力テンソルの発散は，速度が一定でない状況で分子間に働く「内的」な力を意味している．応力テンソルは現象論的に

$$\mathbf{\Pi} = -p\mathbf{I} + \eta \nabla \vec{v} \tag{1.145}$$

と書ける．ここで，p は圧力，η は粘性率，$\mathbf{I}$ は単位テンソルである．(対称な成分を使って応力テンソルをより厳密に定義する方法については文献6を参照せよ.) 圧力は系内で働く単位体積当りの力に関係している．応力テンソルの発散は

$$\nabla \cdot \mathbf{\Pi} = -\nabla p + \eta \nabla^2 \vec{v} \tag{1.146}$$

---

[30] 「ガウスの定理」ともいう．

1.6. 流体力学の復習

となる．従って，力は圧力勾配と速度の二階微分に関係している．式 (1.140), (1.144), (1.146) から，流体中の力の釣り合いを表す有名なナビエ・ストークス方程式

$$\rho \left[\frac{\partial \vec{v}}{\partial t} + (\vec{v} \cdot \nabla) \vec{v} \right] = -\nabla p + \eta \nabla^2 \vec{v} + \rho \vec{f} \tag{1.147}$$

が導かれる．

ρ が一定であるような非圧縮性流体の場合，解くべき変数は $\vec{v}$ (三成分) と p (一変数) である．用いられる方程式は式 (1.137) および式 (1.147) の三つの成分で，全部で四つある．圧縮性流体の場合には密度の変化を圧力と結びつける状態方程式が必要となる．ぬれや表面の性質を研究の目的とする場合，ほとんどの単純流体は非圧縮と近似して構わない．

境界条件

方程式を解いて流体の圧力と速度を求めるためには，境界条件を指定しなければいけない．通常，流体は固体壁に接着するとして，$\vec{r}$ が固体表面上を指す時には $\vec{v}(\vec{r}, t) = 0$ とする．(このノンスリップ境界条件は，微視的な長さのスケールでは必ずしも正しくない．) その他で重要な境界条件として，無限遠での流れは境界の影響を受けないという条件がある．最後に，表面や界面では力の法線成分と接線成分が連続でなければならない．表面での力は，応力テンソル (式 (1.145)) の法線成分と関係している．単位面積当りの力 $\vec{f}_s = \partial \vec{F}_s / \partial S$ の i 成分は

$$f_{s,i} = \Pi_{ik} n_k = -p\, n_i + \eta \frac{\partial v_k}{\partial x_i} n_k \tag{1.148}$$

である．ただし，繰り返された添字 (k) については和をとる．粘性率に比例した項は，表面での摩擦力である．自由表面では法線方向にも接線方向にも力が働かないため，

$$\Pi_{ik} n_k = 0 \tag{1.149}$$

が成り立つ．最後に，界面での流体速度は界面位置の時間に関する「全微分」と等しいという運動学的な境界条件がある．全微分を以前に説明した移動項を使って表すと，ベクトル $\vec{R}$ で位置が表される界面は

$$\frac{\partial \vec{R}}{\partial t} + (\vec{v}_s \cdot \nabla)\vec{R} = \vec{v}_s \tag{1.150}$$

に従う．ここで，$\vec{v}_s$ は表面や界面での速度である．この式は，流体中の流体力学的流れと界面位置の運動を関係付けるために用いる．

レイノルズ数 (Re)

レイノルズ数は，摩擦 (粘性) 項に対する慣性項の相対的な重要性を表す数である．レイノルズ数は，ℓ を特徴的な長さとすると，$\mathrm{Re} = (\ell v \rho)/\eta$ で定義される．$\mathrm{Re} \ll 1$ の時は高粘性の流れを表す (層流)．$\mathrm{Re} \gg 1$ の時には慣性項が支配的になる (ポテンシャル流)．理想流体では $\eta = 0$ なので，ポテンシャル流しか存在しない．表面や界面の問題では壁の近くが重要となるが，速度はゼロになるので，低レイノルズ数の領域が重要となる．

定常状態での層流

系がほぼ定常状態で速度が小さい時には，式 (1.147) の $(\vec{v} \cdot \nabla)\vec{v}$ の項は無視することができて，また流れを非圧縮と仮定することができる．これは『クリープ流』と呼ばれる．定常状態のこの極限で (慣性項 $\partial \vec{v}/\partial t$ を落す)，速度場は

$$\eta \nabla^2 \vec{v} = \nabla p \tag{1.151}$$

に従う．

1.6. 流体力学の復習

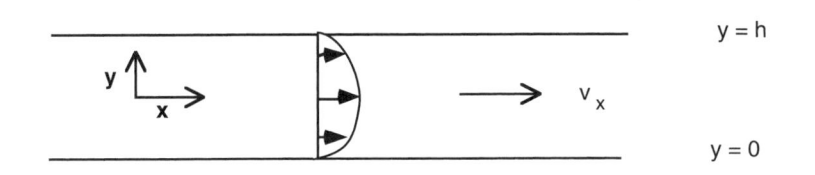

図 1.13: 圧力勾配によって誘起される細管中の流れ．$y = 0$, h に存在する壁の所で速度 $\vec{v}$ はゼロとなる．

例題：細管中のポアズイユ流

　平衡状態では，系の圧力は一様である．その結果，全体としての力は存在しない．圧力勾配が存在すると，系は平衡状態ではない (すなわちゼロでない速度がある) ことを示している (図 1.13 を見よ)．よって圧力勾配は流れを誘起する．この現象の非常に簡単な例は，二枚の固体板に挟まれた領域における流れである．ただし，板の所ではノンスリップ境界条件が成り立つ．対称性から速度は $\hat{x}$ 方向のみが成分をもち，$\hat{y}$ 方向に空間的に変化する．すなわち $v_y = v_z = 0$, $v_x = v_x(y)$ である．圧力は $\hat{x}$ 方向にのみ変化し，$p = p(x)$ である．定常状態で速度が小さい時，式 (1.151) は

$$\eta \frac{\partial^2 v_x}{\partial y^2} = \frac{\partial p}{\partial x} \tag{1.152}$$

となる．右辺は x のみの関数で，左辺は y のみの関数なので，式 (1.152) は両辺が定数であることを意味している．この定数はノンスリップ境界条件，すなわち $y = 0$ と $y = h$ で $v_x = 0$ という条件から決まる．速度の解

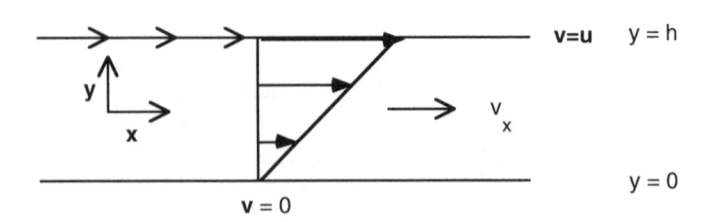

図 1.14: ずり流れ．速度は $y = 0$ の壁でゼロ，$y = h$ の壁で $\vec{u}$ に固定されている．

は，圧力勾配の関数として

$$v_x = -\frac{1}{8\eta}\frac{\partial p}{\partial x}\left[h^2 - 4\left(y - \frac{1}{2}h\right)^2\right] \tag{1.153}$$

となる．速度プロファイルは y の「二次関数」になっている．また速度 v_x は圧力勾配が負であれば正になる．これは，x の小さい場所から大きい場所に動くにつれて圧力が「減る」時には，物質が $\hat{x}$ の正の方向に流れることを示している．

例題：ずり流れ

ずり流れを作るために，図 1.14 に示すように，一方の板は固定されていて，他方の板は与えられた速度で動いているような二枚の板の間の流れを考える．すると，壁での境界条件によって速度勾配ができる．ここでは，速度の境界条件を $v(y = 0) = 0$ および $v(y = h) = u$ とする．u は定数である．圧力勾配はゼロで，$\eta(\partial^2 v_x/\partial y^2) = 0$ である．式 (1.152) の解は「線形」のプロファイルを持ち，$v_x = yu/h$ で与えられる．

1.6. 流体力学の復習

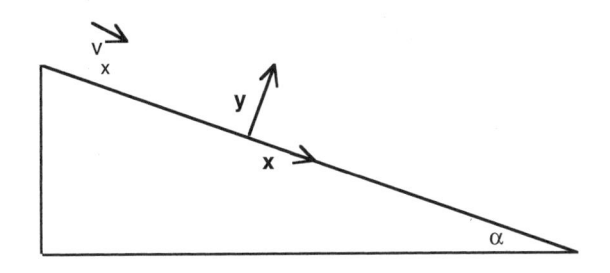

図 1.15: 傾き角 α で傾いた板上の流れ.

例題：自由表面での重力による流れ

ここでは体積力として，重力 $\vec{f} = \rho\vec{g}$ を考える．図 1.15 のような座標系において $\vec{g}$ の表面方向 ($\hat{x}$ 方向) の成分は $g\sin\alpha$ なので，ナビエ・ストークス方程式は

$$\eta \frac{\partial^2 v_x}{\partial y^2} + \rho g \sin\alpha = 0 \tag{1.154}$$

となる．$\hat{y}$ 方向には流れがなく $v_y = 0$ なので，圧力勾配と重力が釣り合う．

$$\frac{\partial p}{\partial y} = -\rho g \cos\alpha \tag{1.155}$$

境界条件は $y = 0$ において $v_x = 0$ であり，自由表面では応力はゼロなので，$y = h$ で

$$\Pi_{xy} = \eta \frac{\partial v_x}{\partial y} = 0$$

が成り立つ．また応力テンソルの yy 成分は連続であるため，圧力は $y = h$ で大気圧 p_0 に等しい．速度と圧力の解は

$$v_x = \frac{\rho g \sin\alpha}{2\eta} y(2h - y) \tag{1.156}$$

$$p = p_0 + \rho g \cos\alpha \, (h - y) \tag{1.157}$$

で与えられる．

ここでは，流体と板との相互作用を考慮しなかった．4章のぬれのダイナミクスで議論するように，ぬれの効果を考えると特別な表面効果や流体力学的不安定性が生じる．

1.7 問題

1. 準理想気体

引力相互作用が働いている準理想気体を考え，以前に説明した低密度展開で扱ってみよう．引力が十分に大きければ，系は気体・液体の相転移を起こす．単位体積当りの自由エネルギー f を密度 n の三次までビリアル展開すると

$$f = T\left[n\left(\log[nv_0] - 1\right) + \frac{1}{2}an^2 + \frac{1}{3}bn^3\right] \quad (1.158)$$

である．係数 a はすでに本文中で説明した．係数 b は自由エネルギーをより高次まで展開すれば求まる．a は (例えば温度変化を通じて，あるいは微視的な相互作用を変化させるような化学的な変化を通じて) 変化するパラメータ，また $b > 0$ は与えられた定数として，相分離が起こる時の臨界密度 $n = n_c$ と臨界値 $a = a_c$ を計算しなさい．次に，自由エネルギーを臨界点近傍，すなわち $n \approx n_c$ と $a \approx a_c$ の近傍で展開しなさい．このような展開では三次の項が消えることを示しなさい．共存する気体相と液体相の密度をそれぞれ求めなさい．これらの相が平衡状態にある時の化学ポテンシャルはどうなるか？

1.7. 問題

2. ガウス確率分布

ゆらいでいる変数 $h(x,y)$ を考える．これは与えられた面上に存在する界面の高さなどを表し，そのフーリエ成分は式 (1.48) のようなガウス確率分布関数で与えられるとする．変数が $h(x=0, y=0) = h_0$ となる確率を求めなさい．次に，$h(x_0, y_0) = 0$ となる確率はどうなるか？ さらに，$h(x=0, y=0) = 0$ となる確率，また $|\nabla h(0,0)| = \beta$ となる確率を求めなさい．[注意：これらのすべての確率は，$G(\vec{q})$ が決まれば，単に $G(\vec{q})$ の $\vec{q}$ に関する和として表される．]

3. 球状粒子からの散乱

相互作用が働かない有限サイズのコロイド粒子からの散乱がある時，散乱強度は各々の粒子からの散乱の形状因子に帰着され，

$$I(\vec{q}) = I_0 \langle n(\vec{q}) n(-\vec{q}) \rangle$$

で与えられる．ここで，$n(\vec{q})$ は各々の粒子の密度をフーリエ変換したものである．相互作用していない (半径 R の) 球状粒子系からの散乱について，形状因子 $I(\vec{q})$ の表式を導きなさい．

次に，散乱強度は粒子のバルク全体からではなく，表面からのみの寄与しかないとして散乱の表式を導きなさい．バルクと溶媒のコントラストを一致させることによって，バルクからの散乱を打ち消すことができる．

4. 相関関数と高分子からの散乱

十分に希薄であり，そのため相互作用が働かない高分子系について，密度・密度相関関数のフーリエ変換，すなわち散乱の表式を導きなさい．高分子鎖は (鎖に沿った) モノマー s の位置ベクトル $\vec{R}(s)$ で表される．N 個

のモノマーから成る有限長の高分子の場合，一方の鎖の端は $s=0$ であり，他方の端は $s=N$ である．密度は位置ベクトルと

$$n(\vec{r}) = \int ds\, \delta(\vec{r} - \vec{R}(s))$$

のように関係している．これは実空間で位置 $\vec{r}$ に存在するモノマーの総数を数えているに過ぎない．相関関数を計算するために，ガウス確率のランダムウォークでは

$$\left\langle \left|\vec{R}(s) - \vec{R}(s')\right|^2 \right\rangle = b^2 |s - s'|$$

が成り立つことを使う．ここで，b は一回のステップで移動する距離である．また一次元のガウス分布では

$$\left\langle e^{iqx} \right\rangle = e^{-q^2 \langle |x|^2 \rangle / 2}$$

が成り立つことを用いよ．

5. バイノーダルとスピノーダル

二元混合物の平均場の自由エネルギーのランダウ展開の表式を，臨界点 (ϕ_c, T_c) の近傍で展開して導きなさい．臨界点は，自由エネルギーの ϕ に関する二階微分と三階微分がゼロになる点として決まる．この展開を使って，バイノーダル曲線 (ϕ と T の平面上の共存曲線) とスピノーダル曲線を計算しなさい．

高分子溶液の臨界濃度と臨界温度を求めて，これらの量が高分子の分子量にどのように依存するかを示しなさい．

1.7. 問題

6. 一次転移

固化や磁性，その他の秩序・無秩序現象などの相転移では，秩序変数は非保存量となり，平衡状態での秩序変数の値は単純にヘルムホルツの自由エネルギーを最小化することによって決められる．次のような形のヘルムホルツの自由エネルギーを考えよう．

$$f = -\frac{\epsilon}{2}\eta^2 + \frac{b}{3}\eta^3 + \frac{c}{4}\eta^4 + \cdots \tag{1.159}$$

ここで，η は秩序変数，b はゼロではなく，$c > 0$ である．f を η に関して最小化して，秩序変数を ϵ の関数として求めなさい．秩序変数が $\eta = 0$ の値から有限の値にとぶ時の ϵ を求めなさい．

7. 回転面

曲面の位置を

$$\vec{r} = g(u)\cos v \hat{x} + g(u)\sin v \hat{y} + f(u)\hat{z} \tag{1.160}$$

と定義する．接線ベクトル，法線ベクトル，面積要素を求めなさい．もしも $g(u) = u$ および $f(u) = u\cot\alpha$ であれば，これは角度 α の円錐であることを示しなさい．

8. 体積と曲面の面積の関係

物体の表面は閉じているとして，その体積を表面面積と法線ベクトルで表す表式を導きなさい．[ヒント：$\nabla \cdot \vec{r} = 3$ と発散の定理を用いよ．]

9. 陰関数的表示における曲率

曲面のモンジュ表示と陰関数的表示における平均曲率とガウス曲率の表式 (例えば式 (1.105), (1.107)) を使って，H と K の表式を曲面の高さ $h(x,y)$ の微分で表しなさい．

10. 平行な曲面

法線方向に距離 δ だけ動かして得られる平行な曲面について，以下の面積要素と曲率の間の関係を求めなさい．

$$dA' = dA \left[1 + 2H\delta + K\delta^2\right] \tag{1.161}$$

$$H' = \frac{H + K\delta}{1 + 2H\delta + K\delta^2} \tag{1.162}$$

$$K' = \frac{K}{1 + 2H\delta + K\delta^2} \tag{1.163}$$

1.8 参考文献

1. L. D. Landau and E. M. Lifshitz, *Statistical Physics*, 3rd Edition, E. M. Lifshitz and L. P. Pitaevskii による改訂版 (Pergamon, New York, 1980). 邦訳：「統計物理学 (上・下)」，小林秋男・小川岩雄・富永五郎・浜田達二・横田伊佐秋 共訳 (岩波書店)

2. S. K. Ma, *Statistical Mechanics* (World Scientific, Philadelphia, 1985).

3. M. Toda, R. Kubo, and N. Saito, *Statistical Physics I* (Springer-Verlag, New York, 1982). 原著：「統計物理学」，戸田盛和・久保亮五・斎藤信彦・橋爪夏樹 (岩波書店)

1.8. 参考文献

4. P. M. Chaikin and T. C. Lubensky, *Principles of Condensed Matter Physics* (Cambridge University Press, Cambridge, 1995). 邦訳:「現代の凝縮系物理学 (上・下)」，松原武生・東辻千枝子・東辻浩夫・家富洋・鶴田健二 共訳 (吉岡書店)
5. ベクトルの方法は以下で議論されている．C. E. Weatherburn, *Differential Geometry of Three Dimensions* (Cambridge University Press, Cambridge, 1939).
6. L. D. Landau and E. M. Lifshitz, *Fluid Mechanics* (Pergamon, New York, 1982). 邦訳:「流体力学 1・2」，竹内均 訳 (東京図書)
7. A. W. Adamson, *Physical Chemistry of Surfaces* (Wiley, New York, 1990).
8. C. A. Miller and P. Neogi, *Interfacial Phenomena* (Marcel Dekker, New York, 1985).
9. R. D. Vold and M. J. Vold, *Colloid and Interface Chemistry* (Addison-Wesley, Reading, MA, 1983).
10. W. B. Russel, D. A. Saville, and W. R. Schowalter, *Colloidal Dispersions* (Cambridge University Press, Cambridge, 1989).
11. P. G. de Gennes, *Scaling Concepts in Polymer Physics* (Cornell University Press, Ithaca, New York, 1979). 邦訳:「高分子の物理学」，久保亮五監修，高野宏・中西秀 共訳 (吉岡書店)
12. M. Doi and S. F. Edwards, *Theory of Polymer Dynamics* (Oxford University Press, Oxford, 1988).
13. 界面活性剤科学における最新の研究を概観するためには，以下のシリーズを参照せよ．*Surfactants in Solution*, ed. K. Mittal (Plenum, New York); 1-11 巻が出版されている．
14. 両親媒性の系の最近の物理について概観するためには，以下を見よ．

Physics of Amphiphilic Layers, eds. J. Meunier, D. Langevin, and N. Boccara (Springer-Verlag, New York, 1987).

15. 自己会合に関する最新の取り扱いは以下で見られる．*Micelles, Microemulsions, Membranes and Monolayers*, eds. W. Gelbart, A. Ben-Shaul, and D. Roux (Springer-Verlag, New York, 1994).

16. 複雑流体の幾つかの分野の概観のためには以下を見よ．*Physics of Complex and Supermolecular Fluids*, eds. S. A. Safran and N. A. Clark (Wiley, New York, 1987), *Structure and Dynamics of Strongly Interacting Colloids and Supramolecular Aggregates in Solution*, eds. S. Chen, J. S. Huang, and P. Tartaglia (Kluwer, Boston, 1992).

17. D. Nelson, T. Piran, and S. Weinberg, *Statistical Mechanics of Membranes and Surfaces* (World Scientific, Teaneck, NJ, 1989).

18. J. N. Israelachvili, *Intermolecular and Surface Forces* (Academic Press, New York, 1992). 邦訳：「分子間力と表面力」, 近藤保・大島広行 共訳 (朝倉書店)

19. A. Halperin, M. Tirrell, and T. P. Lodge, *Adv. Polymer Sci.* **100**, 31 (1991).

20. D. Lasic, *American Scientist* **80**, 20 (1992).

21. C. A. Croxton, *Statistical Mechanics of the Liquid Surface* (Wiley, New York, 1980); J. P. Hansen and I. R. McDonald, *Theory of Simple Liquids* (Academic Press, New York, 1990).

22. D. Forster, *Hydrodynamic Fluctuations, Broken Symmetry and Correlation Functions* (Benjamin (Addison-Wesley), Reading, MA, 1975).

23. 複雑流体の光散乱は以下で議論されている．*Light Scattering in Liquids and Macromolecular Solutions*, eds. V. Degiorgio, M. Corti, and M.

1.8. 参考文献

Giglio (Plenum, New York, 1980).

24. S. K. Ma, *Modern Theory of Critical Phenomena* (Benjamin (Addison-Wesley), Reading, MA, 1976); N. Goldenfeld, *Lectures on Phase Transitions and the Renormalization Group* (Addison-Wesley, Reading, MA, 1992).

25. P. J. Flory, *Principles of Polymer Chemistry* (Cornell University Press, Ithaca, New York, 1953). 邦訳:「高分子化学 (上・下)」, 岡小天・金丸競 共訳 (丸善)

26. F. M. Stein, *Introduction to Matrices and Determinants* (Wadsworth, Belmont, CA, 1967), ch. 6.

27. G. Arfken, *Mathematical Methods for Physicists* (Academic Press, New York, 1985). 邦訳:「基礎物理数学 1. ベクトル・テンソルと行列, 2. 関数論, 3. 特殊関数と積分方程式」, 権平健一郎・神原武志・小山直人 共訳 (講談社)

第2章 界面張力

2.1 序論

　新しい材料開発における一つの可能性として，構成成分を分子レベルで混合させることを考える．このような混合物の研究には，微視的な相互作用に係わる化学や統計力学が必要となる．別のアプローチでは，数十から数百オングストロームにわたるメソスコピックなスケールで物質を結合させる．このような混合物は，固体の時には**複合体**，液体の時には**分散系**と呼ばれる．ほとんどの分子にとって，分子のごく近傍は純粋なバルクの成分で占められているが，それにもかかわらず系の「巨視的」な性質は劇的に変化する．この二番目の材料設計のアプローチを基礎的に理解するためには，二成分間の界面の物理が必要となる．またバルクの分散系や複合材料ではなく，与えられた物質の表面に別の成分の単層膜や多層膜を吸着させて，表面の性質を変化させたい場合もある．このプロセスの理解のためには，表面の物理 (表面の構造や可能な相転移) と吸着の統計力学が必要である．ここで**表面**という言葉は蒸気 (蒸気が十分に希薄であれば真空) と平衡状態にある固体や液体との間の境界を指すことにし，**界面**という言葉は二つの異なる固体間や液体間の境界を意味するとしよう．二成分間の界面は，多くの場合，はっきりとした境目になっているわけでは「なく」，通常界面は少なくとも分子の厚み程度の幅をもっていることに注意する必要がある．本章では，平衡状態で共存する二相間のモデル界面について考察

する．界面張力の考え方を説明し，自由エネルギーと一方の相から界面を通って別の相へ移動する時の密度プロファイルを計算する．また界面活性剤によって界面張力がどう変化するかについても議論する．二相間ではっきりとした転移を示すようなプロファイルの場合，界面や表面の性質は準二次元的で，その物理的性質は二次元的性質を反映する (例えば以下の章で説明するように，界面や表面をラフにしてしまうような比較的大きな熱ゆらぎなどがそうである)．

2.2　表面と界面の自由エネルギー

表面張力または界面張力

　分子をバルクから取り除いて，共存する二相間に界面を作るために必要な単位面積当りの付加的な自由エネルギーは**界面張力**または**表面張力** γ と呼ばれ[1]，単位面積当りのエネルギー (erg/cm^2) または単位長さ当りの力 (dyn/cm) の次元をもっている．分子のエネルギーとエントロピーの両方が，表面や界面では異なった値をとる．どんなに少なく見積もっても，分子は界面に束縛されることによってエントロピーを失う．表面張力の力学的な解釈としては，表面に沿った単位長さ当りの力，すなわち二次元的な圧力とも言える．界面張力の典型的な値は水・空気で $\gamma \approx 73 \mathrm{dyn/cm}$，水・油で $\gamma \approx 57 \mathrm{dyn/cm}$，水銀・水で $\gamma \approx 415 \mathrm{dyn/cm}$ となっている．

例題：界面張力の大きさの評価

　表面張力を (後に説明する計算に基づいて) 大ざっぱに見積もるには，特徴的なエネルギーを界面領域のサイズに関係した特徴的な面積で割れば良い．単純流体の場合にこのエネルギーはエントロピーに起因し，温度 T のオー

2.2. 表面と界面の自由エネルギー

ダーである. 界面が微視的な大きさで, 例えば3Åであれば, $\gamma \approx 40 \mathrm{dyn/cm}$ となり, およそ水・油間の張力と同程度となる. 一方, 複雑流体の場合, 関係するエネルギーのスケールはやはり T のオーダーであるが (粒子が界面に束縛されることで失うエネルギーに関係しており, これは界面のサイズには依らない), 界面の幅は分子の大きさより遥かに大きい. 例えばもし界面の幅が100Åであれば, 界面張力は $\gamma \approx 0.04 \mathrm{dyn/cm}$ となり, 界面のサイズが約30倍になっただけで三桁も小さくなってしまう. このようにサイズに敏感なのは, 本章で示すように, γ が界面の幅の二乗に依存するからである.

安定な二相状態の系では, 界面張力は常に正の値をとる. さもなければ界面を作れば作るほど自由エネルギーが下がるため, 二相は自発的に混ざり合ってしまう. 従って, 相分離の臨界点近傍では共存する二相の区別がつかなくなり, 二相間の表面張力がゼロになってしまうと考えられる. 第三の界面活性な成分を相分離する二成分混合系に加えると, 表面張力は「実効的」に負になり (第三成分の化学ポテンシャルに関係している), 二成分が自発的に分散系を作る. その際に作られる界面の総量は, 界面活性な成分の量に関係している. このような系については8章で説明する.

ラプラス圧

図2.1のように, 両方の面に異なった圧力が働いているような曲がった界面を考えよう (例えば気体と平衡にある液体). 自由エネルギーは

$$F = \gamma \int dA - p \int dV \tag{2.1}$$

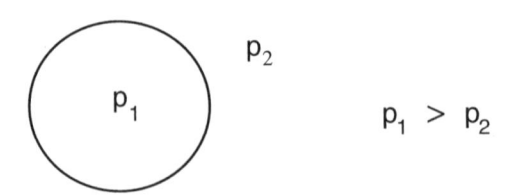

図 2.1: ラプラス圧によって球状の界面が平衡状態として保たれる．

である．ここで，dA は表面の面積要素，dV は体積要素，p は圧力である (物質を保存するためのラグランジュの未定乗数でもある)．気相は十分に希薄なので，話を簡単にするために，気相の p は無視できるとしよう．法線方向に δ だけ界面を動かすことを考えよう．平行な曲面に関する結果 (球の場合，平均曲率 H は負にとる)

$$dA(\delta) = dA(0)\left(1 - 2\delta H + \delta^2 K\right) \qquad (2.2)$$

と関係式

$$dV(\delta) = dV(0) + \delta\, dA(0) \qquad (2.3)$$

を使うと，δ の一次までの自由エネルギーの変化は

$$F(\delta) - F(0) = \delta \int dA(0)\left(-2\gamma H - p\right) \qquad (2.4)$$

となる．平行状態において自由エネルギーは界面位置の変分について停留値をとるので，$dF/d\delta = 0$ でなければならない．これから，$\Delta p = p_1 - p_2$ に対して，一般的な関係式

$$\Delta p = -2\gamma H \qquad (2.5)$$

2.3. 表面・界面張力の理論

が導かれ，界面の内外の圧力差と界面の曲率が関係付けられる．よって，曲がった界面を保つためには，内側の圧力は外側の圧力より大きくなければいけない．ここで考えるような，非圧縮な二成分系の場合のように体積が一定の場合には球が最小の表面積をもち，さらに表面エネルギーも最小であるため，平衡の形状に対応している．

固体の表面張力

固体の場合，表面張力は「異方的」である．すなわち法線 $\hat{n}$ で定義される結晶面が異なると表面張力も異なる値をとり，$\gamma = \gamma(\hat{n})$ で表される．結晶の平衡の形状は球ではなく，ウルフの法則 (証明は文献 2 を見よ)

$$\vec{r} \cdot \hat{n} = \lambda \gamma(\hat{n}) \tag{2.6}$$

で決まる．ここで，λ は圧力に似た定数である[1](体積を保存するためのラグランジュの未定乗数でもある)．$\gamma(\hat{n})$ が与えられれば，条件を満足する $\vec{r}$ を描くことによって温度ゼロでの結晶の平衡形が求まる．$\vec{r} \cdot \hat{n}$ は，原点から表面上の点 $\vec{r}$ における接面までの垂直方向の距離である．もしも表面張力が等方的であれば，これは単に球面の方程式に過ぎない．

2.3 表面・界面張力の理論

界面のプロファイル

表面張力や界面張力は，一様な系に界面を作るために必要な自由エネルギーである．『A』分子と『B』分子の二元混合物 (またはイジングモデル) では，一方の相 (例えば『A』分子が多い相) で占められた半空間が，別の相

---

[1] 圧力の逆数の次元をもつ.

(例えば『B』分子が多い相) で占められた半空間と共存していると考えられる．平衡の組成は共存曲線で与えられ (1 章を見よ)，全体の濃度を固定した時，これらの組成は自由エネルギーが最小の状態に対応している．『A』が多い相から『B』が多い相へ空間的に移動すると，エネルギーは必然的に高くなる．なぜならば，『A』から『B』に移る時に，バルク相よりも高いエネルギーの組成を必ず通過する必要があるからである．よって，濃度の滑らかな界面プロファイルに伴う自由エネルギーの損失が界面張力に関係している．この効果を定量的に理解するためには，乱雑混合近似や平均場近似の範囲内であっても (つまり熱ゆらぎを無視するにしても)，1 章の単純な取り扱いを拡張する必要がある．また空間的なプロファイルとそれに対応する自由エネルギーを導くために，非一様な系の物理を考えなければならない．二元系に対する格子気体のモデルにおいて問題となることの一つは，微視的な濃度変数が不連続であるという点である ($s_i = 0, 1$)．しかし，我々が濃度プロファイルを考える時には，『A』が多い (例えば $\phi = \langle s_i \rangle$ が小さい) 相から『B』が多い (例えば $\phi \sim 1$) 相へと組成が連続的に変化することを想定している．以下では秩序変数の空間変化を考慮に入れた平均場理論を定式化するために，変分法について説明する．後の章でも用いるこの方法は，空間プロファイルと界面張力を計算するために用いられる．

変分法

厳密なハミルトニアン $\mathcal{H}$ で記述される系を考えよう．1 章より，厳密な確率分布 P はボルツマン因子 $P \sim e^{-\mathcal{H}/T}$ で与えられる．これは，確率分布 P で表される以下の全自由エネルギーの最小化から導かれる[2]．

$$\tilde{F} = T \int d\Lambda \, P \log P + \int d\Lambda \, P \mathcal{H} \tag{2.7}$$

---

[2]式 (1.5) の導出を参照せよ．

2.3. 表面・界面張力の理論

ここで，$\tilde{F}$ は厳密な自由エネルギー，Λ は位相空間を表す．真のボルツマン分布および自由エネルギーに対する変分法の近似では，まずハミルトニアン $\mathcal{H}_0$ で記述されるモデル系を考える．$\mathcal{H}_0$ は幾つかのパラメータを含んでおり，式 (2.7) をこれらのパラメータに関して最小化する．すると，自由エネルギーは

$$F = T \int d\Lambda\, P_0 \log P_0 + \int d\Lambda\, P_0 \mathcal{H} \tag{2.8}$$

で近似される．ここで，$P_0 \sim e^{-\mathcal{H}_0/T}$ である．実は下の例題で示すように，ハミルトニアンが $\mathcal{H}$ である系の「厳密」な自由エネルギー $\tilde{F}$ は次の不等式を満足する．

$$\tilde{F} < F = F_0 + \langle \mathcal{H} - \mathcal{H}_0 \rangle_0 \tag{2.9}$$

ここで，F_0 はモデル系の自由エネルギーである[3]．また平均値 ($\langle \cdots \rangle_0$) はモデルハミルトニアンのボルツマン因子 $e^{-\mathcal{H}_0/T}$ についてとる[4]．よって，$\mathcal{H}_0$ を幾つかの未定パラメータを含むある汎関数形として選べば，式 (2.8) で定義される F をこれらのパラメータに関して最小化することによって自由エネルギーの近似が導かれ，$\tilde{F}$ の最も小さい上限が求まる[3]．

例題：変分法の証明

式 (2.9) を証明するに当たって，適当な自由度の関数であるような二つの負でない分布関数 $\tilde{P}(\vec{r})$ と $P_0(\vec{r})$ を考える[3]．自由度は N 次元ベクトル $\vec{r}$ で記号的に表す ($\vec{r}$ は必ずしも空間座標ではない)．また自由度に関する

---

[3] モデル系の自由エネルギーは $F_0 = T \int d\Lambda\, P_0 \log P_0 + \int d\Lambda\, P_0 \mathcal{H}_0$ である．
[4] 実際に式 (2.8) の F と式 (2.9) の F が等しいことは以下のようにして示せる．P_0 として式 (2.14a) を用いれば，$F = \int d\Lambda\, (F_0 - \mathcal{H}_0)\, e^{(F_0 - \mathcal{H}_0)/T} + \int d\Lambda\, \mathcal{H} e^{(F_0 - \mathcal{H}_0)/T} = F_0 \int d\Lambda\, e^{(F_0 - \mathcal{H}_0)/T} + \int d\Lambda\, (\mathcal{H} - \mathcal{H}_0)\, e^{(F_0 - \mathcal{H}_0)/T} = F_0 + \langle \mathcal{H} - \mathcal{H}_0 \rangle_0$ である．ただし，式 (2.15) と (2.16) を用いた．

和を汎関数積分 $\int d\vec{r}$ で表すことにする．分布関数は規格化されているので

$$\int d\vec{r}\, P_0(\vec{r}) = \int d\vec{r}\, \tilde{P}(\vec{r}) = 1 \qquad (2.10)$$

を満たす．これらの分布関数は不等式

$$\int d\vec{r}\, P_0(\vec{r}) \log P_0(\vec{r}) \geq \int d\vec{r}\, P_0(\vec{r}) \log \tilde{P}(\vec{r}) \qquad (2.11)$$

を満足する．これは両辺の差

$$\int d\vec{r}\, P_0(\vec{r}) \log \left[\frac{P_0(\vec{r})}{\tilde{P}(\vec{r})} \right] \geq 0 \qquad (2.12)$$

から示すことができて，さらにこの式は

$$\int d\vec{r}\, \tilde{P}(\vec{r}) [V \log V - V + 1] \geq 0 \qquad (2.13)$$

と書き換えることができるからである．ただし，$V = P_0(\vec{r})/\tilde{P}(\vec{r})$ である．この不等式は，定義から $\tilde{P} \geq 0$ であること，また任意の $x > 0$ に対して $x \log x \geq (x - 1)$ が成り立つことから導かれる．

ここで，規格化された分布関数

$$P_0 = e^{(F_0 - \mathcal{H}_0)/T} \qquad (2.14\mathrm{a})$$

$$\tilde{P} = e^{(\tilde{F} - \mathcal{H})/T} \qquad (2.14\mathrm{b})$$

を選べば[5]，式 (2.11) から式 (2.9) が示せる[6]．ただし

$$F_0 = -T \log \int d\vec{r}\, e^{-\mathcal{H}_0/T} \qquad (2.15)$$

$$\langle \mathcal{H} - \mathcal{H}_0 \rangle_0 = \int d\vec{r}\, (\mathcal{H} - \mathcal{H}_0) P_0 = \int d\vec{r}\, (\mathcal{H} - \mathcal{H}_0)\, e^{(F_0 - \mathcal{H}_0)/T} \qquad (2.16)$$

である．

---

[5] 実際に式 (2.15) などを使えば，$\int d\vec{r}\, P_0 = \int d\vec{r}\, \tilde{P} = 1$ が成り立つ．
[6] 実際に式 (2.14a) と (2.14b) を式 (2.11) に代入すると，$\int d\vec{r}\, \tilde{F} e^{(F_0 - \mathcal{H}_0)/T} \leq \int d\vec{r}\, [F_0 + (\mathcal{H} - \mathcal{H}_0)] e^{(F_0 - \mathcal{H}_0)/T}$ であることから目的の式 (2.9) が示せる．

二元混合物：変分法による近似

二相が共存する系の濃度プロファイルと界面自由エネルギーを理解するためには，濃度が一様ではない，すなわち $\phi(\vec{r})$ が空間的に変動するような状況を考える必要がある．例えば濃度 ϕ_1 と ϕ_2 の間でバルクの平衡が成り立っている系において，$z \to -\infty$ と $z \to \infty$ でそれぞれ濃度が漸近的に ϕ_1 と ϕ_2 に近付くような状況を調べる．この時，界面は二つの領域の中間のどこかに存在する．1章で説明した単純な乱雑混合近似では，濃度の空間変化を記述するのに不適当である．ここでは，上で説明した変分法を使って，非一様な濃度をもつ二元混合物の自由エネルギーの表式を求める．そのために，二成分系の格子気体モデルから出発し (1章の式 (1.62) を見よ)，話を簡単にするために，成分間には二体相互作用しか働かないとする．厳密な系のハミルトニアン $\mathcal{H}$ は，サイト i での局所的な濃度変数 s_i の関数として表される．ここで，$s_i = 0$ は『A』粒子，$s_i = 1$ は『B』粒子の存在を意味する．すると

$$\mathcal{H} = \frac{1}{2} \sum_{ij} J_{ij} s_i (1 - s_j) \tag{2.17}$$

である．ただし，J_{ij} は二成分間の「正味」の相互作用である ($J_{ij} > 0$ の時に相分離が起こるように符号を選んでいる)．サイト間のカップリングのために，このハミルトニアンの分配関数を計算するのは難しい．そこで，モデルハミルトニアン $\mathcal{H}_0$ を1サイト変数のみの関数として

$$\mathcal{H}_0 = \sum_i T \beta_i s_i \tag{2.18}$$

のように選ぶ．ここでは後の都合のために，β_i を定義する際に因子 T を付けておいた．パラメータ β_i は，式 (2.9) に従って，厳密な自由エネルギー $\tilde{F}$ の上限 F を導くことから決まる．それから F をパラメータ β_i に関して

最小化することによって，(平均の濃度を一定に保つという条件のもとで) 自由エネルギーの上限の最小値，すなわち変分法を用いた時の最良値が求まる．すべての自由度に関する和 $\int d\vec{p}\,d\vec{q}$ と以前に表したものは，ここでは $\prod_i \sum_{s_i=1,0}$ となる (二つの可能な値 $s_i = 1,0$ に関する和を，すべてのサイト i に関して掛け合わせる)．濃度に対する境界条件により，局所的な平均濃度，すなわち β_i は空間的に変化し得ることに注意する必要がる．これは，系に表面や界面が存在する場合に対応する．

モデル系の自由エネルギー F_0 は

$$F_0 = -T \log Z_0 \tag{2.19}$$

$$Z_0 = \prod_i \sum_{s_i=1,0} e^{-\beta_i s_i} = \prod_i \frac{1}{1-\phi_i} \tag{2.20}$$

で与えられる．ここで，$\phi_i = (1+e^{\beta_i})^{-1}$ である．$P_0 = e^{(F_0 - \mathcal{H}_0)/T}$ について平均をとると $\phi_i = \langle s_i \rangle_0$ が示せる[7]．ϕ_i は $\mathcal{H}_0$ と P_0 で記述される集団において，局所的な濃度変数 s_i の平衡状態における平均値である．ϕ_i は平均量なので 0 から 1 まで連続的に変化することができる．従って，界面が存在する系の連続的な密度プロファイルを表すのに適している．同様な計算から

$$\langle \mathcal{H} - \mathcal{H}_0 \rangle_0 = \frac{1}{2} \sum_{ij} J_{ij} \phi_i (1-\phi_j) - \sum_i T\beta_i \phi_i \tag{2.21}$$

となる[8]．式 (2.19)，(2.21) を式 (2.9) で使うと，厳密な自由エネルギーの上限は

$$F = \sum_i T\left[(1-\phi_i)\log(1-\phi_i) + \phi_i \log \phi_i\right]$$
$$+ \frac{1}{2} \sum_{ij} J_{ij} \phi_i (1-\phi_j) \tag{2.22}$$

---

[7] $\langle s_i \rangle_0 = (1/T)(\partial F_0/\partial \beta_i) = -(1/Z_0)(\partial Z_0/\partial \beta_i)$ より示せる．
[8] $\langle s_i s_j \rangle_0 = (1/Z_0)(\partial^2 Z_0/\partial \beta_i \partial \beta_j)$ を計算して $\langle s_i s_j \rangle_0 = \phi_i \phi_j$ を示す．ここでは一サイトの近似を行なっているので，$\langle s_i s_j \rangle_0 = \langle s_i \rangle_0 \langle s_j \rangle_0$ が成り立つ．

2.3. 表面・界面張力の理論

で与えられることがわかる[9]．これは，乱雑混合近似で導いた一様な系の自由エネルギーと同じ形をしている．しかし式 (2.22) は，濃度が一様では「なく」，ϕ_i の局所的な値が空間的に変化する場合に拡張されている．次に ϕ_i を変分パラメータと見なして，境界条件と全濃度が一定という条件を満たしながら F を ϕ_i に関して最小化する (実際には $G = F - \sum_i \mu \phi_i$ を最小化する)．表面や界面が存在する系において，境界条件はすべての ϕ_i の値が同じでは「ない」ことを示しており，最小化によって**濃度プロファイル**が決まる．式 (2.22) を最小化して得られる差分方程式は微分方程式で書けるので，実際の問題では連続極限をとった方が便利である．

連続極限

次の関係式を使うことによって，式 (2.22) の連続極限をとることができる．

$$J_{ij}\phi_i(1-\phi_j) = \frac{1}{2}J_{ij}\left[(\phi_i - \phi_j)^2 - \phi_i^2 - \phi_j^2 + 2\phi_i\right] \tag{2.23}$$

単位体積当りの自由エネルギー (格子点当りの自由エネルギーではない) に対する連続的表現では，差分 $\phi_i - \phi_j$ を微分の形で書く．この微分の正確な形は結合行列 J_{ij} に依存する．最近接間の短距離相互作用が働く場合には

$$(\phi_i - \phi_j) \to a\nabla\phi \tag{2.24}$$

と書くことができる．ここで，a は最近接格子間の距離である．すると，$\phi_i \to \phi(\vec{r})$ という「局所的」な濃度値を使って式 (2.22) の連続表現が得られ，全自由エネルギーは

$$F = \int d\vec{r}\left[f_0[\phi(\vec{r})] + \frac{1}{2}B|\nabla\phi(\vec{r})|^2\right] \tag{2.25}$$

---
[9] 式 (2.21) の β_i に $\beta_i = \log[(1-\phi_i)/\phi_i]$ を代入する．

となる．ここで，$B = J/(2a)$, $J = \sum_j J_{ij}$ である．単位体積当りの自由エネルギー f_0 において，非線形かつ局所的な部分は

$$f_0[\phi] = \frac{1}{a^3}\left[T\left[\phi\log\phi + (1-\phi)\log(1-\phi)\right] + \frac{J}{2}\phi(1-\phi)\right] \quad (2.26)$$

である．一様な系の場合，これが単位体積当りの自由エネルギーへの唯一の寄与となる．非一様な系の場合には f_0 を「局所的」な値 $\phi(\vec{r})$ を用いて計算する．

従って，連続極限における変分法において，自由エネルギーは局所的な平均濃度 $\phi(\vec{r})$ の汎関数として与えられる (汎関数は関数と勾配[10]の両方を含む)．$\phi(\vec{r})$ の空間変化を得るためには，適当な境界条件のもとで，F を $\phi(\vec{r})$ に関して最小化する必要がある．以前に書かれた f_0 の形に対して，この方程式に対する単純で解析的な解はない．しかし，濃度が臨界濃度 $\phi = 1/2$ に近い場合には式 (2.26) を $\psi = \phi - 1/2$ について展開することができて

$$f_0 \approx \frac{1}{a^3}\left[T\left(2\psi^2 + \frac{4\psi^4}{3} - \log 2\right) + \frac{J}{2}(1/4 - \psi^2)\right] \quad (2.27)$$

を得る．勾配項は以前と同じであるが，ϕ と ψ は定数分しか違わないので，$\nabla\phi$ を $\nabla\psi$ に置き換えることができる．式 (2.27) の近似を使うと

$$F = \int d\vec{r}\left[-\frac{\epsilon}{2}\psi(\vec{r})^2 + \frac{1}{4}c\psi(\vec{r})^4 + \frac{B}{2}|\nabla\psi(\vec{r})|^2\right] \quad (2.28)$$

と書ける．ここでは定数項は落してあり，また $\phi(\vec{r})$ の線形項も落してある．なぜならば，それは平均の濃度を拘束する (すなわち $\int d\vec{r}\,\phi(\vec{r})$ が一定) 化学ポテンシャルに含めることができるからである．係数は微視的なパラメータと $B = J/(2a)$, $\epsilon = (J - 4T)/a^3$, $c = 16T/(3a^3)$ のように関係している．特に ϵ は $T_c = J/4$ で与えられる臨界点でゼロとなり，これ

---
[10]gradient

2.3. 表面・界面張力の理論

は1章で求めた値と同じである．この勾配を含んだ自由エネルギーの展開はギンズブルグ・ランダウ展開と呼ばれる．

自由エネルギーの最小化

界面が存在する系の濃度変化を知るためには，式 (2.28) のヘルムホルツの自由エネルギー F を最小化する必要がある．例えば $z \to -\infty$ における濃度が一方のバルクの平衡値に等しく (例えば1章の定義では ϕ_1)，$z \to \infty$ における濃度が濃度 ϕ_2 の共存相の値と等しいような解を探す．しかしこの最小化は，共存する「二相」で平均した濃度が一定という条件のもとで行われなければならない．このためには，1章で説明したように，グランドポテンシャル G を考えれば良い．平均の濃度が臨界濃度に等しい場合には化学ポテンシャルによる追加項はなくなり $F = G$ となる．従って，ここではこのような簡単な場合を考えて，ヘルムホルツの自由エネルギー F を汎関数的に最小化するような解を探す．以下で導かれる解から，平均の濃度がその臨界値に等しくなるように保たれていることは直接的に確かめられる (つまり $\int d\vec{r}\, \psi(\vec{r}) = 0$ となっている)．

式 (2.28) の近似的な自由エネルギーを最小化するためには，変分法を用いる[4]．それによって，空間的に変化する変数 $\psi(\vec{r})$ の積分で表される汎関数 F を，この関数のすべての変分に対して最小化することができる．F を

$$F = \int d\vec{r}\, f[\psi(\vec{r}), \nabla \psi] \tag{2.29}$$

と書くと，F を最小化する関数 $\psi(\vec{r})$ は方程式

$$\frac{\delta F}{\delta \psi(\vec{r})} = \frac{\partial f}{\partial \psi} - \frac{\partial}{\partial r_i} \frac{\partial f}{\partial \psi_{r_i}} = 0 \tag{2.30}$$

から決まる．ここで，$\psi_{r_i} = \partial \psi / \partial r_i$ である．式 (2.30) では繰り返された

添字 i について和をとり，$\vec{r}_i = (x, y, z)$ である．これから方程式

$$-\epsilon\psi + c\psi^3 - B\nabla^2\psi = 0 \tag{2.31}$$

が求まる．境界条件としては，界面から離れた場所で系は一様であるとする．界面から十分に離れた場所で，二相はそれぞれ平衡の濃度値をとると期待される．ここでの近似，すなわち $\psi = \phi - 1/2$ が小さいとすると，これらの値は

$$\psi_0 = \pm\sqrt{\frac{\epsilon}{c}} \tag{2.32}$$

で与えられる．

界面プロファイル

一次元的な濃度変化 $\psi(z)$ を考えよう．境界条件は $z = \pm\infty$ で $d\psi/dz = 0$ とし，これらの極限で系は平衡相であることを保証する．すると，解は

$$\psi(z) = \sqrt{\frac{\epsilon}{c}} \tanh\frac{z}{\xi} \tag{2.33}$$

となり，界面領域の幅は $\xi = \sqrt{2B/\epsilon}$ で与えられる．これはバルクの相関長であり，$\epsilon \to 0$ または $T \to T_c$ の極限で発散する．従って，図 2.2 に示すように，ϕ は $z \to \pm\infty$ で一様な平衡値 $\pm\sqrt{\epsilon/c}$ に近づく．界面領域の幅は $1/\sqrt{\epsilon}$ に比例しているので，臨界点に近づくと ($\epsilon \to 0$) 界面の幅は発散する．表面張力または界面張力を計算するために，この解を単位面積当りの自由エネルギーに代入し直して，(ϕ が一定である) バルク相の単位面積当りの自由エネルギーを差し引く．すると

$$\gamma = \int_{-\infty}^{\infty} dz \left[f_0[\psi(z)] - f_0[\psi_0] + \frac{1}{2}B\psi_z^2 \right] \tag{2.34}$$

となる．ここで，f_0 は式 (2.27) で定義される局所的な単位体積当りの自由エネルギー，$\psi_z = \partial\psi/\partial z$，$\psi_0$ は式 (2.32) で与えられるバルクの平衡状態

2.3. 表面・界面張力の理論

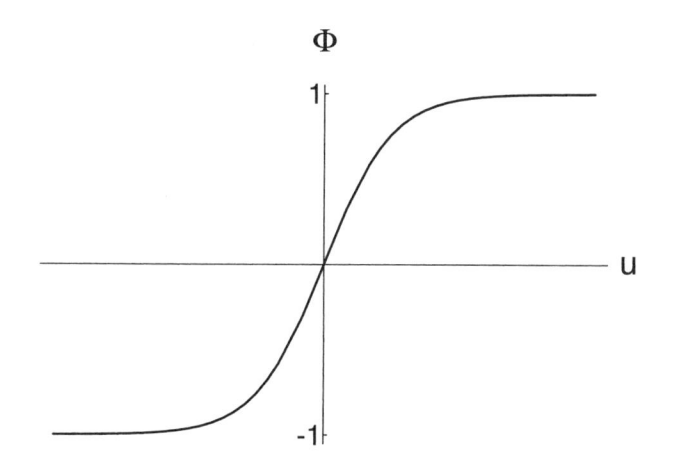

図 2.2: 界面プロファイル．Φ は秩序変数 ψ をバルクでの値 ψ_0 でスケールしたもの，$u = z/\xi$ はバルクの相関長でスケールしたものである．$u = 0$ に中心をもつ界面領域の幅は ξ の程度である．

の秩序変数である．界面が存在する非一様な系の自由エネルギーは，一様な系の自由エネルギーと比べて次の二点で異なる．(i) バルクの自由エネルギーが同じではない．(ii) エネルギーに勾配項がある．計算を簡単にするために，$\psi = \psi_0$ となる $z = \pm\infty$ では $d\psi/dz = 0$ という境界条件のもとで，式 (2.31) を一次元的に積分すると

$$f_0[\psi(z)] - f_0[\psi_0] = \frac{1}{2}B\psi_z^2 \tag{2.35}$$

が求まることに注意する[11]．すると，式 (2.34) は

$$\gamma = B\int_{-\infty}^{\infty} dz\, \psi_z^2 \tag{2.36}$$

---

[11] 式 (2.31) の両辺に $d\psi/dz$ を掛けて，z に関して積分すると式 (2.35) が求まる．

となる．よって，界面の存在による自由エネルギーはエネルギーの勾配項で表される (もちろん，これは界面が存在することによるバルクの自由エネルギーの変化と釣り合っている)．式 (2.33) で与えられるプロファイルの場合，界面張力は

$$\gamma = \frac{J(T_c - T)}{2Ta\xi} \tag{2.37}$$

となる．$T \to T_c$ の極限では共存する二相の区別がつかなくなるので，上の値はゼロになってしまう．平均場理論では相関長が $\xi \sim 1/\sqrt{T_c - T}$ なので，表面張力は $\sqrt{(T_c - T)^3}$ の形でゼロになることに注意する必要がある．

例題：気体・液体の界面

式 (2.28) は臨界組成が $1/2$ である二元系の格子気体 (イジング) モデルから導かれたものであるが，極めて一般的に，気体・液体の系として解釈し直すことができる．この表式を準理想気体のビリアル展開から導きなさい．また局所的な密度が n である系の単位体積当りのグランドポテンシャル $g(n)$ と，共存しているバルクの気体または液体のグランドポテンシャル g_b との間の差が

$$g(n) - g_b = g_0(n - n_\ell)^2(n - n_v)^2 \tag{2.38}$$

で与えられることを示しなさい (液体と気体は同じグランドポテンシャルをもつとする)．ただし，n_ℓ と n_v は平衡状態での液体と気体 (蒸気) の密度であり，g_0 は定数である．

[解答] 1 章で議論したように，準理想気体に対して単位体積当りのヘルムホルツの自由エネルギー f のビリアル展開を考える．

$$f(n) = T\left[n\left(\log[nv_0] - 1\right) + \frac{1}{2}an^2 + \frac{1}{3}bn^3\right] \tag{2.39}$$

2.3. 表面・界面張力の理論

ここで, a は体積の次元をもち, b は体積の二乗の次元をもつ. 1章で説明したように, 密度と温度の臨界値 (ここではビリアル係数 a の臨界値に対応する) は, $\partial^2 f/\partial n^2 = \partial^3 f/\partial n^3 = 0$ となる濃度で決まる. これから, $n_c = 1/\sqrt{2b}$ と $a_c = -2\sqrt{2b}$ となる. 次に, 自由エネルギーを $n = n_c$ のまわりで $a \approx a_c$ として展開する. すると

$$f(n) - f(n_c) \approx h(n - n_c) - \frac{1}{2}\epsilon(n - n_c)^2 + \frac{1}{4}c_0(n - n_c)^4 \tag{2.40}$$

となる. ここで, $h = T(\log n_c v_0 + a n_c + b n_c^2)$, $\epsilon = -T(a - a_c)$, $c_0 = T(3n_c^3)^{-1}$ であり, c_0 はエネルギーに体積の三乗をかけた次元をもっている.

共存する濃度を計算するために, 1章で述べた共存の条件, すなわち化学ポテンシャルと浸透圧が等しいという条件を用いる. 平均の (すなわち共存する二相にわたって平均した) 密度が n_c である系を考える. このことは, 化学ポテンシャルを $\mu = (\partial f/\partial n)_{n_c}$ に固定することに対応する. 今の場合 $\mu = h$ で, 共存のための条件は, 共存する二相がグランドポテンシャルの最小化で与えられることを示しており, $\partial g/\partial n = 0$ となる. ただし

$$\begin{aligned} g(n) &= f(n) - f(n_c) - \mu(n - n_c) \\ &= -\frac{1}{2}\epsilon(n - n_c)^2 + \frac{1}{4}c_0(n - n_c)^4 \end{aligned} \tag{2.41}$$

である. 一つの解は液体に対応し, その密度は $n_\ell = n_c + \sqrt{\epsilon/c_0}$ で, もう一方の小さい密度の解は気体に対応し, その密度は $n_v = n_c - \sqrt{\epsilon/c_0}$ である. $g(n_v) = g(n_\ell) = g_b$ が簡単に示せて[12], $W = g(n) - g_b$ と定義すると

$$W(n) = c(n - n_\ell)^2(n - n_v)^2 \tag{2.42}$$

と書けることがわかる. ただし, $c = c_0/4$ である. 二相間の密度プロファイルの形を決めるために, 局所的な自由エネルギーとして $W(n)$ を用いる.

---

[12] $g_b = -\epsilon^2/4c_0$ である.

なぜならば，化学ポテンシャルが一定の時に最小化が起こるからである（これは「平均」の密度が一定ということと同等である）．従って，g と W から μn を差し引く．さらに，界面自由エネルギーは，界面が存在する系の自由エネルギーと液体または気体のバルク自由エネルギーの差なので，g_b を差し引いて $W(n)$ を得る．1章で説明した格子気体モデルや密度汎関数の展開からの類推で，短距離の相互作用しか働かない系では，気体・液体のプロファイルは界面の自由エネルギー

$$G_s = \int d\vec{r} \left[W[n(\vec{r})] + \frac{1}{2} B |\nabla n(\vec{r})|^2 \right] \tag{2.43}$$

を最小化することから決まる．ここで，B はエネルギーに長さの5乗を掛けた次元をもっている[13]．密度汎関数の展開などのより微視的な理論では，この長さは引力相互作用の及ぶ距離と関係している．気体 ($n(z \to -\infty) \to n_v$) から液体 ($n(z \to \infty) \to n_\ell$) への一次元的な密度変化を考えて，以前のように最小化すると

$$\frac{1}{2} B \left(\frac{\partial n}{\partial z} \right)^2 = c(n - n_v)^2 (n - n_\ell)^2 \tag{2.44}$$

となる．この方程式は，$z \to \pm\infty$ で秩序変数が平衡値となるという境界条件を満たしている．平方根をとり ($n_\ell > n > n_v$ に注意して符号を決める) 積分すると，$z = 0$ に中心があるプロファイルは

$$\log \left[\frac{n_\ell - n}{n - n_v} \right] = -\frac{z}{\xi} \tag{2.45}$$

で与えられることがわかる．ここで，$\xi^{-1} = (n_\ell - n_v)\sqrt{2c/B}$ は長さの逆数の次元をもつ．この式は n について解くことが可能で

$$n(z) = \frac{n_\ell}{1 + e^{-z/\xi}} + \frac{n_v}{1 + e^{z/\xi}} \tag{2.46}$$

---

[13]本書では $k_B = 1$ としているので，T はエネルギーの次元をもつ．

2.3. 表面・界面張力の理論

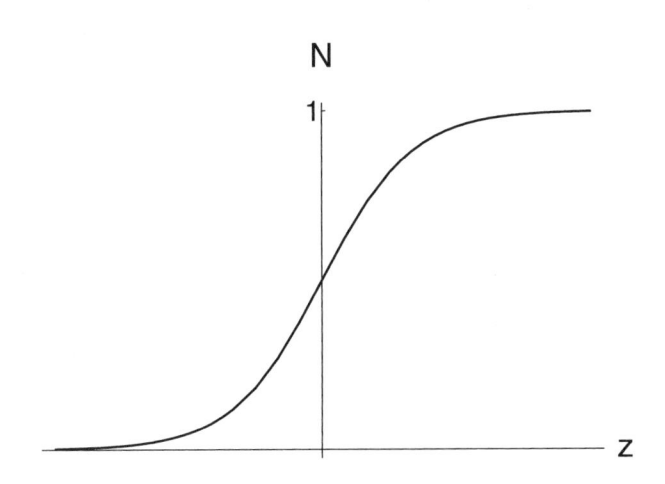

図 2.3: 気体・液体の系における界面プロファイル．本文中で定義したように，$N = n/n_\ell$ (平衡の液体密度でスケールされた密度) で，$Z = z/\xi$ である．曲線は $n_v \ll n_\ell$ の場合の結果である．

となる．この式は，z が負の領域の気体と z が正の領域の液体間の界面を表している．このプロファイルの概形は図 2.3 に示してある．臨界点の近くで $n_\ell - n_v \to 0$ となると，ξ で特徴付けられる界面の幅は発散する．このような単純な状況が起こるのは，化学ポテンシャルがその臨界値に等しく，g の中に線形項が存在しない場合であることに注意する必要がある．

2.4 界面活性な物質

界面活性剤

　界面の位置に存在すると自由エネルギーが下がるような第三の物質を加えることで，二成分間の界面張力を低下させることができる．このような物質の例としては界面活性剤があり，界面活性剤は極性部分と非極性部分を化学的に結合した分子から成る．陰イオン性界面活性剤は (水などの) 極性をもつ液体に溶ける対イオンをもち，正に帯電している (例えば $R_n OSO_3 Na^+ SO_3^-$ では Na^+ が水に溶ける．R_n は炭化水素鎖を意味する)．陽イオン性界面活性剤は負の対イオンをもつ (例えば Br_2^-)．非イオン性界面活性剤は極性をもつが，溶液中にイオンは存在しない (OCH_2CH_2OH のような極性基をもつことが多い)．

表面張力の減少

　ある流体界面の面積が A であるとし，その界面上で理想気体のように振舞う界面活性剤を考え，溶液中には溶けないとする．全表面エネルギーは

$$F_s = A[\gamma_0 + T\sigma(\log[\sigma a_0] - 1) + u_0 \sigma] \tag{2.47}$$

である．第一項は流体のベアの表面エネルギー，第二項は面積密度が σ の界面活性剤の理想気体的なエントロピー (a_0 は分子当りの面積の大きさを表す定数で，希薄な三次元気体における v_0 に対応する)，第三項は界面活性剤分子が界面に存在する時のエネルギーと，例えば純粋な活性剤の固体中に存在する時のエネルギーとの差である．(バルクの溶媒には分子が存在しないと仮定する．) 前節の式 (2.34) では，界面活性剤を加えていない場合で平衡の界面について考えた．界面張力 γ は，二相が共存している (界面が存在する) 系の自由エネルギーとバルク系の自由エネルギーとの差とし

2.4. 界面活性な物質

て定義された．界面活性剤が含まれると，この成分が界面に存在することを表す項を表面エネルギーに付け加えなければいけない．流体と界面活性剤を合わせた系の表面張力は，界面面積を変化させた時の自由エネルギー変化として与えられる．

$$\gamma = \frac{\partial F_s}{\partial A} \tag{2.48}$$

ここで，$\sigma = N_s/A$ である．ただし，N_s は界面に存在する活性剤分子の数で一定とする．σ の変化も考慮してこの微分を行うと

$$\gamma = \gamma_0 - T\sigma \tag{2.49}$$

となる．界面張力が減るのは，界面面積が増加すると界面活性剤の並進エントロピーが増加するからである (ただし，活性剤分子の数は一定とする)．エントロピーの増加によって系の自由エネルギーが下がり，γ がベアの値から減少する．ここでは理想気体的なエントロピーしか考慮していないので，上の表式は界面活性剤の占める面積の割合が小さい時に正しい．

例題：表面張力に対する排除体積効果

非可溶性界面活性剤の膜を任意の体積分率 ϕ だけ吸着した流体の表面張力を求めなさい．

[解答] 活性剤間の排除体積相互作用は，以前に議論した理想気体の場合と比較して，表面張力の低下を「促進」させる．例えば吸着膜の格子気体モデルを考える．全自由エネルギー F_s は平均場近似で

$$F_s = N\left[T\left\{\phi\log\phi + (1-\phi)\log(1-\phi)\right\} + \gamma_0 a^2 + u_0\phi\right] \tag{2.50}$$

と書ける．ここで，$N = A/a^2$ は表面上の全格子点数，A は全体の面積，a^2 は活性剤一個当りの面積である．γ_0 と u_0 は以前に定義した．活性剤分

子数が「一定」の場合には面積密度 ϕ が A に依存することに注意する必要があり，式 (2.48) から γ を計算する際に ϕ の微分を考慮しなければならない[14]．結果は

$$\gamma = \gamma_0 + \frac{T}{a^2}\log(1-\phi) \tag{2.51}$$

となる．面積密度が小さい極限 $\phi \ll 1$ では，理想気体の近似で導いた式 (2.49) に帰着する．式 (2.51) での表面張力の減少は，式 (2.49) で予想される減少よりも大きい[15]．活性剤分子間の排除体積相互作用によるエントロピーの変化の結果，表面張力を減少させる効果が大きくなっている．同様にして，活性剤分子間の他の種類の相互作用 (例えば引力) を取り入れることが可能である．

可溶性界面活性剤

界面活性剤がその並進エントロピーを増加させることで，表面張力が減少する．しかし，ここでの結果は低濃度の「非可溶性」界面活性剤でのみ成り立つことを注意しておこう．σ が大きくなって γ が負になってしまうのは，単にこの近似が破綻することを意味している．可溶性の界面活性剤の場合には N_s を一定とすることはできない．そのかわり，界面活性剤が界面に存在する時とバルクに存在する時の化学ポテンシャルが等しくなるとする必要がある．低濃度では表面張力は濃度に比例して減るが，濃度が大きくなるとバルクにミセルが形成され，表面張力の減少は頭打ちになる (6 章と 8 章で説明する)．

---

[14] $\phi = N_s/N = \sigma a^2 = N_s a^2/A$ であることに注意せよ．
[15] 式 (2.51) で $\log(1-\phi) \approx -(\phi+\phi^2/2+\cdots)$ と展開すれば，$\gamma = \gamma_0 - T\sigma - Ta^2\sigma^2/2 - \cdots$ となる．

2.5　問題

1. 濃度ゆらぎ

二元系における濃度ゆらぎの相関関数を計算するために，式 (2.17) の『イジング』ハミルトニアンに $\sum_i h_i s_i$ という項を付け加えたものを考える．ただし，h_i は局所的な外場である．相関関数が

$$\langle (s_i - \langle s_i \rangle)(s_j - \langle s_j \rangle) \rangle = -T \frac{\partial^2 F[\{h_i\}]}{\partial h_i \partial h_j}$$

であることを示しなさい．ここで，微分はすべてのサイト i において $h_i = 0$ で評価し，$F[\{h_i\}]$ は式 (2.22) の表式に $\sum_i h_i m_i$ を付け加えたもので与えられる．F のこの表式を用いて，相互作用行列をフーリエ変換した

$$J(\vec{q}) = \sum_j J_{ij} e^{i\vec{q} \cdot \vec{R}_{ij}}$$

の関数として，フーリエ空間での相関関数 $G(\vec{q}) = \langle s(\vec{q}) s(-\vec{q}) \rangle$ を計算しなさい．1 章で計算した臨界点近傍の温度と濃度で，$G(\vec{q})$ はどのように振舞うか？

式 (2.28) の自由エネルギーで表される二元系の連続的な記述を用いて，濃度ゆらぎの相関関数の表式を導きなさい．そのために，式 (2.28) を新しい有効ハミルトニアンと見なす．臨界点近傍での相関関数の性質を調べ，式 (2.22) の格子気体モデルの結果と比較しなさい．連続モデルはどのようなゆらぎを最も良く表現しているか？

2. 高分子界面の界面プロファイル

高分子の系を考える．系は相分離を起こして，高分子の濃度が高い溶液相とそれと共存する濃度の低い溶液相とに分離する．このような系のヘル

ムホルツの自由エネルギーは

$$F = \int d\vec{r}\, f \tag{2.52}$$

$$f = -\frac{\epsilon}{2}\phi(\vec{r})^2 + \frac{c}{3}\phi(\vec{r})^3 + \frac{A}{2\phi(\vec{r})}|\nabla\phi(\vec{r})|^2 \tag{2.53}$$

と書ける．ただし，ϕは高分子の濃度である．第一項は高分子セグメント間の正味の引力に由来し，第二項はセグメント間の排除体積効果による斥力に由来している．これらの項は，密度によるビリアル展開の最初の二つの項に対応する．高分子の並進エントロピー $f_t \sim (\phi/N)[\log[\phi/N] - 1]$ は，分子量 N が大きい場合には無視できる．勾配項はセグメント間の相互作用を表し，係数の $1/\phi$ は高分子鎖がつながっているという要請から必要となる[5]．f_t を含めてバルクの共存曲線を調べてみると，濃度が低い相の体積分率は非常に小さく，$N \to \infty$ でゼロになってしまうことがわかる．

最初に勾配項が存在しないバルクの系について考えよう．濃度の低い相 ($\phi \approx 0$) と高い相 (有限の ϕ) が平衡であるための条件は，(i) 化学ポテンシャル ($\partial f/\partial \phi$) が等しいことと，(ii) 浸透圧

$$\Pi = \frac{\phi^2}{v_0}\left(\frac{\partial f/\phi}{\partial \phi}\right) \tag{2.54}$$

が等しいことである．ここで，v_0 は分子体積である．低濃度相が $\phi = \Pi = 0$ と近似できる時，共存するもう一方の相の ϕ を式 (2.54) から求めなさい．またこの平衡状態に対応する化学ポテンシャルの近似形も求めなさい．これらの近似は分子量が大きい極限で正しく，その場合には低濃度相の並進エントロピーは無視できる．

μ として上で求めた表式を用い，式 (2.53) に $-\mu\phi$ を付け加えることによって，濃度が保存されるという条件のもとで式 (2.53) を最小化しなさい (すなわちグランドポテンシャルを最小化する)．次に勾配項を含めて，一次元的な濃度変化を考える．濃度プロファイルの空間依存性と界面張力を

求めなさい．[ヒント：勾配項を簡単にするため，$\psi = \sqrt{\phi(\vec{r})}$ の変数変換を行い，ψ について最小化しなさい．]

3. 可溶性界面活性剤の表面張力

表面上に単層膜として吸着した活性剤分子が格子気体として式 (2.50) の自由エネルギーで表されるとして，表面張力の表式を導きなさい．ただし，バルクの溶媒中で分子間には引力または斥力が働き，希薄な非理想気体 (1 章を見よ) と見なせるとする．これらの二つの系 (表面とバルク) が平衡にあり，化学ポテンシャルが等しい場合に，バルク中の分子の体積分率の関数として表面に吸着している分子の体積分率を導きなさい．

2.6 参考文献

1. J. S. Rowlinson and B. Widom, *Molecular Theory of Capillarity* (Clarendon Press, Oxford, 1982).
2. G. C. Benson and D. Patterson, *J. Chem. Phys.* **23**, 670 (1955).
3. J. P. Hansen and I. R. McDonald, *Theory of Simple Liquids* (Academic Press, New York, 1990), p. 152; A. Isihara, *J. Phys. A* **1**, 539 (1968).
4. G. Arfken, *Mathematical Methods for Physicists* (Academic Press, NY, 1985). 邦訳：「基礎物理数学 1. ベクトル・テンソルと行列，2. 関数論，3. 特殊関数と積分方程式」，権平健一郎・神原武志・小山直人 共訳 (講談社)
5. P. G. de Gennes, *Scaling Concepts in Polymer Physics* (Cornell University Press, Ithaca, New York, 1979), p. 254. 邦訳：「高分子の

物理学」, 久保亮五監修, 高野宏・中西秀 共訳 (吉岡書店)

第3章 界面のゆらぎ

3.1 序論

　熱平衡状態では，流体の表面も固体の表面でさえも完全に平坦というわけではない．また二つの異なる相間の界面についても同様である．熱ゆらぎのせいで二つの物質間の界面は乱れる．この効果がどれくらい強いかは，次元 (すなわち界面が線か面かということ) と温度に依る．二次元の流体系で界面が一次元の場合，界面ラフネスの二乗平均はシステムサイズに比例して増加する．三次元系の場合これに対応する量は，システムサイズに対数的に依存する．固体の場合には周期ポテンシャルのために，界面のラフネスは小さくなる．しかし，ラフニング転移温度 (通常，融点よりも小さい) 以上では，表面位置のゆらぎは液体の場合と似ている．本章では最初に，界面を挟む二相の自由エネルギーから，必ずしも平坦ではない界面の自由エネルギーを導く．熱ゆらぎの大きさを計算し，固体のラフニング転移について説明する．例題では不安定な界面について二例ほど紹介する．一つの例 (円柱のレイリー不安定性) では表面張力が不安定を駆動し，別の例 (薄膜の破裂) では表面張力が不安定性を抑制する．

3.2　ゆらいでいる界面の自由エネルギー

界面の自由エネルギー

　界面や表面のゆらぎを調べるためには，必ずしも平坦ではない界面の自由エネルギーの表式が必要である．自由エネルギーは，界面張力 γ と面積の積として現象論的に表される．表面のモンジュ表示 $z = h(x, y)$ を使うと

$$F_s = \gamma \int dx\, dy\, \sqrt{1 + h_x^2 + h_y^2} \tag{3.1}$$

となる．ここで，$h_x = \partial h / \partial x$ である．以下で見るように，これは次のような界面の場合に正しい．すなわち典型的な界面の厚さと比べて，遥かに大きな長さのスケールにわたって界面位置が空間変化している場合である．この極限の時のみ，式 (3.1) の簡単な表面張力の表式を用いて界面の長波長の波打ちを調べることができる．この極限は多くの物理的な状況において重要で，その場合，界面は分子スケールの範囲まで明確に定義される．

界面自由エネルギーの導出

　二相が共存している系において，濃度の関数である自由エネルギーから出発して，上の結果をより厳密に導く方法は文献 1 で議論されている[1]．二相間の界面が違った配置をとることで生じる自由エネルギーを，三次元中の二元系で計算する．共存する二相のバルク自由エネルギーのモデルとしては，2 章で説明した連続的なギンズブルグ・ランダウの表式を用いる．この表式は，二元混合物をイジングモデル的に表現したものから導かれる．濃度 $\phi(\vec{r})$ の関数である自由エネルギーとして，最初に式 (2.25) を考える ($\int d\vec{r} = \int dx\, dy\, dz$)．

$$F = \int d\vec{r} \left[\frac{1}{2} B (\nabla \phi)^2 + f_0[\phi(\vec{r})] \right] \tag{3.2}$$

3.2. ゆらいでいる界面の自由エネルギー

ここで，B は定数である．2章で説明したように，第一項は秩序変数の空間変化によるもので，その微視的な要因は相互作用である．一方，二番目の項はバルクの単位体積当りの局所的自由エネルギーである．濃度プロファイルは，以下の形で表されるとする．

$$\phi(\vec{r}) = \chi(x, y, z - h(x, y)) \tag{3.3}$$

以下で見るように，χ は一次元界面の問題の解と関係していて，その場合 $\phi = M(z)$ は

$$\frac{\partial f_0}{\partial M} = BM_{zz} \tag{3.4}$$

に従う．ただし，$M_z = \partial M/\partial z$ である．式 (3.3) から，ゆらいでいる界面の場合の解は，界面が $z = h(x, y)$ に位置するという一次元問題の解と類似していることが期待される．式 (3.3) を，式 (3.2) の自由エネルギーを汎関数的に最小化して求まるオイラー・ラグランジュ方程式の解と考えることにより，解の変分近似解を求めることにする．

自由エネルギーの最小化

F を最小化するようなプロファイルを計算するためには，$\chi(x, y, z - h(x, y))$ の三次元での変分を考慮して，オイラー・ラグランジュ方程式を解かなければならない．それは

$$\begin{aligned}[1 + h_x^2 + h_y^2]\chi_{zz} + [\chi_{xx} + \chi_{yy}] - [h_{xx} + h_{yy}]\chi_z \\ - \frac{1}{B}\frac{\partial f_0}{\partial \chi} - 2[h_x \chi_{zx} + h_y \chi_{yz}] = 0\end{aligned} \tag{3.5}$$

で与えられる[1]．ここでは近似として，$\hat{z}$ 方向の空間変化は $\hat{x}$ や $\hat{y}$ 方向の変化よりも遥かに大きいと仮定する．よって，z の二階微分の項だけを残すことにする．これは以下のことを仮定するのと同等である．すなわち界面の位置が，界面の厚さより遥かに大きな長さのスケールにわたってゆるやかに空間変化しているということである．すると，χ に対する近似的な式は

$$B\left[1 + h_x^2 + h_y^2\right]\chi_{zz} = \frac{\partial f_0}{\partial \chi} \tag{3.6}$$

となる．これは，z を $(z-h)/[1+h_x^2+h_y^2]^{1/2}$ で置き換えれば，一次元の解 $M(z)$ が従う方程式 (式 (3.4) を見よ) に過ぎない．従って

$$\chi \approx M\left(\frac{z - h(x,y)}{\sqrt{1 + h_x^2 + h_y^2}}\right) \tag{3.7}$$

となる[2]．上の表式の物理的な意味は以下の通りである．すなわち第一近似として (界面の $\hat{z}$ 方向の厚さに比べると，$\hat{x}$ と $\hat{y}$ 方向には界面がゆっくり変化している場合にこの近似は正しい)，濃度は単に $M(z)$ であり，それは界面までの距離の「法線」成分

$$M\left((\vec{r} - \vec{R}) \cdot \hat{n}\right) \tag{3.8}$$

を変数とする．ただし，$\vec{r} = (x, y, z)$ は空間変数，$\vec{R} = (x, y, h(x,y))$ は界面を定義し

$$\hat{n} = \frac{\hat{z} - h_x\hat{x} - h_y\hat{y}}{\sqrt{1 + h_x^2 + h_y^2}} \tag{3.9}$$

---

[1] 式 (3.2), (3.3) から導かれるオイラー・ラグランジュ方程式は，$-B\nabla^2\chi + \partial f_0/\partial \chi = 0$ である．ここで式 (3.3) に注意すると，$\partial \chi/\partial x = \chi_x - \chi_z h_x$, $\partial \chi/\partial y = \chi_y - \chi_z h_y$, $\partial \chi/\partial z = \chi_z$ となるので，$\partial^2 \chi/\partial x^2 = \chi_{xx} - \chi_{zx}h_x - (\chi_{zx} - \chi_{zz}h_x)h_x - \chi_z h_{xx}$, $\partial^2\chi/\partial y^2 = \chi_{yy} - \chi_{yz}h_y - (\chi_{yz} - \chi_{zz}h_y)h_y - \chi_z h_{yy}$, $\partial^2\chi/\partial z^2 = \chi_{zz}$ を上式に代入することによって式 (3.5) が求まる．

[2] 式 (3.4) を $\partial f_0/\partial M = BM_{ZZ}(Z)$ と読み換え，$Z = (z-h)/[1+h_x^2+h_y^2]^{1/2}$ とする．すると $\partial f_0/\partial \chi = B(\partial z/\partial Z)^2\chi_{zz}$ であり，式 (3.6) となる．

3.2. ゆらいでいる界面の自由エネルギー

は界面の法線ベクトルである．式 (3.6) に χ_z を掛けて，自由エネルギーがバルク自由エネルギーで与えられるような，界面から十分に離れた場所でのプロファイルは平坦であるという境界条件を用いる．すなわち濃度がバルクの平衡値 ϕ_b をとる時には $\chi_z = 0$ であり，ϕ_b はバルク自由エネルギー $f_0(\phi)$ の最小値で与えられる．バルク自由エネルギーを $f_b = f_0(\phi_b)$ と書くと

$$B\left[1 + h_x^2 + h_y^2\right]\chi_z^2 = 2[f_0(\chi) - f_b] \tag{3.10}$$

となる．この式を用いて，界面が一枚存在する系の自由エネルギーから界面が存在しない系の自由エネルギーを差し引くことによって，表面自由エネルギー F_s を導くことができる．すなわち $F_s = F - F_b$ で，F_b はバルクの全自由エネルギーである ($F_b = \int d\vec{r}\, f_b$)．すると，式 (3.1) と同じ式になる．表面張力 γ は一次元のプロファイルから決められて

$$\gamma = B\int_{-\infty}^{\infty} dz\,\, [M_z(z)]^2 \tag{3.11}$$

となる[3]．これは，2 章で求めた平坦な界面のエネルギー表式と完全に一致している[4]．式 (3.1) の平方根中の因子は，式 (3.9) の法線ベクトルに垂直な面の面積に起因している．従って，界面エネルギーは本質的に (平坦な界面の濃度プロファイルから矛盾なく決められる) 表面張力と，波打った界面の面積との積で与えられることが示された．この表式は，界面の幅 (プロファイルの $\hat{z}$ 方向の変化) が，界面の垂直方向 (例えば $\hat{x}$ や $\hat{y}$ 方向) の空間変化に比べて遥かに小さいという近似のもとで正しい．

---

[3] $F_s = F - F_b = \int d\vec{r}\, (B/2)(\nabla\chi)^2 + \int d\vec{r}\, [f_0(\chi) - f_0(\phi_b)]$ であるが，$(\nabla\chi)^2$ の計算では $(1 + h_x^2 + h_y^2)\chi_z^2$ の項だけを残す．すると $F_s = B\int d\vec{r}\, (1 + h_x^2 + h_y^2)\chi_z^2 = B\int dx\, dy\, \sqrt{1 + h_x^2 + h_y^2}\int_{-\infty}^{\infty} dz\, \sqrt{1 + h_x^2 + h_y^2}\chi_z^2$ である．z に関する積分の部分は再び $Z = (z - h)/[1 + h_x^2 + h_y^2]^{1/2}$ という変数変換を行うと $\int_{-\infty}^{\infty} dz\, \sqrt{1 + h_x^2 + h_y^2}\chi_z^2 = \int_{-\infty}^{\infty} dZ\, [\partial M(Z)/\partial Z]^2 = \int_{-\infty}^{\infty} dz\, [M_z(z)]^2$ なので，式 (3.1) と比較して式 (3.11) が導かれる．

[4] 例えば式 (2.36) などを参照せよ．

3.3 界面の熱ゆらぎ

波打った界面

次にゆらいでいる界面の性質について考える．最も簡単な場合は，ゆらぎの起源が熱的な場合である．振幅の二乗平均は，温度と表面張力エネルギーの比に比例している．この界面の自発的な波打ちは，界面の厚さを計測することによって観察できて，界面の厚さは界面の高さ・高さの相関に敏感に依存する．流体の界面に対して粘性が無視できる場合には，ゆらぎは表面張力波[5]として知られており，その動的性質は光散乱の実験によって研究されている[2,3]．本節では振幅のゆらぎの二乗平均および表面張力波のモード周波数を，粘性を無視した極限で計算する．

ゆらぎの自由エネルギー

モンジュ表示 $z = h(x, y)$ で定義される表面のゆらぎを考えよう．平坦な表面の面積を A とする．平面 ($h = h_0$ で h_0 は定数) のまわりで，表面がゆっくりとゆらぐ場合を考える．波打った表面の自由エネルギーは，平坦時の自由エネルギーと比べて ($\Delta F_s = F_s - \gamma A$)，近似的に

$$\Delta F_s = \frac{1}{2}\gamma \int dx\, dy\ (h_x^2 + h_y^2) \tag{3.12}$$

だけ多い．フーリエ変換を

$$h(\vec{\rho}) = \frac{1}{\sqrt{A}} \sum_{\vec{q}} h(\vec{q})\, e^{i\vec{q}\cdot\vec{\rho}} \tag{3.13}$$

$$h(\vec{q}) = \frac{1}{\sqrt{A}} \int d\vec{\rho}\, h(\vec{\rho})\, e^{-i\vec{q}\cdot\vec{\rho}} \tag{3.14}$$

---

[5] capillary wave

3.3. 界面の熱ゆらぎ

のように定義する．ここで，$\vec{\rho}$ も $\vec{q}$ も二次元のベクトルである．すると，表面エネルギーは

$$\Delta F_s = \frac{1}{2}\gamma \sum_{\vec{q}} q^2 |h(\vec{q})|^2 \tag{3.15}$$

となる．ΔF_s をゆらぎの変数 $h(\vec{q})$ のハミルトニアンとすると，$h(\vec{q})$ がある値をとる確率は $\exp[-\Delta F_s/T]$ に比例している．これは今の近似ではガウス的で，すべての異なった $\vec{q}$ モードが独立である．確率分布とゆらいでいる量の二乗平均の関係 (1 章を見よ) を使うと

$$\langle |h(\vec{q})|^2 \rangle = \frac{T}{\gamma q^2} \tag{3.16}$$

を得る[6]．これが，熱平衡状態での各々のフーリエモードの二乗平均である．

実空間におけるゆらぎ

平面からのゆらぎの実空間における二乗平均は

$$\langle h^2(\vec{\rho}) \rangle = \frac{1}{A}\sum_{\vec{q}} \langle |h(\vec{q})|^2 \rangle = \frac{1}{(2\pi)^2}\int d\vec{q}\, \langle |h(\vec{q})|^2 \rangle \tag{3.17}$$

で与えられる[7]．式 (3.16) を使って積分を実行するが，($\vec{q}$ が二次元ベクトルの場合) 対数発散が生じるので，積分の下限に注意しなければならない．そこで，積分の下限として系の大きさ ($L \propto \sqrt{A}$) が有限であることから π/L，また積分の上限として分子の大きさ (a に比例) が有限であることから π/a を導入する．すると

$$\langle h^2(\vec{\rho}) \rangle = \frac{T}{2\pi\gamma}\log\frac{L}{a} \tag{3.18}$$

---

[6] 式 (1.52b) を参照せよ．ここでは $G(\vec{q}) = \gamma q^2$ である．
[7] 式 (1.54) を参照せよ．

となる．対称性から，$\langle h^2(\vec{\rho}) \rangle$ は xy 平面上のゆらぎを計算する位置 $\vec{\rho}$ には依らない．ゆらぎの二乗平均は系の大きさとともに対数的に発散するということに注意する必要がある．一次元の界面の場合 (すなわち表面ではなく線の場合)，発散はさらに強くて，系の大きさとともに線形で増加する．(線の場合には式 (3.17) の積分が一次元であるという以外はすべて同じである．) 界面 (二次元) は三次元よりも次元が低いために，界面の『平坦』性に対して熱ゆらぎは重大な影響を与える．

相関関数

ゆらぎは表面上の高さ・高さの相関関数にも影響をおよぼす．$\vec{\rho}$ だけ離れた二点間の高さの「差」を考える (ここでも $\vec{\rho}$ は xy 平面上の距離を表している)．次のような量を定義する．

$$\Delta^2(\vec{\rho}) = \left\langle [h(\vec{\rho}) - h(0)]^2 \right\rangle \tag{3.19a}$$

すると，これは

$$\left\langle [h(\vec{\rho}) - h(0)]^2 \right\rangle = \frac{2}{A} \sum_{\vec{q}} (1 - \cos(\vec{q} \cdot \vec{\rho})) \left\langle |h(\vec{q})|^2 \right\rangle \tag{3.19b}$$

から計算できる．話を簡単にするために，一方の点を $\vec{\rho} = 0$ に選んだ．式 (3.16) を使うと，ここでも $\Delta^2(\vec{\rho})$ が $\log \rho$ で発散することが示せる．すなわち二点間の距離が増加するにつれて，それぞれの点における高さの差は対数的に増加する．一次元の界面 (線) の場合，発散はさらに強くて二点間の距離に比例する．

物理的発散

ゆらいでいる表面において，上で述べた対数的発散は比較的弱い．典型的な値として，γ が 100 dyn/cm のオーダー，$a = 3\text{Å}$，$L = 100\text{Å}$ の表面の場合，ゆらぎの二乗平均の平方根は約 1.5Å である．一方，$L = 1$cm の場合には約 7.5Å に過ぎない．さらにこのような発散は，以前に示したように，系の大きさや他の物理的な効果によってカットオフされる．例えば蒸気と平衡にある流体の界面や，軽い流体と重い流体間の界面のように $\hat{z}$ 方向にゆらいでいる界面の場合，ゆらぎによって重力エネルギーは損をするので，($\hat{z}$ 方向に働く) 重力はゆらぎを抑制しようとする．平面 $z = h = 0$ (エネルギーのゼロ点) 上の高さ $h(x, y)$ に存在する粒子の重力エネルギーは mgh である．ただし，m は質量，g は重力加速度である．連続的な物質の場合には，$z = 0$ から $z = h$ のすべての粒子の密度について，重力エネルギーを積分しなければいけない．よって，単位面積当りの重力エネルギーは $\int_0^h \rho_0 g z \, dz = \rho_0 g h^2 / 2$ である．ただし，ρ_0 は密度である (二つの流体間の界面の場合では密度の差となる)．界面の全自由エネルギーは

$$\Delta F_s = \frac{1}{2}\gamma \int dx\, dy \ \left[(h_x^2 + h_y^2) + \xi_g^{-2} h^2\right] \tag{3.20}$$

と書ける．ここで，$\xi_g^2 = \gamma/\rho_0 g$ である．ゆらぎの確率分布はここでもガウス的なので，$\xi_g^{-2}\sum_{\vec{q}}|h_{\vec{q}}|^2$ に比例した新しい項を付け加えて，以前と同じ計算を繰り返せば良い．すると，相関関数は

$$\langle |h(\vec{q})|^2 \rangle = \frac{T}{\gamma(q^2 + \xi_g^{-2})} \tag{3.21}$$

となる[8]．式 (3.17) から界面ゆらぎの二乗平均を計算すると，対数発散は重力長 ξ_g によってカットオフされることがわかる．重力長は表面張力と重力の兼ね合いで決まる．よって，高さのゆらぎは $\xi_g/a \gg 1$ の時に，近似的

---
[8]式 (3.16) と比較せよ．

に $\langle h^2(\vec{\rho}) \rangle \propto \log(\xi_g/a)$ となる．重力長より十分に離れた二点間 $(\rho \gg \xi_g)$ の相関に対して，相関関数は $\log(\xi_g/a)$ に比例した有限の値をとる．

例題：表面張力波のダイナミクス

粘性は無視できるとして，重力と表面張力が働いている非圧縮性流体の表面の運動方程式を導きなさい．また表面波 (表面張力・重力) の分散関係を導きなさい．

[解答] 運動方程式を計算するためには，二つの自由度のダイナミクスを考える必要がある．それらは，表面の「動的」な位置 $z = h(x, y; t)$ (t は時間) と流体の速度 $\vec{v}$ である．全表面，重力，運動エネルギーを書き下して，ダイナミクスを解くためにラグランジュ方程式を用いる [4]．

ポテンシャルエネルギー F_s は (密度の変化が許されない) バルク自由エネルギーによる定数項と，表面張力および重力の項から成り立っている．

$$F_s = F_0 + \frac{1}{2} \int dA \; [\rho_0 g h^2 + \gamma |\nabla h|^2] \tag{3.22}$$

ここで，A は面積，ρ_0 は密度，γ は表面張力である．運動エネルギー T は，流体の体積 V に関する積分として書かれる．

$$T = \frac{1}{2} \rho_0 \int dV \; v^2 \tag{3.23}$$

非圧縮な系 $\nabla \cdot \vec{v} = 0$ (1章を見よ) で，さらにポテンシャル流の場合，$\vec{v}$ はスカラー関数 ψ を使って

$$\vec{v} = \nabla \psi(\vec{r}) \tag{3.24}$$

と書ける．

最初にバルクの系を考える．式 (3.24) を使うと，運動エネルギーは

$$T = \frac{1}{2} \rho_0 \int dV \; |\nabla \psi|^2 \tag{3.25}$$

3.3. 界面の熱ゆらぎ

となる．2章におけるオイラー・ラグランジュ方程式の議論から，この汎関数は ψ が

$$\nabla^2 \psi = 0 \tag{3.26}$$

に従う時に最小化される．xy 平面上で波数 $\vec{q}$ をもつ乱れを考えると (すなわち $h(x,y;t) = Q(t)e^{i\vec{q}\cdot\vec{\rho}}$ と仮定すると)，ψ は

$$\psi = \tilde{\psi}(z,t)\, e^{i\vec{q}\cdot\vec{\rho}} \tag{3.27}$$

とおける．ただし，$\vec{\rho} = (x,y)$ である．式 (3.26) の解で以下の境界条件を満たすものを探す．(i) $z \to -\infty$ で $\psi \to 0$ (界面から十分に離れたバルクでは流体の運動はない)．(ii) $z = h(x,y;t)$ で $v_z = \partial\psi/\partial z = \partial h/\partial t$．これは表面変位を使って表した表面速度の定義であり，その $\hat{z}$ 成分は $v_z(x,y,z=h)$ である．式 (3.27) を式 (3.26) で使うと，$\tilde{\psi}$ が

$$\frac{\partial^2 \tilde{\psi}}{\partial z^2} = q^2 \tilde{\psi} \tag{3.28}$$

に従うことがわかる．境界条件に従う解は

$$\tilde{\psi} = \frac{\dot{h}}{|q|}\, e^{-|q|(h-z)} \tag{3.29}$$

と書けて，$\dot{h} = \partial h/\partial t$ である．

次にこの ψ の解を使って，運動エネルギーを $\hat{z}$ 方向に関して表面 $z = h(x,y;t)$ まで積分する．式 (3.23) 中の z についての積分を実行すると，T_s として

$$T_s = \int dA\, \frac{\rho_0 \dot{h}^2}{2|q|} \tag{3.30}$$

を得る[9]．ここまでで，運動エネルギーとポテンシャルエネルギーの両方を，界面の一つの自由度 $h(x,y;t)$ を使って表すことができた．そこで，「表

---

[9] 式 (3.24) より $v_x^2 = \tilde{\psi}^2 q_x^2$, $v_y^2 = \tilde{\psi}^2 q_y^2$, $v_z^2 = \tilde{\psi}^2 q^2$ となる．よって $v^2 = 2\tilde{\psi}^2 q^2$ である．T_s は表面の運動エネルギーを表す．

面」のラグランジアン $L_s = T_s - F_s$ を構成する．これは x と y のみの関数である．ラグランジアン・ダイナミクスは全エネルギーが保存されるということと等価であり (文献 4 を見よ)，ラグランジアンの時間積分を最小化することで次式の運動方程式が求まる．

$$\frac{\delta F_s}{\delta h} = -\frac{\partial}{\partial t}\frac{\partial T_s}{\partial \dot{h}} \tag{3.31}$$

ここで，$\delta F_s/\delta h$ は次の汎関数微分を表す．すなわち一般に f を自由エネルギー密度として

$$\frac{\delta F}{\delta h(\vec{\rho})} = \frac{\partial f}{\partial h} - \frac{\partial}{\partial \vec{\rho}_i}\frac{\partial f}{\partial h_{\vec{\rho}_i}} \tag{3.32}$$

であり，$h_{\vec{\rho}_i} = \partial h/\partial \vec{\rho}_i$ である．式 (3.32) では繰り返された添字 i についての和をとり，$\vec{\rho}_i = (x, y)$ である．この運動方程式と，表面の実効的な運動エネルギーとポテンシャルエネルギーの表式を用いると，界面の位置は

$$\rho_0 g h - \gamma(h_{xx} + h_{yy}) + \frac{\rho_0 \ddot{h}}{q} = 0 \tag{3.33}$$

に従うことがわかる．ここで，$h_x = \partial h/\partial x$ である．さらに

$$h(x, y; t) = Q(t)\exp[i\vec{q}\cdot\vec{\rho}] \tag{3.34}$$

の形の解を探す．これから $Q(t)$ は

$$\ddot{Q} = -q\left(g + \frac{\gamma q^2}{\rho_0}\right)Q \tag{3.35}$$

に従い，表面張力波の Q は正弦波的な時間依存性をもつことになる．すなわち $Q = Q_0 e^{i\omega t}$ で，ω の分散関係は

$$\omega = \sqrt{q\left(g + \frac{\gamma q^2}{\rho_0}\right)} \tag{3.36}$$

となる．ここでの簡単な計算は粘性が小さい場合に正しい．粘性がある場合には，表面張力モードの減衰成分が含まれる[5]．光散乱を使って分散関係を測定することで，表面張力 γ を見積もることができる．

3.4 界面の表面張力不安定性

上で述べた例では，流体の表面上の表面張力波の分散関係をどのように計算するかを示した．粘性がゼロの極限では，重力と表面張力は復元力として働き，熱ゆらぎが表面の自発的な波打ちの駆動力となっている．粘性がある場合を扱うためには，エネルギー的な方法は不十分で，1章で説明したように，波打った界面に対してナビエ・ストークス方程式を解かなければいけない[5]．表面や界面の流体力学的安定性の一般的な理論は，文献5で述べられている．粘性が小さい場合，表面張力波の減衰は長波長の $\lambda = 2\pi/q$ に対して ηq^2 に依存してゼロになる．ただし，η は粘性率である．モード周波数の実部は $\vec{q}$ のより低い次数に依存しているので (式 (3.36) を見よ[10])，少なくとも長波長の極限では，周期的な振動と比べれば減衰は無視することができる．もちろん，減衰が重要になってくると ($\vec{q}$ が十分に大きい場合)，分散関係は大きく変わる．すなわち振動波はなくなり，界面は平衡状態 (つまり平面の状態) に緩和していく[5]．

表面張力波の場合，平らな表面や界面は原則的に安定で，波は熱ゆらぎの結果生じるものである．しかし，一方の相が円柱状で他方の相中に存在する場合や，液体または固体の円柱の表面のように，単純な形状の界面が本質的に不安定であるような場合がある．それは，他のより面積の小さい界面の形状が存在し，その方が界面自由エネルギーが低いからである．簡単なエネルギー的・熱力学的議論によって (次の例題を見よ)，波打った円柱の自由エネルギーは，その波打ちの波長が円柱の半径に比例したある臨界値を越えると，完全な円柱の自由エネルギーより低くなることが示せる．この波打ちのために，円柱はやがて球状に分断されてしまう．それは本来，球の方が表面/体積の比率が小さいからである．このような不安定性は，レ

---
[10] 長波長極限で $\omega \sim q^{1/2}$ である．

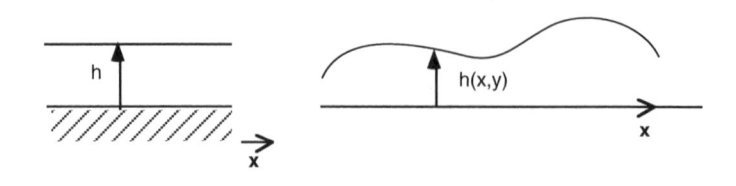

図 3.1: 平らな界面の波打ち.

イリー不安定性として知られている.

円柱表面のレイリー不安定性は，表面エネルギーによって駆動される．薄膜から成る平らな面も，ファン・デル・ワールス力 (5 章を見よ) の影響で不安定化されることがある．この場合，表面張力は短波長のゆらぎを安定化させる復元力として働く．ここでも，臨界波長は自由エネルギーのバランスで決まる (本章の章末問題を見よ).

例題：平面および円柱面の不安定性

表面張力だけで支配されている平面は，界面の小さなゆらぎに対して「安定」であることを示しなさい．また円柱面は長波長のゆらぎに対して不安定であることを示しなさい．

[解答] 安定性を決めるために，式 (3.1) の界面自由エネルギーを考え，界面の小さな変形が自由エネルギーを上げるかまたは下げるかを決める．変形によってエネルギーが増加する場合，表面は安定である．この際，波打ちによってエントロピー的には得をするにもかかわらず，熱ゆらぎによる波打ちの振幅は有限に留まる (図 3.1 と図 3.2 を見よ)．変形によってエネ

3.4. 界面の表面張力不安定性

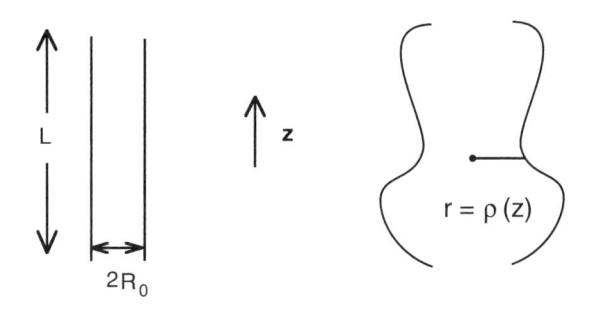

図 3.2: 円筒状界面の波打ち．

ルギーが減少する場合，系は本質的に不安定である．実験的に観察可能な時間スケールにおいて，変形が運動学的 (例えば流体力学的) に許されれば，系は形状を変化させる．

平面：平面の自由エネルギーは式 (3.1) で $h = 0$ とすれば良い．界面の小さな変形は正弦波的なモードで表すことができて，以下の式で与えられる，界面より下の部分の体積 V

$$V = \int dx\,dy\, h(x,y) = \frac{1}{\sqrt{A}} \sum_{\vec{q}} \int dx\,dy\, h(\vec{q}) e^{i\vec{q}\cdot\vec{\rho}} \qquad (3.37)$$

が保存される．ここで，式 (3.13) を使った．式 (3.1) を表面の長波長のゆらぎで展開すると

$$\int dx\,dy\, \left[1 + \frac{1}{2}\left(h_x^2 + h_y^2\right)\right] \geq \int dx\,dy \qquad (3.38)$$

である．従って，表面位置のどのようなゆらぎに対しても界面面積は増加し，エネルギーは高くなってしまうので，表面張力しか働かない平面は安定である．

円柱面：変形していない状態で半径が R_0，長さが $L \gg R_0$ の円柱を考える．その局所的な半径 $\rho(z)$ は，$\hat{z}$ 方向に対して

$$\rho(z) = R + \frac{1}{\sqrt{L}} \sum_q \rho_q e^{iqz} \tag{3.39}$$

のように変化するとしよう[11]．この $\hat{z}$ 方向の一次元的なモードを使ったフーリエ展開は，『オーバーハング[12]』が許されない時の，変形した円柱の形を表す最も一般的な形である．一般に，変形した円柱の体積は

$$V = \pi \int_0^L dz\, \rho^2(z) \tag{3.40}$$

である．変形していない (最初の状態の) 円柱の体積は $V_0 = \pi R_0^2 L$ である．よって，体積の保存から

$$R^2 = R_0^2 - \frac{1}{L} \sum_q |\rho_q|^2 \tag{3.41a}$$

となる．変形が小さければ

$$R \approx R_0 \left(1 - \frac{1}{L} \sum_q \frac{|\rho_q|^2}{2R_0^2}\right) \tag{3.41b}$$

である．円柱の表面エネルギーは

$$F_s = \gamma \int d\theta\, dz\, \rho(z) \sqrt{1 + \left(\frac{\partial \rho}{\partial z}\right)^2} \tag{3.42}$$

で与えられる．円柱の小さな変形に対しては平方根を展開して，R に式 (3.41b) を使う．変形していない円柱と変形した円柱の全表面エネルギーの差は

$$\Delta F_s \approx \gamma 2\pi R_0 \sum_q \frac{|\rho_q|^2}{2R_0^2} (q^2 R_0^2 - 1) \tag{3.43}$$

---

[11] この式の R は後の式 (3.41b) から決められるものである．また右辺の q に関する和では $q = 0$ のモードは除くとする．$q = 0$ に対応する平均の寄与は，すべて R に押し込められている．

[12] overhang (突起，突き出し)

となる[13]．従って，$qR_0 < 1$ の時には，変形した円柱の方が完全な円柱よりもエネルギーが「低い」．これにより，長波長のゆらぎは不安定であることがわかる．

ここでの熱力学的な解析では，長波長のゆらぎが不安定であるということしかわからない．新しい状態の形状を調べるためには，その過程の流体力学を調べる必要があり，それから最も速く成長するモードがわかる．さらに，円柱が分断された後の最終的な形は，ここでは無視した非線形項の効果に依存する．

3.5 固体表面のラフニング転移

単純流体の表面は等方的であるが，結晶の巨視的な形状は非等方的で，結晶格子の対称性を反映している．このような場合，界面のゆらぎはエネルギー的な非等方性に打ち勝つには不十分で，シャープなファセット[14]が現れる．しかし，十分に温度が高ければ（ただし，融点よりは低く，結晶が平衡相である温度），表面の熱ゆらぎは非等方性に打ち勝ち，もはや結晶にシャープなファセットは現れない．このようなことが起こる温度は，ラフニング転移温度と呼ばれる．この転移は結晶成長を理解するために重要である [6]．

表面エネルギー

固体の場合，表面は不連続的に階段状で変化し，式 (3.1) の連続エネルギーではすべての熱力学的性質を十分に説明できない．ゆらいでいる固体表面を，xy 平面上に置かれた『柱』の（$\hat{z}$ 方向の）高さで表すことにする

---

[13] 式 (3.42) で $\rho(z)$ に式 (3.39)，R に式 (3.41b) を代入する．
[14] facet(多面体の平らな面)

と，余剰面積をより正確に考慮した表式は

$$\mathcal{H}_c = \frac{1}{2} \sum_{ij} J_{ij} |h_i - h_j| \tag{3.44}$$

である．ここで，J_{ij} は i と j が最近接の時だけゼロではなく，(平面に対して) 余分な表面を形成するために必要な，正の付加的エネルギーである．さらに，表面は格子定数の大きさだけ階段状に変化するため，変数 $\{h_i\}$ は不連続である．この表式では表面のオーバーハングを無視しているが，これでもハミルトニアン $\mathcal{H}_c$ の統計力学的取り扱いは複雑なので[6,7]，より簡単なモデルを考えることにしよう．

表面モデル

最近接間での高さの変化がゼロか一格子定数分に限られている時，式 (3.44) を適切に近似する単純化されたモデルは

$$\mathcal{H} = \int dx\, dy \left[\frac{1}{2} \gamma |\nabla h|^2 + y_0 \left(1 - \cos \frac{2\pi h(x,y)}{a} \right) \right] \tag{3.45}$$

である．この近似では $h_i - h_j$ を $(h_i - h_j)^2$ で置き換えており，さらに連続極限で勾配に置き換えている．(連続近似は重要な点ではなく，不連続的な差分でも計算することは可能であり，同様な結果が求まる．) さらに，固体表面の高さが格子定数 a の整数倍の不連続的な値をとるという要請は，$y_0 > 0$ に比例した項で表現されている．この項は単位面積当りのエネルギーの次元をもち，高さが a の整数倍の時に最小となる．後で見るように，温度が高くなって界面がかなりゆらぐようになると，このエネルギーは無関係[15]になり，式 (3.1) の連続近似で適切に表面を記述することができる．非常に温度が低い場合，この近似ハミルトニアンはもはや表面を正確

---
[15] irrelevant

3.5. 固体表面のラフニング転移

に記述しなくなる．しかし，式 (3.45) のモデルハミルトニアンで記述される系の統計力学を理解することで，重要な物理のほとんどが明らかになる．

変分法

ここでは 2 章で説明した変分法による近似を用いて調べる．扱いやすい基準ハミルトニアン $\mathcal{H}_0$ を考え，厳密な自由エネルギー F_e の上限を与える定理

$$F_e < F = F_0 + \langle \mathcal{H} - \mathcal{H}_0 \rangle_0 \tag{3.46}$$

を使う．ここで，F_0 はモデル系の自由エネルギー，平均値 ($\langle \cdots \rangle_0$) は基準ハミルトニアンのボルツマン因子 $e^{-\mathcal{H}_0/T}$ についてとる．$\mathcal{H}_0$ のパラメータについて変分をとり，厳密な自由エネルギーの上限の最小値を得る．ガウス積分は最も簡単に実行できるので

$$\mathcal{H}_0 = \frac{1}{2} T \sum_{\vec{q}} G(\vec{q}) \, h(\vec{q}) \, h(-\vec{q}) \tag{3.47}$$

のように選ぶ．ここで，$h(\vec{q})$ は式 (3.13)，(3.14) で定義したフーリエ成分である．エネルギー関数 $G(\vec{q})$ は『パラメータ』の組を決めていると見なすことができて，それによって基準ハミルトニアンは特徴付けられる．これらのパラメータ (すなわち関数 $G(\vec{q})$) は最小化によって決められる．基準ハミルトニアンの自由エネルギー F_0 は

$$F_0 = -T \log Z_0 = -T \log \left[\prod_{\vec{q}} \int dh(\vec{q}) \, e^{-\mathcal{H}_0/T} \right] \tag{3.48}$$

で与えられる．ガウス積分を行うと

$$F_0 = \frac{1}{2} \sum_{\vec{q}} T \log \left(\frac{G(\vec{q})}{2\pi} \right) \tag{3.49}$$

となる．基準ハミルトニアンの平均値 $\langle \mathcal{H}_0 \rangle_0$ は定数である．$\mathcal{H}$ 中の勾配の二乗項の平均値は $\sum q^2 \langle |h(\vec{q})|^2 \rangle$ に比例し，ガウス確率分布に対して

$$\langle |h(\vec{q})|^2 \rangle_0 = 1/G(\vec{q}) \tag{3.50}$$

となる[16]．y_0 に比例した項の平均をとるために以下の関係を使う[17]．

$$\langle e^{ikh(r)/a} \rangle_0 = e^{-k^2 g_0 / 2} \tag{3.51}$$

ここで，

$$g_0 = \left(\frac{1}{Aa^2} \right) \sum_{\vec{q}} [G(\vec{q})]^{-1} \tag{3.52}$$

であり，A は面積である．よって，すべての定数項を F_c にまとめてしまうと

$$F = F_c + \frac{1}{2} \sum_{\vec{q}} T \log G(\vec{q}) + \frac{1}{2} \gamma \sum_{\vec{q}} \frac{q^2}{G(\vec{q})} - A y_0 \, e^{-2\pi^2 g_0} \tag{3.53}$$

となる．

自由エネルギーの最小化

F を $G(\vec{q})$ に関して最小化すると，$G(\vec{q})$ は

$$\frac{T}{G(\vec{q})} - \gamma \frac{q^2}{G(\vec{q})^2} - \frac{4\pi^2 y_0 a^{-2}}{G(\vec{q})^2} \, e^{-2\pi^2 g_0} = 0 \tag{3.54}$$

を満たすことがわかる．よって

$$G(\vec{q})^{-1} = \frac{T}{\gamma(q^2 + \xi^{-2})} \tag{3.55}$$

である．ただし

$$\xi^{-2} = \frac{4\pi^2 y_0}{\gamma a^2} \, e^{-2\pi^2 g_0} \tag{3.56}$$

---

[16] 式 (1.52b) を参照せよ．
[17] 1 章の章末問題 4 を参照せよ．

3.5. 固体表面のラフニング転移

である．g_0 は $G(\vec{q})$ の和と関係しているため，式 (3.55) をセルフコンシステントに解いて ξ を求めなければならない．式 (3.55) を $\vec{q}$ について和をとって g_0 を求め，式 (3.56) に代入すると，ξ についての方程式が導かれる．結果は

$$g_0 = \frac{T}{4\pi\gamma a^2} \log\left[1 + \left(\frac{\pi\xi}{a}\right)^2\right] \tag{3.57}$$

となる．ξ は g_0 の指数関数として定義されているので，$\tau = T\pi/(2\gamma a^2)$ の関数であるべき依存性が対数から現われ

$$\left(\frac{a}{\pi\xi}\right)^2 = \frac{4y_0}{\gamma}\left[1 + \left(\frac{\pi\xi}{a}\right)^2\right]^{-\tau} \tag{3.58}$$

を得る[18]．

ラフニング転移

上で求めた方程式のグラフ的な解は，$4y_0/\gamma = 1$ の場合に，異なった τ の値に対してそれぞれ図 3.3 に示してある．解の一般的な傾向として，$\tau > 1$ (高温) の場合，解は一個だけで $\xi^{-1} = 0$ である．よって，高温では格子の影響を無視することができて，$G(\vec{q}) \propto \gamma q^2$ であるから，連続的な表面張力のハミルトニアンで適切に近似される．この領域では y_0 に比例した項の平均がゼロであることも示せる．$\tau > 1$ の時には表面は『ラフ』であると言い，これは格子の影響がなくなることを意味する．相関関数は，表面張力だけの系に対して 3.3 節で議論したように，発散の振舞いを示す．温度を下げていくと $(\tau < 1)$，式 (3.58) は二個の解をもつ．一つは $\xi^{-2} = 0$ で，他方は有限の ξ^{-2} である．自由エネルギーを計算してみると，ξ が有限の場合の方が自由エネルギーが低いことがわかる．相関関数が $1/(q^2 + \xi^{-2})$ の形をしているので，表面は『滑らか』であると言う．3.3 節の終りにお

---
[18] 式 (3.56) から求めた g_0 を式 (3.57) に代入する．

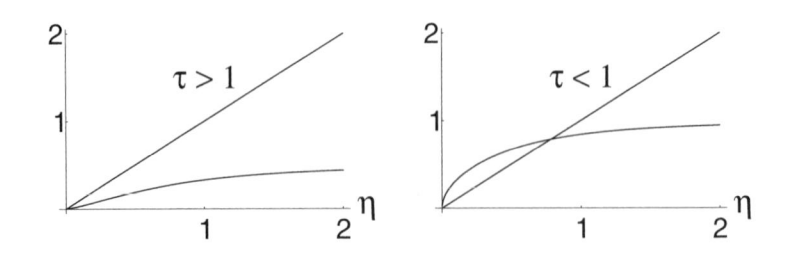

図 3.3: 式 (3.58) の変数 $\eta = [a/(\pi\xi)]^2$ に対するグラフ的な解. $4y_0/\gamma = 1$ の場合についてプロットしてある.

いて，重力が復元力となる場合で示したように，長さ ξ はゆらぎのカットオフの役割を果たし，もはや発散は起こらない．表面の位置や高さ・高さの相関関数の差も有限にとどまり，表面がきちんと特定される．$\tau = 1$ の点は『ラフニング転移』温度と定義され，ここで用いた変分法によってこの温度は正しく予想される．しかし，より精密な取り扱いでは[6,7]，ラフニング転移温度での相関関数は $\tau - 1$ の非解析的な関数になることが示されている．低温側 ($\tau < 1$) からラフニング転移温度に近付くと，ξ は

$$\xi \sim \exp\left[\frac{c_0}{(1-\tau)^{1/2}}\right] \tag{3.59}$$

のように発散することが知られている．ただし，c_0 は定数である．

3.5. 固体表面のラフニング転移

例題：ラフニング転移の相関長

式 (3.58) のセルフコンシスタントな方程式の解の性質は，$\eta = [a/(\pi\xi)]^2$ を変数として考えると良い．この時，式 (3.58) は

$$\eta = f(\eta) = \frac{\alpha}{[1+(1/\eta)]^\tau} \tag{3.60}$$

となり，$\alpha = 4y_0/\gamma$ である．グラフを使って η についてのこの方程式を解くには，η と $f(\eta)$ を η に対してプロットして，それらの交点を求めれば良い．最初のプロットは，もちろん傾き 1 の直線である．二番目のプロットは，図 3.3 に示したように，τ の値に係わらず無限大で傾きがゼロになる．$\tau > 1$ の時，$\eta \to 0$ の極限で $f(\eta)$ の傾きはゼロになり，二本の線は $\alpha < 1$ である限り交わらない．α が大きければ交わることもあり得るが，この交点から決まる η の値は大きくなってしまう．これは相関長が微視的なカットオフよりも短くなってしまうことを示しており，物理的に意味のない結果である．従って，流体表面の波打ちのように，唯一の物理的な解は無限大の相関長に対応する．$\tau < 1$ の時，η が小さい時の $f(\eta)$ の傾きは無限大になり，必ず二本の線は交わるため，相関長は有限になる．これらの結論は，周期ポテンシャルが摂動的 ($\alpha < 1$) に扱える時に限って正しい．結果的に得られた $\eta \neq 0$ の値は小さく，最初の仮定と矛盾しない．

結晶成長のダイナミクスに対する影響

結晶の表面が滑らかかラフであるかということは，結晶成長のダイナミクスに重要な影響を与える[8]．ラフニング転移温度より高温ではゆらぎは大きく，結晶成長に対するエネルギー障壁は存在しない．従って，温度勾配のような駆動力を系に与えると，液相が消えて固体相が成長する．この時，固体は駆動力に比例した割合で成長する．その結果，結晶の表面は滑

らかになり，ファセット状にはならない．低温では格子定数の影響が現れる．結晶表面が成長するためには，駆動力はある臨界値を越えなければならない．なぜならば，ラフニング転移温度より低温では，界面は巨視的に均一な状態で階段状に成長するからである．つまり，面全体の原子を一斉に動かす必要がある．転移点より高温では，熱ゆらぎによって原子はより独立に動くことができる．

3.6 問題

1. 結晶の平衡形

以下の論文に基づいて，結晶の平衡形に対するラフニング転移の影響についてまとめなさい．C. Jayaprakash, W. F. Saam, and S. Teitel, *Phys. Rev. Lett.* **50**, 2017 (1983), C. Rottman and M. Wortis, *Phys. Rev. B* **29**, 328 (1984); *Phys. Repts.* **103**, 59 (1984).

2. 表面の相関関数

実空間における高さ・高さの相関関数(式 (3.19))の完全な表式を得るためには，次の積分を実行する必要がある．

$$\int d\vec{q}\, \frac{(1-\cos\vec{q}\cdot\vec{r})}{q^2+\xi^{-2}} \tag{3.61}$$

この積分の上端のカットオフを ∞ として，一次元(線状の界面)と二次元(面状の界面)の両方で計算しなさい．それを使って，表面の相関関数とゆらぎの二乗平均のより正確な表式を求めなさい．(二次元の場合には，ベッセル関数の積分のために積分表を参照しなさい．結果を別のベッセル関数を用いて表し，さらにその変数が小さいとして展開しなさい．)

3. 表面張力波の流体力学

粘性がある場合に，流体表面の表面張力波の分散関係を導きなさい．この場合には散逸系となるので，本文中で使ったエネルギー的アプローチを用いることはできず，非圧縮性流体の流体力学的方程式から始めなければならない．波の振幅と速度は小さいと仮定して流体力学的方程式を線形化し，この(過減衰的な)波の分散関係の実部と虚部を計算しなさい．

4. 薄膜の破裂

ファン・デル・ワールス力(5章を見よ)が働いて厚い膜よりも薄い膜のエネルギーが低くなれば，薄膜は表面の波打ちに対して不安定になる．最初に厚さが D_0 の薄膜を考える．その自由エネルギーは表面張力からの寄与と，単位面積当りのファン・デル・ワールスのエネルギー F_v からの寄与がある．後者は「局所的」な薄膜の厚さ $h(x,y)$ に対して

$$F_v = -\frac{A}{12\pi h^2(x,y)} \tag{3.62}$$

のように変化する．ここで，$A > 0$ は『ハマカー定数』と呼ばれる．ハマカー定数はエネルギーの次元をもち，相互作用の強さを特徴付ける．波打った膜が平らな膜よりもエネルギーが低くなるための条件を決めなさい．

5. ラフニングの自由エネルギー

式(3.55)の相関関数の一般的な表式を用いて，ゆらいでいる固体表面の自由エネルギーを ξ の関数として計算しなさい．高温では $\xi \to \infty$ に対応した解が一個しか存在しないことを示しなさい．また低温では解が二個存在し，有限の ξ に対する自由エネルギーの方が無限の ξ に対する自由エネルギーより低いことを示しなさい．

6. 一次元でのラフニング

一次元界面の平衡状態でのラフネスは，二次元のそれよりも定性的に大きいことを示しなさい．一次元の界面は，少なくとも y_0 が小さければ，常にラフであることを示しなさい (すなわちラフニング転移温度はゼロである).

3.7 参考文献

1. K. Kawasaki and T. Ohta, *Prog. Theoretical Phys.* **67**, 147 (1982).
2. E. H. Lucassen-Reynders and J. Lucassen, *Adv. Coll. Interf. Sci.* **2**, 347 (1969).
3. 以下の中の Part B – Interfacial Waves を見よ. *Physiochemical Hydrodynamics*, ed. M. G. Velarde (Plenum Press, New York, 1988), p. 147.
4. H. Goldstein, *Classical Mechanics* (Addison-Wesley, Reading, MA, 1950). 邦訳:「古典力学 (上・下)」, 瀬川富士・矢野忠・江沢康生 共訳 (吉岡書店)
5. C. A. Miller and P. Neogi, *Interfacial Phenomena* (Marcel Dekker, New York, 1985).
6. J. D. Weeks, *Ordering in Strongly Fluctuating Condensed Matter Systems*, ed. T. Riste (Plenum Press, New York, 1980), p. 293.
7. M. E. Fisher, *Statistical Mechanics of Membranes and Surfaces*, eds. D. Nelson, T. Piran, and S. Weinberg (World Scientific, Teaneck, NJ, 1989), p. 19.
8. Y. Saito, *Z. Phys. B* **32**, 75 (1978).

第4章　界面のぬれ

4.1　序論

　前章では表面と界面のエネルギー，ゆらぎ，相転移について説明した．表面や界面は，共存する二相を分け隔てている領域を数学的に理想化したものである．この章ではさらに複雑な状況として，共存する三相の静的および動的な性質をぬれに関する話題の中で扱う[1,2]．話を簡単にするために，液体と蒸気の両方と平衡状態にある固体の基盤を考え，液体相の構造を決定する．ここでの取り扱いは，相分離した二元混合物を支える固体基盤の問題や液体基盤の問題にも容易に拡張することができる[3]．まず最初に問題を古典的に扱い，競合する表面張力の簡単な解析から，固体上の液滴の接触角がどのように決まるかを示す．次にこの古典論が，問題のより微視的な記述とどのように関係しているかを示す．特に，固体基盤上に存在する液体層のプロファイルの理論を用いて，巨視的な液滴が固体との間で作る接触角を，液滴間領域の基盤を覆っている液体の薄膜の厚さと関係付ける．最後に，実験の多くは非平衡の効果を含んでいることから，ぬれのダイナミクスについて議論し，さらにぬれにおけるパターン形成に関する最近の研究について触れる．

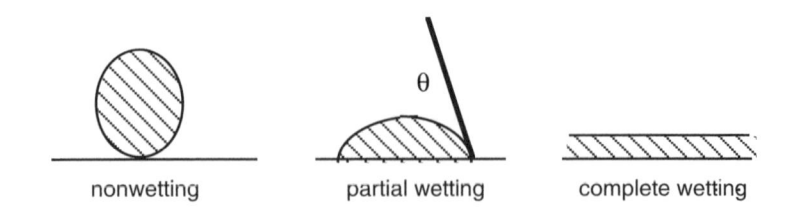

図 4.1: 固体基盤上の液滴．完全ぬれ (complete wetting) は接触角 $\theta = 0$，部分ぬれ (partial wetting) は $0 < \theta < \pi$，非ぬれ (nonwetting) は $\theta = \pi$ で特徴付けられる．

4.2 平衡状態：巨視的な記述

完全ぬれと部分ぬれ

最初に，蒸気と平衡状態にある液滴に覆われた固体基盤を考えることから始める．話を簡単にするため，基盤は完全であるとし (完全に滑らかな固体表面)，蒸気は非常に希薄でほぼ真空であると考える．液滴が固体表面上に置かれた時，二つの競合する効果がある．固体基盤との相互作用のために，液滴は広がった方がエネルギー的に得であり，その結果，表面をぬらす．しかし，液滴が広がると，液体と蒸気の接触している面積が大きくなる．そのため，液滴と蒸気間の表面張力エネルギーが大きくなり，ぬれ層が不安定化することがある．固体表面との相互作用が支配的になると (例えば気体・固体の界面よりも液体・固体の界面の方が望ましい固体表面の場合) 完全ぬれが起こり，表面張力の項が支配的になると部分ぬれが起こる．これらはそれぞれ図 4.1 に示してある．

部分ぬれが起こる場合には，接触角 θ を定義することができて，これは

4.2. 平衡状態：巨視的な記述

平衡状態では巨視的な力の釣り合いで決まる．これを計算するために，接触線を微小距離だけ動かした時のエネルギー変化を考え，平衡状態で力の釣り合いが成り立つために，エネルギーがこの変位に対して停留的であることを要求する．単位面積当りのエネルギーを以下のように定義する．すなわち固体と液滴間を γ_{sl}，固体と蒸気 (真空) 間を γ_{sv}，液滴と蒸気間 (つまり液滴の表面張力) を γ とする．図 4.2 に示すように，無限に長いくさび型の領域を考え，基盤 (法線方向は $\hat{z}$ 方向) の近傍で液滴が接触角 θ で交わっているとする．接触線を $\hat{x}$ 方向に dx だけ動かすと，表面は面積 Ldx だけ蒸気にさらされることになる．ただし，L は $\hat{y}$ 方向の系の大きさである．液体と固体の接触は蒸気にさらされた分の面積だけ少なくなるので，この移動に必要な自由エネルギーは $(\gamma_{sv} - \gamma_{sl})Ldx$ となる．さらに，液体と蒸気が接している面積は $L\cos\theta dx$ だけ減る．よって，表面自由エネルギーの変化 dF は

$$dF = L(\gamma_{sv} - \gamma_{sl} - \gamma\cos\theta)\,dx \tag{4.1}$$

で与えられる．$dF/dx = 0$ の条件は $\hat{x}$ 方向の力の釣り合いを意味するので

$$\cos\theta = \frac{\gamma_{sv} - \gamma_{sl}}{\gamma} \tag{4.2}$$

を得る．これが有名なヤングの式である[4]．

　固体・液体の表面張力 γ_{sl} または液体・蒸気の表面張力 γ が大きくなると，部分ぬれが起こりやすくなる．一方，固体・蒸気の表面張力 γ_{sv} が大きくなると，固体は液体でぬれた方が都合が良いので，完全ぬれが起こりやすくなる．$\gamma_{sl} - \gamma_{sv} > \gamma$ かつ $\gamma_{sl} > \gamma_{sv}$ の時は表面張力が支配的になり，$\pi/2$ より大きな角度を示す部分ぬれしか起こらない．$\gamma_{sv} > \gamma_{sl}$ であるが $\gamma_{sv} - \gamma_{sl} < \gamma$ の時，接触角は $\pi/2$ より小さい．表面張力が小さくなって $\gamma_{sv} - \gamma_{sl}$ が γ に等しくなると，基盤は液体で完全にぬれる．平衡状態を考

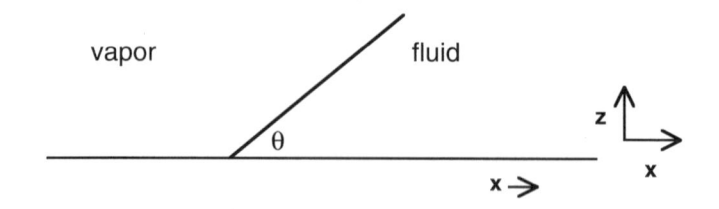

図 4.2: 固体基盤上のくさび型液体．接触角は θ である．

える限り，これら以外のことは起こらない．なぜならば，$\gamma_{sl} + \gamma < \gamma_{sv}$ であれば必ず液体の層が存在することになり，固体と蒸気間の平衡は決して達成されない．つまり，固体と蒸気はその間に巨視的に厚い液体層を形成し，完全ぬれが起こる．ヤングの法則では，巨視的に観測可能な表面張力によって接触角が決まることに注意する必要がある．しかし，層の厚さが減るに従って発散するような長距離の相互作用が働く場合 (例えばファン・デル・ワールス相互作用)，接触エネルギーは変化しうる．次の節では，このような相互作用によってなぜ完全ぬれが起こらなくなるかを示す．

　さらに，幾つかの接触角の実験的観察では，平衡状態を反映していない場合がある．表面に不均一性があると接触角のヒシテリシスが生じ，接触角を動的に測定する際には，ヤングの法則の適用性も変わってくる．接触角のヒシテリシスというのは，接触角を動的に測定する際に，接触線が進行する (つまり固体・液体の接触面積が増える) 場合と後退する (つまり固体・液体の接触面積が減る) 場合とで，異なった接触角が観察されてしまうことを意味する[1]．この接触角のずれは，多くの場合，表面上の不純物によって生じる．不純物は接触線をピン止めし，局所的な接触角を変えてしまう．接触線が有限の速度で動いている場合，このピン止め効果のために

4.2. 平衡状態：巨視的な記述

平衡に達する時間がなく，観測される接触角はこのずれを反映する．従って，平衡の接触角は，速度がゼロに近付く極限で観測された値として注意深く定義されなければいけない．

例題：液滴の形と接触角

接触角を与えるヤングの式は，固体表面上に置かれた (半無限のくさび型ではなく) 有限大の液滴の形を，変分的に取り扱うことからも導くことができる．この関係式を，接触角が小さいという近似のもとで，一次元の場合 (プロファイルは $\hat{x}$ 方向に変化していて，それを $h(x)$ とする) で導きなさい．$\hat{x}$ 方向の液滴の広がりは λ で表され，これは体積を保存するようにセルフコンシステントに決められる．大きな接触角や三次元液滴の場合への拡張は容易である．

[解答] 基盤上の液滴の自由エネルギーは，直接蒸気と接している基盤の自由エネルギーよりも (傾きが小さいという近似では)

$$f = \int_{-\lambda}^{\lambda} dx \left[\gamma_{sl} - \gamma_{sv} + \gamma \left\{ 1 + \frac{1}{2} \left(\frac{\partial h}{\partial x} \right)^2 \right\} \right] \tag{4.3}$$

だけ大きい．ただし，液滴は $-\lambda < x < \lambda$ の間に広がっているとした．自由エネルギーを全断面積が保存されるという制約のもとで最小化する．そこで

$$g = f - \mu \int_{-\lambda}^{\lambda} dx \, h(x) \tag{4.4}$$

を最小化する[1]．ただし，ラグランジュの未定乗数 μ は保存則

$$\int_{-\lambda}^{\lambda} dx \, h(x) = A_0 \tag{4.5}$$

---
[1]式 (4.4) はグランドポテンシャルである．

から決められる．ここで，A_0 は一定の断面積である．

ここで考える小さな接触角の場合には，液滴の形状をあらわに解かなくても，ヤングの法則 (式 (4.2)) を導くことができる．このために，式 (4.4) の条件付きの自由エネルギー g を二つの独立な変数 $h(x)$ と λ の関数と考える．ただし，$h(x)$ について最小化する際には $x = \lambda$ で $h = 0$ でなければいけないので，二つの変数は完全に独立というわけではない．しかし，x 座標をスケールし直して $u = x/\lambda$ と定義すれば，境界条件は

$$h(u = -1) = h(u = 1) = 0 \tag{4.6}$$

と書ける．この境界条件の対称性から，$u = 0$ で $\partial h(u)/\partial u = 0$ が成り立つ．このようにスケール変換することによって，h と λ についての微分を独立に行えるようになる．展性力[2] S を

$$S = -(\gamma + \gamma_{sl} - \gamma_{sv}) \tag{4.7}$$

のように定義する．$S > 0$ は完全ぬれが起こる傾向を示し，$S < 0$ では部分ぬれが起こる．式 (4.4)，(4.7) を使うと

$$g = \lambda \int_{-1}^{1} du \left[-S + \frac{\gamma}{2\lambda^2} \left(\frac{\partial h(u)}{\partial u} \right)^2 - \mu h(u) \right] \tag{4.8}$$

を得る．g を $h(u)$ について汎関数的に最小化すると

$$\frac{\gamma}{\lambda^2} \frac{\partial^2 h(u)}{\partial u^2} = -\mu \tag{4.9}$$

となり，この第一積分は

$$\frac{\gamma}{2\lambda^2} \left(\frac{\partial h(u)}{\partial u} \right)^2 = -\mu h(u) + C \tag{4.10}$$

---

[2] spreading power

4.2. 平衡状態：巨視的な記述

となる．C は定数である．この積分定数は，g を λ について最小化することで決められる．その際，λ を含む勾配項を微分する以外にも全体にかかっている λ についての微分も行わなければいけない．すると

$$\int_{-1}^{1} du \left[-S - \frac{\gamma}{2\lambda^2} \left(\frac{\partial h(u)}{\partial u} \right)^2 - \mu h(u) \right] = 0 \qquad (4.11)$$

となる (勾配項の前の負符号に注意しなさい)．式 (4.10) を式 (4.11) で使うと $C = -S$ となる．式 (4.10) を $h = 0$ となる $u = \pm 1$ で考えると，境界での接触角が決まり

$$\theta = \left(\frac{\partial h}{\partial x} \right)_{x = -\lambda} = \sqrt{\frac{-2S}{\gamma}} \qquad (4.12)$$

となる．これは接触角が小さい極限でのヤングの式と同じものである[3]．

一方，式 (4.4) のグランドポテンシャルを液滴の形について直接に最小化することによって，ヤングの式を導くこともできる．結果的に求まるオイラー・ラグランジュ方程式は

$$-\gamma \frac{\partial^2 h}{\partial x^2} = \mu \qquad (4.13)$$

となり，これは放物型の解

$$h = \frac{\mu}{2\gamma} (\lambda^2 - x^2) \qquad (4.14)$$

をもつ．この解は，$x = \pm \lambda$ で液滴が基盤と接触する ($h(x = \pm \lambda) = 0$) という境界条件を満足する．厳密な解は円の断面 (二次元) または球の断面 (三次元) となる．ここでは，傾きが小さいという近似を用いた．上の解に対応する自由エネルギーは

$$f = 2 \left[\lambda(\gamma + \gamma_{sl} - \gamma_{sv}) + \frac{\mu^2 \lambda^3}{6\gamma} \right] \qquad (4.15)$$

---

[3] ただし $\cos \theta \approx 1 - (\theta^2/2)$ を用いる．

である．ラグランジュの未定乗数 μ は液滴の広がり λ と式 (4.5) で関係しており

$$\frac{2\mu\lambda^3}{3\gamma} = A_0 \tag{4.16}$$

を表している．次に，f を液滴の広がり λ で最小化する．すると

$$\frac{\partial f}{\partial \lambda} = (\gamma + \gamma_{sl} - \gamma_{sv}) + \frac{\mu^2\lambda^2}{2\gamma} + \frac{\mu\lambda^3}{3\gamma}\left(\frac{\partial \mu}{\partial \lambda}\right) = 0 \tag{4.17}$$

となる．式 (4.16) から

$$\frac{\partial \mu}{\partial \lambda} = -\frac{3\mu}{\lambda} \tag{4.18}$$

となるので，式 (4.17) は

$$(\gamma + \gamma_{sl} - \gamma_{sv}) - \frac{\mu^2\lambda^2}{2\gamma} = 0 \tag{4.19}$$

となる．ここで接触角は

$$\theta = \left(\frac{\partial h}{\partial x}\right)_{x=-\lambda} = \frac{\mu\lambda}{\gamma} \tag{4.20}$$

である．従って，式 (4.19)，(4.20) から

$$\theta = \sqrt{\frac{-2S}{\gamma}} \tag{4.21}$$

となる．ここで，展性係数 S は式 (4.7) で定義されている．

ここで考えた小さな接触角というのは $S \approx 0$ を意味し，このためには $\gamma_{sl} - \gamma_{sv} < 0$ でなければならない．上で求めた表式は，式 (4.2) において接触角が小さいとして，$\cos\theta \approx 1 - (\theta^2/2)$ と近似したものと同じである．ヤングの式は巨視的に導出する方が簡単ではあるが，ここで説明した方法ではプロファイルをセルフコンシステントに解いており，以下で説明するように，液体と蒸気と基盤間の相互作用を含むような場合にも一般化することができる．

4.3 長距離相互作用：巨視的な理論

長距離力

　これまでは，固体の基盤が液滴によって部分的にぬれるかまたは完全にぬれるかを決めるために，表面張力と液体・基盤の相互作用の競合を考えた．完全ぬれの場合，固体と蒸気間の液体層の厚さは物質の量だけで決まる．無限に広い基盤上に有限量の液体がある場合，液体は単分子層の状態で表面をぬらす．しかし，長距離力が働く場合には，膜がある特定の厚さをもつ時に自由エネルギーは最小値をとることができるようになる．ファン・デル・ワールス相互作用が存在する場合の，液滴の幾つかの可能な形状に関する最近の議論は文献5で述べられている．ここでは最も簡単な場合として，無限に広い基盤上で完全ぬれが起こる場合について考える．

ファン・デル・ワールスのエネルギー

　最適な厚さを見積もるために，薄膜のファン・デル・ワールスのエネルギーを考える．5章で説明するように，ファン・デル・ワールスのエネルギーは物質内の分極ゆらぎから生じるもので，すべての物質に存在する．二分子間の微視的なファン・デル・ワールスのエネルギーは，誘起双極子間の相互作用から生じる．静的な近似(光が有限の速度で伝播することが無視できる近似で，およそ800Å以下の距離で適用可能)のもとでは，距離とともに$1/r^6$で変化する．厚みをもった薄膜の場合，相互作用は$1/r^6$よりも早く減衰する．厚さhの薄膜中のすべての分子対に関して非遅延相互作用の積分を行うと，最終的な相互作用エネルギーは

$$V(h) = \frac{A}{12\pi h^2} \tag{4.22}$$

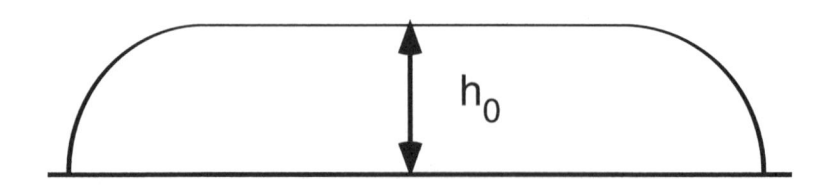

図 4.3: ファン・デル・ワールス相互作用によって厚くなることを考慮した時に形成されるパンケーキ型の液滴. 本文中で説明してあるように, 最大の高さ h_0 はハマカー定数と界面エネルギーの両方の関数である.

となる. 係数 A (ハマカー定数) の符号は液体と基盤の両方の誘電関数で決まる. ここでは $A > 0$ の場合を考える. この場合, 膜は厚くなろうとする傾向をもつ. これは, 表面相互作用の効果と競合する. 表面相互作用によって膜は薄くなり, 表面を完全に覆おうとする傾向をもつ.

ぬれのプロファイル：完全ぬれ

ここでは, ファン・デル・ワールス相互作用が働く時の完全ぬれ (展性力が $S \geq 0$ を満たす) について考えよう. ファン・デル・ワールス相互作用は膜を厚くする傾向をもつ. 従って, 無限に広い基盤上で有限量の液体が広がる時, 薄膜の平衡プロファイルは単分子膜状ではなく『パンケーキ』型になり, 厚さが最大値をもつようになる (図 4.3 を見よ). この厚さは表面張力とファン・デル・ワールスのエネルギーの釣り合いで決まる.

話を簡単にするために, 二次元の液滴を考える (つまり液滴と蒸気間の界面は一次元的である). 基盤の面積は液滴のサイズより大きいかまたは等

4.3. 長距離相互作用：巨視的な理論

しいとして，液滴のプロファイルに対して制約を与えないと仮定する．基盤上の液滴の自由エネルギーは

$$f = \int_{-L}^{L} dx \left[-S + \frac{1}{2}\gamma \left(\frac{\partial h}{\partial x} \right)^2 + V[h(x)] \right] \tag{4.23}$$

で与えられる．ここでは，接触角が小さい場合の表面張力の表式を用いた．またファン・デル・ワールスのエネルギーは薄膜の「局所的」な厚さに依存していると仮定した．これは，空間的に依存する厚さ $h(x)$ で表されるような一様な薄膜の表式を用いているからである．この近似は厚さが空間的にゆっくりと変化する極限で正しい．液滴は $x = -L$ から $x = L$ の間に広がっている．S は基盤との相互作用と表面を平らにしようとするエネルギーを含んでおり，以前に定義したように $S = \gamma_{sv} - \gamma_{sl} - \gamma$ である．物質の総量が保存されるという制約のもとで (これから L も決まる) f を最小化する．すなわち

$$g = f - \mu \int_{-L}^{L} dx\, h(x) \tag{4.24}$$

を最小化する．プロファイル $h(x)$ について g を変分すると，オイラー・ラグランジュ方程式

$$\gamma \frac{\partial^2 h}{\partial x^2} = -\Pi[h] - \mu \tag{4.25}$$

を得る．ここで，$\Pi[h] = -\partial V/\partial h$ は分離圧[4] と呼ばれる．式 (4.25) に $\partial h/\partial x$ を掛けて積分すると

$$\frac{\gamma}{2} \left(\frac{\partial h}{\partial x} \right)^2 = V[h] - \mu h + C \tag{4.26}$$

を得る．式 (4.26) において式 (4.10) の後と同様な議論を繰り返せば，C は $-S$ に等しいことがわかる．真ん中の点 $x = 0$ においてプロファイルは対称である．$h(0) = h_0$ と定義すれば $V(h_0) - \mu h_0 - S = 0$ となり，μ が h_0

---

[4] disjoining pressure

の関数として与えられる．実際のプロファイルは式 (4.26) を積分して得られ，x/λ が h/h_0 の関数として与えられる．x と関連するスケールは距離 $\lambda = h_0^2/(\sqrt{3}a)$ である．ここで，a はファン・デル・ワールスのエネルギーと表面張力の競合から決まる長さである．すなわち

$$a = \sqrt{\frac{A}{6\pi\gamma}} \tag{4.27}$$

であり，典型的な物質で約 3Å である．平衡の高さ h_0 を計算するために，V と S で表した μ の表式と式 (4.25) を用いる．$x = 0$ では曲率が $\partial^2 h/\partial x^2 \approx 0$ ($L \to \infty$ でゼロになる) であるとすると

$$h_0 = a\sqrt{\frac{3\gamma}{2S}} = \sqrt{\frac{A}{4\pi S}} \tag{4.28}$$

は A と S にしか依らない[5]．なぜならば，h_0 はファン・デル・ワールスのエネルギーと接触のエネルギーのバランスで決まるからである．$S > 0$ の値が大きくなると液滴の広がる傾向が強くなることを思い起こせば，S を小さくするかまたは A か a を大きくすると，膜が厚くなることがわかる．ここでの計算によって，h_0 には最適値が存在して，ぬれ転移点では一次転移的 (不連続的) にこの値に『とぶ』ことになる．

4.4 接触線のゆらぎ

実際に興味のある問題の多くの場合では基盤は無限に滑らかではないし，また化学的に一様でもない．構造的，化学的な乱れは，接触角とぬれのプロファイルの局所的な変化をもたらす．三次元的なくさびが基盤に対してある決まった接触角で接していて，その接触している位置が直線であるよ

---

[5] 式 (4.25)，(4.26) で $h = h_0$ とおいて μ を消去すれば良い．それぞれの左辺はゼロである．

4.4. 接触線のゆらぎ

うな部分ぬれを考える．しかし，乱れのせいで三相の接触線は空間的に動き回る．これは，接触線の局所的な位置と局所的な接触角の両方が，変化する表面エネルギーの値とともに表面上でゆらぐからである．界面は，その自由エネルギーが下がるような最適な表面上の位置と接触角を『見つける』のである．これは広がりのダイナミクスにも重要な影響を与える．すなわち局所平衡によって接触線がピン止めされ，接触角のヒステリシスが生じる (文献 1 を見よ)．

ここでは，接触角とくさびのプロファイルに及ぼす不均一性の静的な効果に着目する．液滴が化学的に不均一な表面をもつ基盤と接触しているとして，接触線の位置の相関の減衰 (揺れ動き) を計算する[1,6]．化学的な不均一性のために，固体・蒸気と固体・液体の表面張力は平均の値からランダムな関数 $w(x,y)$ だけ変化しているとする．ただし，その相関は $\langle w(x,y) \rangle = 0$ (すなわち表面張力のゆらぎの平均はゼロ) と

$$\langle w(x,y)\, w(x',y') \rangle = w_0^2\, e^{-|\vec{r}|/\xi} \tag{4.29}$$

で与えられるとする．ここで，$\vec{r}^2 = (x-x')^2 + (y-y')^2$，$\xi$ は表面不純物の相関距離である．

図 4.4 のようにくさび型の液体を考え，不純物のない完全な基盤上での接触線は $x=0$ で与えられる $\hat{y}$ 方向の直線であるとする．完全な固体表面が蒸気および液体と接触する時の表面張力をそれぞれ $\gamma_{sv}^{(0)}$ と $\gamma_{sl}^{(0)}$，平衡の接触角を θ_0 とする．不均一な基盤の場合，接触線は $x = X(y)$ で与えられ (図 4.4 を見よ)，$-\infty < x < X(y)$ の領域は蒸気で覆われ，$X(y) < x < \infty$ の領域は液体で覆われている系の接触のエネルギー (つまり固体基盤との相互作用) は

$$F_s = \int dy \int_{-\infty}^{X(y)} dx\, \gamma_{sv} + \int dy \int_{X(y)}^{\infty} dx\, \gamma_{sl} \tag{4.30}$$

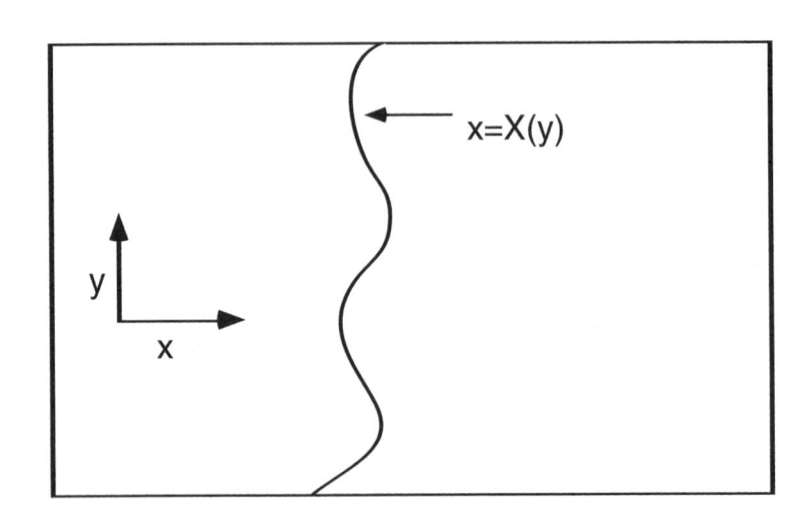

図 4.4: くさび型液体を上から見た図. その接触線は $\hat{y}$ 方向に $x = X(y)$ で変化する境界に沿って表面とぶつかる. 右側の領域は ($\hat{z}$ 方向に向かって局所的にくさび型の形をもつ) 液体で覆われており, 左側の領域は蒸気で覆われている.

である. y についての積分は系全体にわたるとし, その $\hat{y}$ 方向の長さを L とする. 不均一な基盤と完全な基盤の接触エネルギー差は

$$\Delta F_s = \int dy \int_0^{X(y)} dx \, w(x,y) \tag{4.31}$$

となり, $w(x,y)$ は

$$w(x,y) = \gamma_{sv} - \gamma_{sl} - \left(\gamma_{sv}^{(0)} - \gamma_{sl}^{(0)}\right) \tag{4.32}$$

である[6]. ここでは定数項を無視し, 固体・蒸気と固体・液体間の表面張

---
[6] ΔF_s は式 (4.30) と式 (4.30) 中の γ_{sv} と γ_{sl} をそれぞれ $\gamma_{sv}^{(0)}$ と $\gamma_{sl}^{(0)}$ で置き換えたものとの差として与えられる.

4.4. 接触線のゆらぎ

力のゆらぎの平均はゼロである[7]ということを使った．接触線が $x = 0$ であるようなきれいな表面に対する摂動として乱れの効果を扱う．接触線 $x = X(y)$ に乱れが存在する場合の表面エネルギーの値を，$x = 0$ での値で近似する．よって，$w(x, y)$ の中の変数を $x = 0$ とおき

$$\Delta F_s \approx \int dy \, X(y) \, w(0, y) \tag{4.33}$$

と近似する．

次に液体・蒸気間の界面のエネルギーを考える．この界面の形は接触線のゆらぎによって変形する．不均一な基盤上で高さ $h(x, y)$ にある界面のエネルギーと，完全なくさび型の領域のエネルギーとの差は

$$\Delta F_v = \frac{1}{2}\gamma \int dy \int_{X(y)}^{\infty} dx \, [h_x^2 + h_y^2 - \theta_0^2] \tag{4.34}$$

で与えられる．ここで，$h_x = \partial h/\partial x$ である．自由エネルギーの全変化 ΔF は

$$\Delta F = \Delta F_s + \Delta F_v \tag{4.35}$$

である．

このエネルギーは二つの自由度，すなわち $h(x, y)$ と $X(y)$ について最小化されなければいけない．それぞれの量は揺らいでいる界面の形と位置を決めている．接触線 $X(y)$ は空間的には変化しているが，それで「固定」されているとして，最初に ΔF を液体・蒸気間の界面の形 $h(x, y)$ について最小化する．それより，$\delta \Delta F / \delta h(x, y) = 0$ は

$$h_{xx} + h_{yy} = 0 \tag{4.36}$$

を意味する．境界条件として，(i) $h(X(y), y) = 0$ と，(ii) $x \to \infty$ で $h(x, y)$ は非摂動の値に近付くということを用いる．$X(y)$ と $h(x, y)$ の両方を $\hat{y}$ 方

---

[7]式で表現すると，すべての x に対して $\int dy \, w(x, y) = 0$ ということを意味する．

向に波数 q でフーリエ変換し, 式 (4.36) を用いると, 各フーリエ成分に対して $h(x,q) \sim \exp(-|q|x)$ となる. これをすべてのフーリエ成分について足し合わせ, 境界条件が満たされるように定数を選び, $X(y)$ の一次の項までとると (すなわち $|q|X(q) \ll 1$ を仮定する), 解は

$$h(x,y) = \theta_0 \left[x - \frac{1}{\sqrt{L}} \sum_q X(q)\, e^{iqy}\, e^{-|q|x} \right] \tag{4.37}$$

となる[8]. ここで, L は $\hat{y}$ 方向の系の大きさである. x が大きければ, このプロファイルの表式は非摂動のくさび型のプロファイルと一致する. x が小さい時には $x = X(y) \approx 0$ で, $e^{-|q|x} \approx 1$ と近似でき (なぜならば, プロファイルの表式はすでに $X(y)$ の一次のオーダーであるから), $x = X(y)$ で $h = 0$ という境界条件も満たされていることがわかる.

これまでは, 接触線の位置 $X(y)$ を固定した上でエネルギーを最小化して液体・蒸気間の界面の形を求めた. 次に, 式 (4.37) の形に対する自由エネルギーを求め, それを最小化することで最適な $X(y)$ を求める. そこで, 式 (4.37) を表面エネルギーの式 (4.34) に代入し, x 座標について $x = X(y) \approx 0$ から積分を行うと ($h(x,y)$ の表式の中にすでに $X(y)$ に比例した項があるから), 界面自由エネルギーの変化 ΔF_v は

$$\Delta F_v = \frac{\gamma \theta_0^2}{2} \sum_q |q|\, |X(q)|^2 \tag{4.38}$$

のように求まる. 式 (4.33) をフーリエ変換し, $w(0,y)$ の $\hat{y}$ 方向のフーリエ変換を $w(q)$ と定義すると, 表面自由エネルギーの変化 ΔF_s は

$$\Delta F_s = \sum_q w(-q)\, X(q) \tag{4.39}$$

と書ける. 単位長さ当りの全自由エネルギー $\Delta F = \Delta F_s + \Delta F_v$ を, 接触

---

[8] $X(q)$ は $X(y)$ をフーリエ変換したものである.

4.4. 接触線のゆらぎ

線の座標のフーリエ成分 $X(q)$ で最小化すると

$$X(q) = -\frac{w(q)}{|q|\gamma\theta_0^2} \tag{4.40}$$

となる．界面は，全自由エネルギーが最小化されるように表面の不純物に対して最適化された位置をとる．

3章のラフニングに関する説明の類推から，距離 y にわたる接触線の位置のふらつきを表す相関関数は

$$\Delta^2(y) = \left\langle [X(y) - X(0)]^2 \right\rangle = \frac{2}{L}\sum_q (1 - \cos qy) \left\langle |X(q)|^2 \right\rangle \tag{4.41a}$$

で与えられる．ただし，ここでの平均は熱ゆらぎに関する平均ではなく，表面の不純物による乱雑性についての平均である．よって

$$\Delta^2(y) = \frac{2}{L\gamma^2\theta_0^4}\sum_q (1 - \cos qy)\frac{\langle |w(q)|^2 \rangle}{q^2} \tag{4.41b}$$

となる．もしも $w(x,y)$ が式 (4.29) のような空間相関をもつならば，簡単なスケーリング解析から

$$\Delta^2(y) \sim \frac{w_0^2}{\gamma^2\theta_0^4}\xi y \tag{4.42}$$

が示せる[9]．

表面エネルギーのゆらぎは ξ で与えられる特徴的な長さのスケールをもっているにもかかわらず，界面のラフネスの二乗平均は ξ^2 に比例するのでは「なく」，二点間の距離に依存するようなより長距離的な関数 ξy に比例することに注意せよ．これは，接触線のゆらぎによって生じた蒸気・液体の界面の変形が，接触線に沿った異なる二点間に実効的な長距離相互作用を誘起するからである．よって，界面の位置のゆらぎの二乗平均の平方根は二点間の距離の平方根に比例する．この振舞いは，接触線の「熱的」なゆらぎがその位置のゆらぎを誘起する場合と似ている．

---

[9] 章末問題 1 を参照せよ．

4.5 平衡状態：微視的な記述

固体・液体・蒸気の共存

完全ぬれは，固体基盤と蒸気間に存在する巨視的な液体の薄膜として特徴付けられることがわかった．一方部分ぬれは，くさび型の液体や有限の大きさの液滴で覆われた固体基盤として巨視的に特徴付けられる．巨視的な描像では，固体基盤の残りの部分は蒸気と接触している．液体と蒸気の二状態しか考えないような巨視的な視点では，これ以上のことは言えない．しかし，固体との相互作用を考えると，基盤の近傍における分子の局所的な密度は液体や蒸気の密度とは大きく異なる．次のような場合を考える．(i) 固体基盤との相互作用が斥力で，基盤上で分子は「低密度」の状態を好む場合．これは気体に対応する．この場合には固体・蒸気間で平衡が成り立っており，液体が小さな接触角で基板をぬらすことは起こらないであろう．(ii) 固体基盤との相互作用が引力で，「高密度」の液体の状態を好む場合．この場合には固体・液体・蒸気間で平衡が成り立つ可能性がある．その際，基盤上には液体の薄膜ができて，その密度は蒸気の密度よりは大きいが，バルクの液体相の密度とは異なる．間に存在する液体層が巨視的な厚みをもつ場合には完全ぬれが起こる．一方，間に存在する液体層が巨視的には厚くない場合，それは巨視的な液体相と共存することができる．両方の相をセルフコンシステントに扱うことで，液体層の厚さ，くさび型のバルクや液滴の接触角を予測することができる．

ぬれのモデル：一様な被覆

基盤が『液体』の層で一様に覆われているが，この層が必ずしも液体の密度と平衡になっていない場合を最初に考える．一般的に，『液体』層の密

4.5. 平衡状態：微視的な記述

度は蒸気に近付く方向に向かって一様ではない．つまり，基盤に垂直な方向を $\hat{z}$ 方向とすると，層の密度は $\hat{z}$ とともに変化する．まず，層の厚さと液体分子・基盤間の相互作用の間の関係を知ることを最初の目的とする．基盤上の液体の単位面積当りの自由エネルギー f_s は，ビリアル展開の形で与えられるとする．

$$f_s[n_s] = a_0 - a_1 \frac{n_s}{(n_\ell - n_v)} + \frac{1}{2} a_2 \frac{n_s^2}{(n_\ell - n_v)^2} \cdots \quad (4.43)$$

ここで，一般に $n(\vec{r})$ は固体上 ($z>0$) の液体・蒸気の密度，$n_s = n(x,y,z=0)$ は固体表面上での液体の密度，n_ℓ と n_v はそれぞれ平衡状態にあるバルクの液体と蒸気の密度である．式 (4.43) では，n_s のすべての係数が表面張力と同じ次元 (単位面積当りのエネルギー) をもつように，(バルクの自由エネルギーから決まる) $(n_\ell - n_v)$ で展開を規格化した．この展開の第一項は定数で，第二項は ($a_1 > 0$ ならば) 分子と表面間の引力を表している．(もしも分子と表面間に斥力が働くと，基盤表面の近傍に液体層が存在することは非常に難しいことに注意せよ．) 第三項は表面に吸着した分子間の (斥力でも引力でもあり得る)『排除体積』的な相互作用を表している．話を簡単にするために，この相互作用が斥力 ($a_2 > 0$) である場合を考え，吸着した分子が液体・気体の相分離を起こすような複雑な状況は起こらないとする．

　単位面積当りの全自由エネルギー f_t は，f_s および液体・蒸気間界面の単位面積当りの自由エネルギーから成る．平衡状態では保存則を満たすように全自由エネルギーが最小化される．すなわち化学ポテンシャルが一定の状況を考える．2 章の気体・液体の界面で説明したように，界面プロファイルを計算するために用いた最小化すべきバルク自由エネルギーは，単位面積当りのグランドポテンシャル g_s である．それは

$$g_s = \int dz \left[W[n(z)] + \frac{1}{2} B |\nabla n(z)|^2 \right] \quad (4.44)$$

と書ける[10]．ここで，W は化学ポテンシャルも含み，一様なバルク相のグランドポテンシャルを差し引いている．式 (4.44) では特に一次元的なプロファイルの場合を考えており，$g_s = G_s/A$ は単位面積当りの自由エネルギーである．g_s の表式には界面の勾配エネルギー，および平衡状態にあるバルクの気体や液体の局所的自由エネルギーと任意の密度変化をもつ時の局所的自由エネルギーとの差の両方が含まれる．気体・液体の平衡の場合には

$$W = c(n - n_v)^2(n - n_\ell)^2 \tag{4.45}$$

であることを 2 章で述べた[11]．ここで，n_v と n_ℓ は平衡での気体と液体の密度であり，c は臨界密度に関係した定数で，エネルギーに体積の三乗を掛けた次元をもっている．

自由エネルギーの最小化

以下で与えられる単位面積当りの全グランドポテンシャル

$$g_t = f_s[n_s] + g_s \tag{4.46}$$

を考える．これは，空間的に変化する密度 $n(z)$ と表面上での密度 $n_s = n(z=0)$ に依存している．従って，最初に表面密度 n_s を「固定」して $n(z)$ に関して最小化することで，任意の表面密度に対するプロファイルを求める．これは g_s のみに依存する．その後にこの $n(z)$ を使って再び g_t を最小化して，局所的な表面密度を求める．ここでは f_s も g_s も n_s に依存するので，両方からの寄与がある．

g_s を $n(z)$ について最小化して求まるオイラー・ラグランジュ方程式は

$$B\frac{\partial^2 n}{\partial z^2} = \frac{\partial W}{\partial n} \tag{4.47}$$

---
[10]式 (2.25) を参照せよ．
[11]式 (2.42) を参照せよ．

4.5. 平衡状態：微視的な記述

である．両辺に $\partial n/\partial z$ を掛けると

$$\frac{1}{2} B \left(\frac{\partial n}{\partial z} \right)^2 = W[n(z)] \tag{4.48}$$

を得る．ただし，勾配項がゼロになる液相や気相では $W = 0$ という境界条件を使った．式 (4.48) を自由エネルギーの式に入れ直すと

$$g_t = f_s[n_s] + \int_{n_b}^{n_s} dn \sqrt{2WB} \tag{4.49}$$

となる．ここで，n_b は (液体または気体の) バルク密度である．

次に式 (4.49) を n_s について最小化して表面密度 n_s を求める．これから二種類の解を得る．(i) $n_s \ll n_\ell$ の場合．この時，表面には気体層があり，固体・蒸気間に液体のぬれ層は存在しない．(ii) $n_s \approx n_\ell$ の場合．この時，固体上に液体のぬれ層があり，その密度はバルクの液体密度と同程度である．この場合，$\partial g_t/\partial n_s = 0$ の解が一つであれば，液層による完全ぬれが起こることを示している．もしも方程式の (安定な) 解が二個存在すれば，部分ぬれが起こる．この場合，二つの解は，基盤と接触している薄膜がくさび型の液相と共存することに対応している．(薄膜の領域での表面密度はくさび中での表面密度より小さい．) この巨視的な領域の接触角と薄膜の厚さの関係については以下で議論する．

薄膜のプロファイル

プロファイルの計算は，2 章で説明したバルクの気体・液体間の界面と同様である．$n_v < n_s < n_\ell$ の場合を考える．式 (4.48) と式 (4.45) の W の形から

$$\frac{\partial n}{\partial z} = \pm \sqrt{\frac{2c}{B}} (n - n_\ell)(n - n_v) \tag{4.50}$$

を得る．

$$\Delta = \frac{n_s - n_v}{n_\ell - n_s} > 0 \tag{4.51}$$

と定義すると，$z=0$ で $n=n_s$ という境界条件 (この点が 2 章におけるバルクの共存の場合と異なる) で式 (4.50) を解くことができる．その結果

$$n(z) = \frac{(n_v - n_\ell) + n_\ell(1 + \Delta\, e^{-z/\xi})}{1 + \Delta\, e^{-z/\xi}} \tag{4.52}$$

となり，ξ は

$$\xi = \sqrt{\frac{B}{2c}}\,(n_\ell - n_v)^{-1} \tag{4.53}$$

である．もしも $n_s \gg n_v$ であれば

$$n(z) = n_\ell \left[e^{(z-z_0)/\xi} + 1 \right]^{-1} \tag{4.54}$$

であり，z_0 は

$$z_0 = \xi \log\left(\frac{n_s}{n_\ell - n_s} \right) \tag{4.55}$$

である．この関数のおよその形は図 4.5 に示してある．まず，ほぼ一定の密度 $n_s \approx n_\ell$ をもつ厚さ z_0 の薄膜があり，その後，密度は減少し気相密度に接近する．厚さ z_0 は表面密度と直接関係していて，$n_s \to n_\ell$ で対数的に増加する．これは表面相互作用やバルクの密度，相関長から決まり，巨視的な量では「ない」(すなわち系の大きさとともに増加しない)．

温度の変化で薄膜の厚さ z_0 を増加させることができる．以下のような場合を考える．すなわち n_s はあまり温度に依存しないが，通常の液体・気体の転移のように，相分離の転移温度に近付くと液体の密度 $n_\ell(T)$ が減少するとしよう．すると，低温 ($n_\ell \gg n_s$) で薄膜の厚さ z_0 が有限である状態から $n_\ell(T_w) = n_s$ を満たす高い温度 T_w になると，無限に厚い層の状態に転移する．以下では，この (有限の厚さ z_0 の) 薄膜が蒸気およびバルクの液体相と「共存」することを示す．この時，バルクの液体相はくさび型をとり，z_0 と関係した平衡の接触角で基盤と接触している．(これは通常のバルクの共存とは若干異なっている．通常はそれぞれの領域の特定の幾何学的関係は考えない．) 温度がぬれ転移温度 T_w に近付いて $n_\ell(T_w) \to n_s$

4.5. 半衡状態：微視的な記述

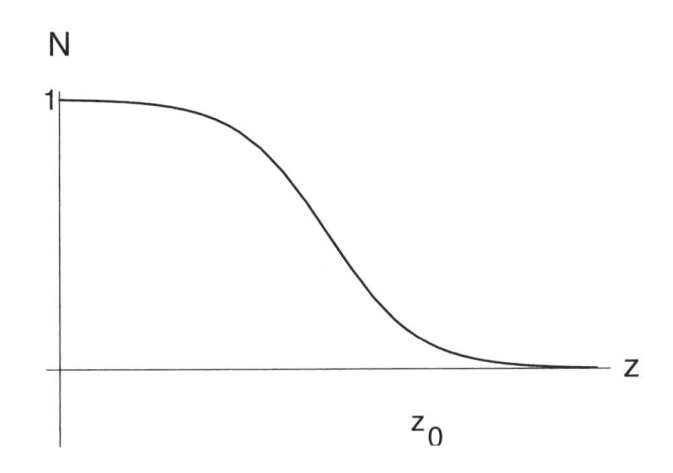

図 4.5: 固体基盤と気体・液体の系の界面プロファイル．本文中で定義されているように，$N = n/n_\ell$（平衡の液体密度でスケールされた密度）および $Z = z/\xi$ である．曲線は $n_v \ll n_\ell$ の場合の計算である．

となると液体層の厚さは発散し，固体と蒸気間に巨視的に厚い液体層が形成される．すなわち完全ぬれへの転移が起こる．以下の議論でわかるように，この転移は必ずしも連続的ではない．

薄膜の厚さのぬれ転移

ここでは薄膜が $\hat{x}$ 方向に一様である場合に，表面での密度の平衡値，そして薄膜の平衡の厚さを決める．局所的なグランドポテンシャル W には式 (4.45) を使い，式 (4.49) の積分を行うと，単位面積当りの全自由エネルギーは

$$g_t = f_s + \gamma \left[1 - 3\tilde{\psi}^2 + 2\tilde{\psi}^3 \right] \tag{4.56}$$

となる．ここで，
$$\tilde{\psi} = \frac{n_\ell - n_s}{n_\ell - n_v} \tag{4.57}$$

であり，
$$\gamma = \int_{n_v}^{n_\ell} dn \sqrt{2WB} \tag{4.58}$$

は2章で定義した気体・液体の界面張力になっている[12]．これは n_s に依らない量である．式 (4.43) の最初の三つの項を微小量 $\tilde{\psi}$ に関して展開すると

$$f_s[n_s] = f_s[n_\ell] + \left[a_1 - \frac{a_2 n_\ell}{(n_\ell - n_v)}\right]\tilde{\psi} + \frac{a_2}{2}\tilde{\psi}^2 \tag{4.59}$$

となる．ここで，$f_s[n_\ell]$ は n_s には依らず，バルクの液体密度だけで決まる．

比較的厚い膜の場合，$\tilde{\psi}$ は小さい．式 (4.55) より
$$\tilde{\psi} = \frac{\psi}{1+\psi} \tag{4.60}$$

と書くことができ，ψ は
$$\psi = \exp(-z_0/\xi) \tag{4.61}$$

である．式 (4.56), (4.59), (4.60) から，局所的な厚さ z_0 が大きい場合には，小さな ψ について展開することできて

$$g_t = f_s[n_\ell] + U[\psi] \tag{4.62a}$$

となる．ここで，
$$U[\psi] \approx \gamma + \alpha\psi + \frac{1}{2}\beta\psi^2 + \frac{1}{3}\Delta\psi^3 \tag{4.62b}$$

である．上式において
$$\alpha = a_1 - a_2' \tag{4.63a}$$

---
[12] $\gamma = (\sqrt{2Bc}/6)(n_\ell - n_v)^3$ である．

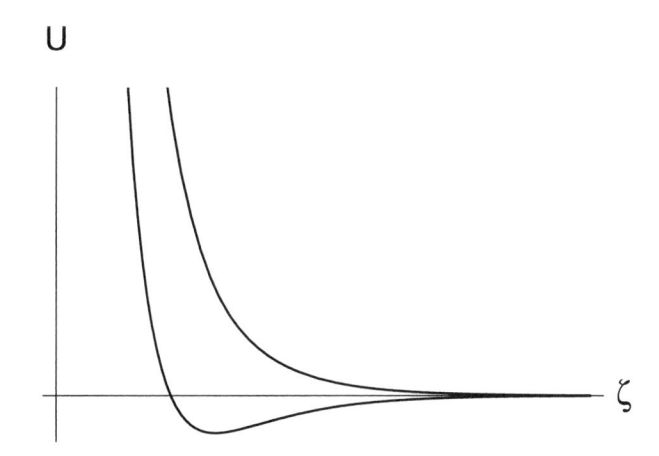

4.5. 平衡状態：微視的な記述　　　　　　　　　　　　　　　　　　145

[図: 縦軸 U、横軸 ζ のグラフ]

図 4.6: 局所的自由エネルギー U を無次元化された薄膜の局所的な厚さ $\zeta = z_0/\xi$ の関数としてプロットしたもの．プロットは $\beta > 0$ の場合で，薄膜の厚さに対して二次のぬれ転移を示す．α がゼロを通過するのにともない，有限の ζ における極小が連続的に無限大に移行する．

である．ただし，$a_2' = a_2 n_\ell/(n_\ell - n_v)$ であり，臨界点から十分に離れていればほぼ a_2 に等しい．さらに

$$\beta = -2(a_1 - a_2') + a_2 - 6\gamma \tag{4.63b}$$

$$\Delta = 3(a_1 - a_2) - 3a_2' + 24\gamma \tag{4.63c}$$

であることがわかる．パラメータ a_1, a_2, a_2', γ の関係によって，係数 α, β, Δ の符号は変わり得る．自由エネルギーの局所的な部分 $U[\psi]$ を式 (4.61) によって ψ と関係付けられる厚さ (z_0) について最小化すると，二次転移 ($\alpha \approx 0$, $\beta > 0$) または一次転移 ($\alpha \approx 0$, $\beta < 0$ で $\Delta > 0$) の性質をも

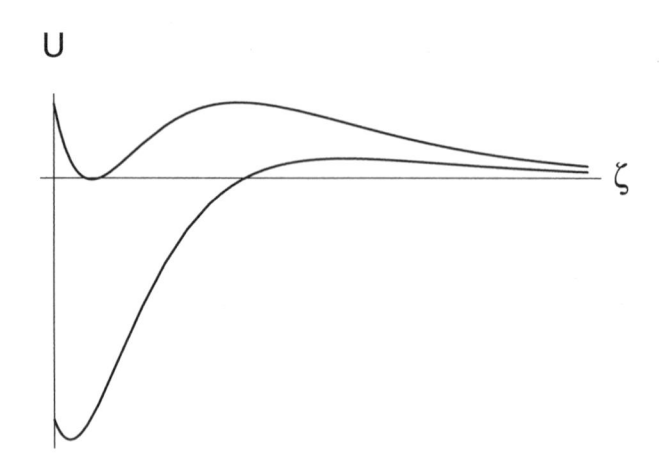

図 4.7: 局所的自由エネルギー U を無次元化された薄膜の局所的な厚さ $\zeta = z_0/\xi$ の関数としてプロットしたもの．プロットは $\beta < 0$ の場合で，α が小さい時，薄膜の厚さに対して一次のぬれ転移を示す．有限の ζ における極小は，α が臨界値をとる時に $\zeta \to \infty$ における全体としての極小に不連続的にとぶ．

つことがわかる (図 4.6 と図 4.7 を見よ).

　従って，薄膜の平衡の厚さは有限 (ψ についての U の最小化が有限の z_0 と ψ で起こる)，または無限大 (ψ についての U の最小化が $z_0 \to \infty$ または $\psi = 0$ で起こる) となる．この転移では，α または温度を変えた時に，z_0 が連続的に変化する場合もあれば，不連続的にとぶこともある．より一般的な表面相互作用 (例えば長距離のファン・デル・ワールス相互作用) の場合，一般に U は一次転移を示す．なぜならば，その場合 U は基盤との非常に近距離的な相互作用 (ψ のべきで表される項) と，z_0 の逆べきで変化する長距離的な相互作用から成り立っているからである (本章の章末問題

薄膜とくさび型液体の共存：部分ぬれ

これまでの議論では薄膜の密度は $\hat{z}$ 方向だけに変化するとし，特徴的長さのスケール z_0 を導いた．これによって，薄膜の厚さが表面での密度および平衡の液体密度と関係付けられる．しかし，ほとんどの部分ぬれでは，薄膜と共存する巨視的な液滴が有限の接触角をもつ．ここでは，接触角が薄膜の平衡の厚さと関係していることを示し，共存する二相の全プロファイルを計算する．共存が起こる理由は以下の通りである．部分ぬれが起こる時に，系はある特定の厚さの薄膜を作ろうとする．しかし，全体で巨視的な量の液体が存在するという要請から，薄膜は巨視的なくさび型の液体と共存しなければならない．液体のプロファイル，すなわち薄膜から液滴への転移がくさびの接触角を薄膜の厚さと関係付ける．

有限の接触角をもつくさび型液体と薄膜の共存を調べるためには，プロファイルの変化と ($\hat{x}$ と $\hat{y}$ 方向にある) 基盤面上で (式 (4.54), (4.55) において) z_0 と定義された量の局所的な値の変化を考える必要がある．従ってここでは，z_0 の「局所的」な値をプロファイルの高さ $h(x)$ と定義し直すことにし，式 (4.60), (4.62) の最小化から決まる z_0 は薄膜の平衡の厚さを表すために用いることにする[13]．話を簡単にするために，図 4.8 で示すように，高さ $h(x)$ で表される $\hat{x}$ 方向の一次元的な変化を考える．ただし，プロファイルは $x \to \infty$ にあるくさびから，$x \to -\infty$ の平らな薄膜に「連続的」に変化する場合を考える．自由エネルギーには液体・蒸気間の界面張力からの寄与がある．これは，プロファイルの $\hat{x}$ 方向の変化によるもの

---

[13] 式 (4.61) を参照せよ．

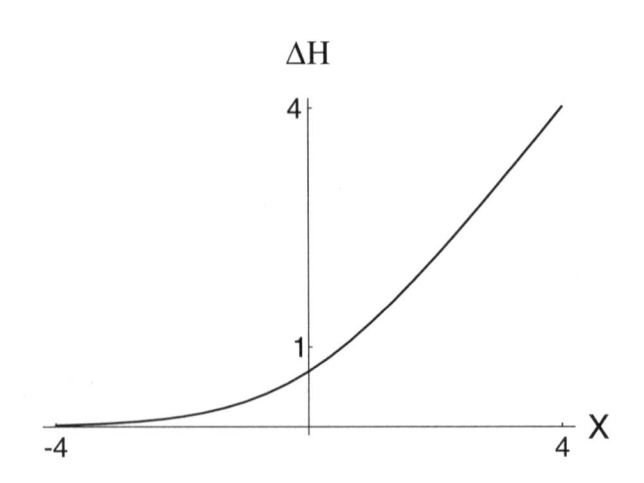

図 4.8: 二次のぬれ転移を起こす系の，くさびと薄膜の理論から決まるプロファイル．ここで，$\Delta H = (h(x) - z_0)/\xi$ であるので，$\Delta H = 0$ は厚さ z_0 の薄膜の表面を表している．図では $X = \kappa x$ と定義した．このような単位では図の接触角は常に有限であるが，スケーリングを考慮すると観察される接触角は κ に等しいことがわかる．κ は転移点でゼロとなる．

で，単位面積当りの自由エネルギーは

$$f_a[h(x)] = \frac{\gamma}{2} \int dx \left(\frac{\partial h(x)}{\partial x}\right)^2 \tag{4.64}$$

となる．

$\hat{z}$ 方向の「密度」変化のため，基盤との相互作用と気体・液体の界面エネルギーの組合せからの寄与もある．これは式 (4.62a) の g_t に含まれており，ここでは $h(x)$ に依存する部分，すなわち式 (4.62b) で定義される $U[\psi(h(x))]$ のみを考える．従って，与えられたプロファイルに対して次の

4.5. 平衡状態：微視的な記述

ような単位面積当りの自由エネルギー

$$f_p = f_a[h(x)] + \int dx \, U[\psi[h(x)]] \tag{4.65}$$

を考える．ここで，ψ と h は式 (4.61) のように関係している．

$$\psi = \exp\left[-\frac{h(x)}{\xi}\right] \tag{4.66}$$

f_p をプロファイル $h(x)$ について汎関数的に最小化し，ψ または $h(x)$ がその (薄膜の) 平衡値 ψ_0 または z_0 に近付く時に $\partial h/\partial x \to 0$ という境界条件を用いると

$$\frac{1}{2}\gamma\left(\frac{\partial h}{\partial x}\right)^2 = U[\psi[h(x)]] - U_0 \tag{4.67}$$

となる．ここで，$U_0 = U[\psi_0]$ (ただし，$\psi_0 = \exp[-z_0/\xi]$) は $U[\psi]$ の最小値である．この時の厚さが平衡値 z_0 に対応する．

$h \to \infty$ および $\psi \to 0$ である巨視的なくさびの平衡接触角 θ_0 は式 (4.67) からただちに求まり

$$\theta_0 = \left(\frac{\partial h}{\partial x}\right)_{\psi=0} = \sqrt{\frac{2(U_\infty - U_0)}{\gamma}} \tag{4.68}$$

である．ただし，ここでのモデルでは $U_\infty = U(\psi[h \to \infty]) = \gamma$ である[14]．U_0 は ψ_0 に依存しているため，ψ が無視できないような薄膜では θ_0 は直接的に薄膜の高さと関係している．式 (4.67) は積分が可能で，くさび (すなわち x が正で大きな値をとる場所) と薄膜 (すなわち x が負で大きな値をとる場所) の両方をつなぐプロファイルを厳密に導くことができる．

特に二次のぬれ転移が起こる場合には，プロファイルの解析的な表式を導くことができる．式 (4.62b) において α は負で小さく，$\beta > 0$ の場合を考える．ψ が小さい時を問題にするため，自由エネルギーは $\beta > 0$

---

[14] 式 (4.62b) において $\psi = 0$ とおけば求まる．

で安定化されるので，Δ に比例した項は無視する．薄膜の平衡の厚さは $z_0 = -\xi \log(|\alpha|/\beta)$ となり (これは式 (4.55) に相当する)，式 (4.65) を $h(x)$ について最小化すると

$$h(x) - z_0 = \xi \log\left(1 + e^{\kappa x}\right) \tag{4.69}$$

となる．ここで，$\alpha < 0$ に対して $\kappa = |\alpha|/\sqrt{\beta\gamma}$ である．図 4.8 に示してあるこのプロファイルは，漸近的な厚さが z_0 の薄膜と x が大きい場所でのくさびを滑らかにつないでいる．

くさびの平衡接触角は $h(x)$ の x 微分で与えられ，x の大きな値に対して $\theta_0 = \kappa\xi$ となる．これは $\alpha = 0$ でゼロになり，その時に z_0 は発散する．κ と関係した接触角は $\alpha \to 0$ で線形的にゼロになってぬれ転移点に近付くのに対して，巨視的な液滴と平衡にある薄膜の厚さは α がゼロに近付くにつれて対数的にしか発散しないことを指摘しておく．ここでの計算から，平衡の接触角がゼロになることと，くさび型の液体と共存している薄膜の厚さの発散 (対数的ではあるが) の関係がはっきりとわかる．接触角の表式を巨視的に導かれた式 (4.2)，(4.21) のヤングの法則と比較すると，ここでの理論は (固体・液体および固体・蒸気の界面エネルギーに関連した) 展性係数[15]を微視的な相互作用で表現したことになっている．同様な解析を一次のぬれ転移に対しても行なうことができて，その場合，一次転移点では接触角がゼロにならないことが示せる．しかし，このようなことが起こるのは，薄膜の厚さ z_0 が有限な大きさから一次転移的に無限大にとび，完全ぬれが起こる時である．

---

[15] 式 (4.7) で定義される S のこと．

4.6. ぬれのダイナミクス 151

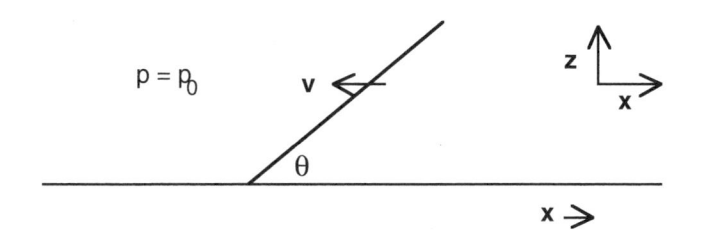

図 4.9: $-\hat{x}$ 方向に速度 $\vec{v}$ で固体基盤上を移動するくさび型液体．動的な接触角は θ で表され，時間とともに変化する．平衡の接触角はゼロである場合を考える．

4.6 ぬれのダイナミクス

広がりのダイナミクス

多くの現実的な問題では，広がりのプロセスが時間の関数としてどのように発展するかを理解することが興味の対象となっている．例えば最初にある接触角をもつ液滴を用意し，その接触角は液体・基盤の界面を決める平衡接触角とは必ずしも等しくないとする．この場合，接触角がその平衡値に近付く時の時間依存性が，広がりのプロセスがどの程度速く進行するかを決めている．さらに興味があるのは，液体が固体上で広がる時に形成されるパターンの問題である (例えばペンキのしずく，磁気ディスク上の潤滑剤を用いたスピン被覆の非一様性など)．これらのパターンは，薄いぬれ層の「動的」な不安定性と密接な関係がある．

ぬれの流体力学

　図 4.9 に示すように，巨視的なくさび型の液体が (例えばファン・デル・ワールス相互作用によって形成された) 予め存在する液体の薄膜層上に広がっていく状況を考える．巨視的な液滴が完全に乾いた基盤上に広がっていく問題の方が一見簡単そうに見えるが，「接着の境界条件」のために却って複雑である．この境界条件は固体表面上での流体速度がゼロになることを要請するため，固体・液体の界面では固体のごく近傍にある流体が進展しつつ基盤をぬらすということができない．この問題を避ける一つの方法は，固体近傍のある領域では接着の境界条件が成り立たないとすることである．また別の方法は予め存在する液体の薄膜上での広がりを考えることである．このような薄膜がファン・デル・ワールス相互作用によって安定化されることはすでに説明した．ぬれのダイナミクスは，ファン・デル・ワールス相互作用を基本的な方法で考慮することにより，セルフコンシステントに導くことができる[7]．話を簡単にするため，完全ぬれの場合でさえも無限に離れた場所での薄膜の厚さはファン・デル・ワールス相互作用によって (ゼロでない) 定数であるとし，一定の厚さ b の薄膜上の広がりを考える．

流体力学的方程式

　一様な密度 ρ の流体が速度 $\vec{v}(\vec{r}, t)$ で動いているとする．質量の保存，あるいは連続の式は

$$\frac{\partial \rho}{\partial t} + \nabla \cdot (\rho \vec{v}) = 0 \tag{4.70}$$

であり，流体内の力の釣り合いは (ナビエ・ストークス方程式)

$$\rho \left[\frac{\partial \vec{v}}{\partial t} + (\vec{v} \cdot \nabla) \vec{v} \right] = -\nabla p + \eta \nabla^2 \vec{v} \tag{4.71}$$

4.6. ぬれのダイナミクス

である．ここで，η は粘性率，p は圧力である．また自由界面では次の力 $f_{s,i}$ [16] が働かないという境界条件を考える．すなわち

$$f_{s,i} = -p\, n_i + \eta \frac{\partial v_k}{\partial x_i} n_k = 0 \tag{4.72}$$

とする．ここで，n_i は単位法線ベクトルの i 成分で，繰り返された添字 (k) については和をとるものとする．粘性率に比例した項は表面での摩擦力である．固体表面上では接着の境界条件から $\vec{v} = 0$ である．

潤滑近似[17]

$\hat{x}$ 方向と $\hat{y}$ 方向のプロファイルの変化と比較して薄い非圧縮な薄膜において，ナビエ・ストークス方程式中の $\vec{v}$ は z にしか依存しないと仮定する．よって

$$\nabla^2 \vec{v} \to \frac{\partial^2 \vec{v}}{\partial z^2} \tag{4.73}$$

とする．さらに，薄膜は薄いので圧力は $\hat{z}$ 方向に一定とする．よって，∇p は $\hat{x}$ と $\hat{y}$ 方向の成分しかもたない．最後に，ナビエ・ストークス方程式の定常状態の解を考えるので，$\partial \vec{v}/\partial t = 0$ とおく．$\vec{v} = \vec{v}(z)$ と書くと，これらの方程式は

$$\eta \frac{\partial^2 v_x}{\partial z^2} = \frac{\partial p}{\partial x} \tag{4.74a}$$

$$\eta \frac{\partial^2 v_y}{\partial z^2} = \frac{\partial p}{\partial y} \tag{4.74b}$$

となる．潤滑近似では p が z に依らないとするので，$v_z = 0$ である．$z = h(x,y)$ にある曲がった界面を横切る時の圧力差はラプラスの条件で与えられる (2章を見よ) [18]．

$$p = p_0 - \gamma(h_{xx} + h_{yy}) \tag{4.75}$$

---

[16] 式 (1.148) を参照せよ．
[17] lubrication approximation
[18] 式 (2.5) において $\Delta p = p - p_0$, $H = (h_{xx} + h_{yy})/2$ (式 (1.122) 参照) を考えよ．

ここで、$h_x = \partial h/\partial x$ であり、速度についての境界条件は $v(0) = 0$ と $z = h(x,y)$ で $\partial \vec{v}/\partial z = 0$ である。これらの境界条件から式 (4.74) は

$$\eta \vec{v}(z) = \frac{1}{2}\nabla p(x,y)\left[z^2 - 2zh\right] \tag{4.76}$$

と解ける。ただし、p は z には依らず、式 (4.75) で与えられる。平均の速度 $\vec{U}$ は

$$\vec{U} = \frac{1}{h}\int_0^h \vec{v}(z)\,dz = \frac{\gamma}{3\eta}h^2 \nabla_\perp \left(\nabla_\perp^2 h\right) \tag{4.77}$$

から決まる。式 (4.77) では

$$\nabla_\perp = \hat{x}\frac{\partial}{\partial x} + \hat{y}\frac{\partial}{\partial y} \tag{4.78}$$

である。流体の典型的な速度は $\gamma/\eta \approx 10^3 \mathrm{cm/s}$ のオーダーであるのに対して、接触線の速度 U は曲率に依存し、しかもその曲率が小さいため、流体の速度よりも遥かに小さくなる。典型的な値は $U \approx 1\mathrm{cm/s}$ である。

ぬれのプロファイル

プロファイル (図 4.9 を見よ) は式 (4.70) の保存則から決まる。この式を $z = 0$ から $z = h(x,y)$ まで積分すると

$$\frac{\partial h}{\partial t} + \nabla_\perp \cdot h\vec{U} = 0 \tag{4.79}$$

が導かれる[19]。式 (4.77) で与えられる平均速度の表式を用いると、プロファイルの時間依存性を

$$\frac{\partial h}{\partial t} + \nabla_\perp \cdot \frac{\gamma}{3\eta}h^3 \nabla_\perp \left(\nabla_\perp^2 h\right) = 0 \tag{4.80}$$

の解として得ることができる。プロファイルは、ぬれの先端から十分に離れた場所 (すなわち $x \to 0$) では $h = b$ (予め存在する薄膜の厚さ) という境界条件を満たす。

---
[19]非圧縮性流体なので、ρ は一定として良いことに注意。式 (4.77) を参照せよ。

一次元の解

ここでは，プロファイル $h(x)$ が $\hat{x}$ 方向にしか変化しない場合を考える．この場合，式 (4.80) は

$$\frac{\partial h}{\partial t} + \frac{\partial}{\partial x}\left[\frac{\gamma}{3\eta}h^3 h_{xxx}\right] = 0 \tag{4.81}$$

となる．もしもぬれの先端が『ゆっくり』とした時間依存をもつ速度 $U_0(t)$ で動くとすると，$h = h(x + \int dt\, U_0)$ の形の解を探すことが可能で，その他のあらわな時間依存性はないとする．(このやり方は最終的な結果によって正当化される．) 従って，$\partial h/\partial t$ を計算する際に $U_0 h_x$ の項だけを残す．この項は $(dU_0/dt)h$ よりも遥かに大きい．すると

$$\frac{\partial}{\partial x}\left[\text{Ca}\, h + \frac{1}{3}h^3 h_{xxx}\right] = 0 \tag{4.82}$$

となり，表面張力数[20] Ca は $\text{Ca} = \eta U_0/\gamma$ で与えられる．以前の議論より $\text{Ca} \ll 1$ である．ぬれの先端から十分に離れた場所では $h = b$ で，そこでは平らな薄膜のみ存在し，h の微分はすべてゼロになるという境界条件を使うと

$$3\,\text{Ca}\,(h-b) + h^3 h_{xxx} = 0 \tag{4.83a}$$

となる．巨視的な液滴の領域では (すなわち x が正で大きい場所)，$h \gg b$ で

$$3\,\text{Ca}\,h + h^3 h_{xxx} = 0 \tag{4.83b}$$

である．この方程式は近似解として

$$h \approx x\left[3\,\text{Ca}\,\log\left(\frac{x}{x_0}\right)\right]^{1/3} \tag{4.84}$$

をもつ．ここで，x_0 はこの解と薄膜の解を結ぶことで求まり，b/θ のオーダーである．接触角は x_0 での $\theta = (\partial h/\partial x)$ から決まる．

---
[20] capillary number

液滴の広がりのダイナミクス

ここで求めたプロファイルの解は，ほぼ一定の傾きのくさび型を表している．動的な接触角 θ は

$$\theta = \left[3\,\mathrm{Ca}\,\log\left(\frac{x}{x_0}\right)\right]^{1/3} \tag{4.85}$$

である．表面張力数の定義から，$\theta \propto U_0^{1/3}$ であることがわかる．速度が小さいと接触角も小さくなる．この表式は**タナーの法則**と呼ばれる[8]．

例題：広がる液滴の成長則

タナーの法則と物質の保存則を用いて，三次元液滴の成長の時間依存性を計算しなさい．

[解答] (三次元の) 有限の大きさの液滴を考え，ぬれの先端は上で説明した理論に従って広がるとする．液滴の大きさ R は $R\theta \approx h$ を満たし，体積の保存から，Ω_0 を定数として $R^2 h \approx \Omega_0^{1/3}$ となる．$\theta \propto U_0^{1/3}$ と $dR/dt = U_0$ から，液滴の大きさは

$$R^9 \frac{dR}{dt} = \tilde{\Omega}_0 \tag{4.86}$$

の式に従うことがわかる．ここで，$\tilde{\Omega}_0$ は別の定数である．この式から液滴は時間の関数として $R \propto t^{1/10}$ のように非常にゆっくりと成長し，平均の速度 $U_0 \propto t^{-9/10}$ は以前に仮定したように小さい．二次元の液滴の場合に広がりのダイナミクスを同様に計算してみると，$R \propto t^{1/7}$ となる．この場合の成長則も非常に遅いことがわかる．

外力によるぬれとパターン形成

　自発的なぬれの時間発展は非常にゆっくりとしているため ($R \propto t^{1/10}$)，外力を用いてぬれを促進させることよくがある．例えば液滴を回転テーブル上に置くと，遠心力によって液滴は薄くなって広がる[9]．また液体を傾いた平面上で流すこともできる[10]．温度勾配があると液滴の広がりは速くなる[11]．外力によって広がりは $t^{1/10}$ 則より遥かに速くなる．例えば重力の場合，先端は $t^{1/3}$ で動く．しかし，実験で示されているように，このような広がりの結果，接触線から遠い場所でプロファイルが平らになってしまう．接触線の近傍ではプロファイルはタナーの法則で与えられ，二つの領域の間では，接触線の後方にある余分な流体によるプロファイルの『こぶ』ができる．三次元系の場合，このこぶは円柱状の流体と類似しており，3章で説明したレイリー不安定性と同様に，フィンガーリングに対して不安定である[12]．従って，このような系は一様には広がらず，ある決まった幅をもつ指状になって回転テーブルを横切るか傾いた平面上を落ちていく．

4.7　問題

1. 接触線のゆらぎ：ランダムな欠陥

　表面張力のスケーリング則に基づいて単純に評価すると表面張力エネルギーは q^2 の依存性をもつはずであったのに，揺らいでいる接触線の実効的な表面張力エネルギーは q に比例して変化するのはなぜか (式 (4.38))？これを，くさびの高さが満たすラプラスの式の一般的性質と関係付けなさい．

　式 (4.41) の積分を実行して，相関関数を計算しなさい．

2. 接触線のゆらぎ：周期的な欠陥

基盤が $\hat{y}$ 方向に周期的に摂動を受けている場合を考えなさい．各々の欠陥近傍の大きさ D の領域で基盤は強さ w_0 の摂動を受け，それ以外の領域では摂動を受けないとする．式 (4.38) と欠陥の自由エネルギーの適当な表式を用いて，$x = 0$ での接触線の変位を計算しなさい．

3. ファン・デル・ワールス相互作用がある場合の部分ぬれのプロファイル

固体基盤と接触しているくさび型液滴のプロファイルを考える．界面エネルギーの他にファン・デル・ワールスのエネルギー $\sim A/h^2$ を含めて考える．ただし，$A > 0$ で薄膜は厚くなる傾向をもつとし，h は薄膜の局所的な厚さとする．くさびと共存している固体上の薄膜の厚さよりも h が十分に大きい場合に，自由エネルギーを最小化してプロファイルを求めなさい．結果は，表面相互作用の詳細には依らず，ファン・デル・ワールスのエネルギーと平衡の接触角にしか依らないはずである．

基盤との近距離相互作用とファン・デル・ワールス相互作用の組合せで，一次のぬれ転移になることを示せるか？[ヒント：自由エネルギーを小さな ψ または比較的大きな h について展開しなさい．]

4. 完全ぬれとファン・デル・ワールス相互作用

完全ぬれの場合，$A > 0$ のファン・デル・ワールス相互作用は薄膜を厚くする傾向をもつ．基盤上の有限の大きさをもつ液滴を考え，自由エネルギーの巨視的な方程式を用いて平衡プロファイルを計算しなさい (例えば式 (4.25) で与えられる化学ポテンシャルを使って，式 (4.26) を $h = h_0$ で

計算する．そこでは，液滴の曲率をゼロとして良い)．

5. 一次のぬれ転移のプロファイル

一次のぬれ転移の場合に，くさび型の巨視的な液体，およびそれと共存している薄膜のプロファイルを計算しなさい．その結果を用いて，転移点で接触角はゼロになるが，薄膜の厚さは有限に留まることを示しなさい．

6. 固体表面の乾き

厚さが D の薄膜を考え，それが固体基盤を一様に覆っているとする．ただし，そこには半径 R の円柱状の穴が空いており，固体が気体にさらされているとする．この薄膜の自由エネルギーを穴がない完全な薄膜の場合と比較すると，D, R, 適当な表面張力または界面張力を用いてどのように表されるか？この穴が成長する臨界半径の大きさはどれくらいか？またそれはなぜか？

4.8 参考文献

1. ぬれのスタティクスとダイナミクスの両方のレビューについては P. G. de Gennes, *Rev. Mod. Phys.* **57**, 827 (1985) と，L. Leger and J. F. Joanny, *Rep. Prog. Phys.* **55**, 431 (1992) を見よ．
2. 相転移に重点をおいたレビューについては M. Schick, *Liquids at Interfaces*, eds. J. Charvolin, J. F. Joanny, and J. Zinn-Justin, Les Houches Session XLVIII (North-Holland, Amsterdam and New York, 1990), p. 415 を見よ．また実験的内容については A. M. Cazabat, *ibid.*, p. 371, and D. Beysens, *ibid.*, p. 499 を見よ．

3. J. F. Joanny, *Physico-Chemical Hydrodynamics* **9**, 183 (1987).
4. T. Young, *Phil. Trans. R. Soc. London* **95**, 65 (1805).
5. F. Brochard, J. Di Meglio, D. Quere, and P. G. de Gennes, *Langmuir* **7**, 335 (1991).
6. J. F. Joanny and P. G. de Gennes, *J. Chem. Phys.* **81**, 552 (1984).
7. J. F. Joanny, *J. Theoretical and Appl. Mechanics* **23**, 249 (1986).
8. L. H. Tanner, *J. Phys. D* **12**, 1473 (1979).
9. F. Melo, J. F. Joanny, and S. Fauve, *Phys. Rev. Lett.* **63**, 1958 (1989).
10. H. E. Huppert, *Nature* **300**, 427 (1982).
11. A. M. Cazabat, F. Heslot, S. M. Troian, and P. Carles, *Nature* **346**, 824 (1990).
12. S. M. Troian, E. Herbolzheimer, S. A. Safran, and J. F. Joanny, *Europhys. Lett.* **10**, 25 (1989).

第5章　固い界面間の相互作用

5.1　序論

　これまでの章では，界面または表面の構造やゆらぎ，相転移の理論的な枠組について説明し，特に孤立した一つの界面の特徴に着目してきた．ここでは，固い(つまり平らな)界面間または表面間の相互作用について考える．このような相互作用は，例えばコロイド分散系や自己会合構造体のように，熱力学的に大量の界面を含む「バルク」をもつ系の性質を特徴付けるために必要な最初の一歩である．二つの界面間の相互作用は，巨視的な力の釣り合い実験で調べることができる[1]．まず，これらの系で関心のある分子間相互作用の幾つかの種類についての簡単な復習から始める．それから，表面や界面の大きなスケールの特徴を決めるのに重要な長距離力の種類に注目する．ここでは，「局所的」な性質を現象論的に取り扱うことによって，分子レベルの近距離相互作用を一般的に考慮する(例えば表面張力または界面張力，ベアの相関長，自由エネルギー展開のパラメータ)．一方，ファン・デル・ワールス相互作用や静電相互作用などの長距離相互作用は自然界においてかなり「普遍的」で，理論に直接含めることができるため厳密に考察する．そのため，界面間のファン・デル・ワールス相互作用の微視的起源について考察する．自然界で普遍的なこの相互作用からどのようにして長距離力が導かれるかを示し，この効果の連続体理論について述べる．次に，帯電表面または界面間の静電相互作用に触れ，特に自由

エネルギーと電荷分布の空間依存性の関係を重点的に説明する．最後に，二つの界面間の領域に存在する溶媒中に溶質が溶けているとして，その溶質を媒介とする相互作用について考える．この相互作用も自然界で普遍的であることがわかる．本章では表面の波打ちや熱ゆらぎは無視する．相互作用が働き，ゆらいでいる表面の理論は，膜面に関する次章で扱う．文献1では表面力について包括的に扱っており，実験的に興味のあることがらも多く含まれている．

5.2 分子間相互作用

以下は，表面や界面の構造や相挙動を理解する上で重要な分子間相互作用の種類について，文献1に基づいて要約したものである．考えている系は多成分系なので，表面や界面を含む系の相互作用は，ある特定の種類の媒質中での分子間相互作用と関係している．このことは界面活性剤や高分子から成る自己会合系において特に重要で，相互作用やその結果生じる平衡構造は，溶媒の種類によって非常に大きな影響を受ける．

強い結合：共有結合，イオン結合，金属結合

電荷をもたない系の近距離相互作用は，通常，波動関数の重なりと関係しており，**共有結合**と呼ばれる．典型的なエネルギーとしては，炭素・炭素間の二重結合が $240 k_B T$，C-O の一本の結合が $136 k_B T$ である (単位は $k_B T$ で，$T = 300$K である．1eV $\approx 40 k_B T$ であることに注意せよ)．電荷を帯びている系ではクーロン相互作用によって**イオン結合**ができて (例えば Na$^+$Cl$^-$)，典型的な大きさは $e^2/\epsilon a$ である．ただし，e はイオンの電荷，a は原子間の距離で数Åである．真空中では誘電率が $\epsilon = 1$ で，エネルギーは $100 k_B T$ のオーダーになる．非局在化電子を有する帯電系では，**金属結

5.2. 分子間相互作用

合が重要になる．典型的な凝集エネルギーの値は電子のエネルギーバンドの幅と関係しており，$1\text{eV} \approx 40 k_B T$ の程度である．これらのエネルギーの値は大きいので，このような力が室温でのエントロピーとは競合しないことに注意されたい．また融解という現象は固相と液相の自由エネルギーの違いによるもので，分子結合が完全に切れるわけではない．

弱い結合：双極子相互作用

正と負の電荷が一個の分子に強く結合している系(両性イオン)では，分子間に**双極子相互作用**も働く．この相互作用エネルギーは，真空中では $e^2 a^2/r^3$ のようにスケールされる．ここで，a は双極子電荷間の距離，r は分子間の距離である．もしも分子間の距離が大きければ，上のエネルギーは数 $k_B T$ になる．このエネルギーは配向のエネルギーであり，配向のエントロピーと競合する．OH や NH，FH，ClH などの結合をもつ系では，**水素結合**が存在する．水素結合は水の安定性を担っている．そのため，水は分子量が小さいにもかかわらず，比較的高い沸点を示す．水素結合は，(負に帯電した) 陰電性の分子または原子と (正に分極した) 水素が結合する系に存在する．通常，水素が分子間の相互作用を媒介しており，典型的には一本の結合当り数 $k_B T$ の大きさをもつ．

溶媒を媒介としたエネルギー

ここでは，媒質中の分子の性質について説明する．話を簡単にするために液体の媒質を考え，その媒質は連続的な誘電体としてモデル化できるとする．溶媒の分極によって分子の溶解度は増大する．なぜならば，帯電分子は電荷を集めるための静電エネルギーと関係した自己エネルギーをもつからである．これは簡単な古典的モデルで見積もることができる．半径 R (イ

オンの大きさ) の球を, 電荷 Z (イオン電荷) だけ帯電させるのに必要なエネルギーを計算してみる. このエネルギーは $(Ze)^2/\epsilon R$ のようにスケールされるため, 誘電率の大きな媒質中に分子をおけば, エネルギーが下がることがわかる. 例えば水 ($\epsilon = 80$) のような極性をもつ媒質の場合, このエネルギーは約二桁も小さくなる. この効果は塩が水に溶ける理由の一部であるが, エントロピー的な相互作用 (一自由度当り $k_B T$ の自由エネルギー) も関与している. 極性媒質中に極性分子を溶かし, その結果, 極性分子の自由エネルギーが下がることは**親水性相互作用**として知られている. 極性媒質中における極性分子間の相互作用も溶媒の分極率の影響を同様に受け, 真空中での相互作用と比較すると, 直接の相互作用エネルギーは下がる傾向をもつ.

疎水性相互作用

水のような極性をもつ溶媒中に非極性分子が存在すると, **疎水性相互作用**のためにエネルギーが高くなる. 非極性分子が水のエントロピーを制約するということに比べれば, ファン・デル・ワールス相互作用の違い (自由エネルギーの 15%) はさほど重要な効果ではない. 非極性分子が存在すると, 水分子にとって水素結合を作る方法の数が少なくなってしまう. このエントロピー的効果で, 炭化水素を水に移すために必要なエネルギーの約 85% を説明できる. 非極性分子は, 極性をもつ媒質中では水の水素結合のネットワークを壊し自由エネルギーを上げてしまうので, 分子同士で集まろうとする. 分子が凝集すれば, 各々の分子が独立に溶けている溶液よりも水素結合を壊さなくてすむ. この効果のために, 界面活性剤を水に溶かすと**ミセル**を形成する. 界面活性剤の極性基 (例えば $Na^+SO_3^-$) は水に溶け (親水性), 炭化水素の部分はミセルの内部にあって水から隔てられて

5.2. 分子間相互作用

いる．これらの相互作用は，溶媒の局所的な結合を含んでいるので近距離相互作用であり，静電相互作用や分散力 (ファン・デル・ワールス力) とは対照的である．

ファン・デル・ワールス相互作用

分子間の**分散力**またはファン・デル・ワールス力は，特定の分子の種類には依らず普遍的なため重要である．すなわちこの力はすべての凝縮系に存在する．この力は，電荷密度の量子力学的なゆらぎに起因する誘起双極子間相互作用から生じる．非常に近似的ではあるが，この相互作用を以下のように簡単に理解することができる．二つの原子を考え，それらは球対称な電荷分布をもち，平均の双極子モーメントはないとする．しかし，各々の原子は，正の原子核と価電子に電荷が分離していることにより，「瞬間的」双極子モーメント[1]をもつ．このモーメントは平均的には単に球対称である原子価電荷密度[2]の量子力学的ゆらぎから生じる．原子から距離 r 離れた場所での瞬間双極子による電場 $\vec{E}$ は，$1/r^3$ のように変化する．他方の原子も分極するため，この電場に反応して誘起双極子モーメント $\vec{p}$ を発生する．$\vec{p}$ は電場に比例し，$\alpha > 0$ を原子の分極率とすると，α/r^3 のように変化する．相互作用エネルギーは $-\vec{p} \cdot \vec{E}$ に比例するので，これは $1/r^6$ のように変化する．このエネルギーは引力であり，距離 r が小さくなると減少する．これは，誘起双極子がそれ自身の原因となった電場を打ち消そうとするからである．

この相互作用は長距離力であり ($1/r^6$ で変化するべき則)，媒質の影響を受ける．距離 3Å 離れた時の典型的な大きさは $1 k_B T$ である．よって，これは共有結合や金属結合と比較すると弱い相互作用である．この力は分子

---
[1] instantaneous dipole moment
[2] valence charge density

のスケールで，希ガス元素(例えばアルゴン)や炭化水素から成る非極性固体の結合を担っている．しかし，この力は長距離に及ぶため，異なった成分から成るドメイン(例えば層状の誘電体)が存在するような複合物質や複雑流体の自由エネルギーを理解するために決定的に重要である．ドメインの平衡の厚さや層間の相互作用は，長距離のファン・デル・ワールス相互作用によって決まるのである．

5.3 ファン・デル・ワールス相互作用のエネルギー

　本節では，分子間の分散力の起源とその意味について説明する．ここでは，典型的な原子振動数にともなう時間内に光が進む距離と比較して，問題とする距離のスケールが小さいような，非遅延相互作用に着目する．つまり，相対論的な補正は無視する．さらに，相互作用のエネルギーの議論しか考えないことにする．すなわち電磁場の熱ゆらぎと相互作用の温度依存性は次節で扱う．真空中の二原子間の相互作用を導き，この考え方を「発見的」に拡張して媒質中の相互作用を考える．最後にこの考え方を使って，巨視的な物体のファン・デル・ワールス相互作用を見積もる．このような長距離相互作用が引力であろうと斥力であろうと，薄膜の安定性に重要な影響を及ぼすことを4章で見てきた．さらに7章で説明するように，分散力はコロイド系の安定性を決定している．

量子力学的相互作用

　二つの物体間のファン・デル・ワールス相互作用は本質的に量子力学に起因し，まず真空中の二原子間の相互作用を考えることによって理解できる[2]．各々の原子の中心の位置を，それぞれ $\vec{r} = 0$ と $\vec{r} = \vec{R}$ に固定する．

5.3. ファン・デル・ワールス相互作用のエネルギー

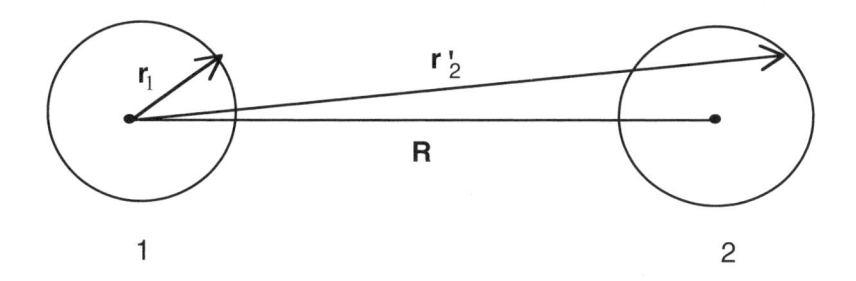

図 5.1: 二原子間のファン・デル・ワールス相互作用を計算するための座標系.

全体のハミルトニアンは

$$\mathcal{H} = \mathcal{H}_1 + \mathcal{H}_2 + V \tag{5.1}$$

であり，$\mathcal{H}_1$ と $\mathcal{H}_2$ は孤立原子のハミルトニアンである (ここでの取り扱いでは，$\mathcal{H}_1$ と $\mathcal{H}_2$ は同じである必要はない). V は二個の電子間 (話を簡単にするために，一価の原子を考える) と二個の原子核間の相互作用エネルギーの他に，原子 1 の電子と原子 2 の正の原子核間の相互作用，およびその逆の相互作用を表している. 原子 1(2) の電子と原子 1(2) の原子核間の相互作用は，すでに $\mathcal{H}_{1(2)}$ に含まれている. 図 5.1 に示すように，二個の電子の座標をそれぞれ $\vec{r}_1$ と $\vec{r}_2{'}$ で表すと

$$V = e^2 \left[\frac{1}{|\vec{R}|} - \left(\frac{1}{|\vec{R} - \vec{r}_1|} + \frac{1}{|\vec{r}_2{'}|} \right) + \frac{1}{|\vec{r}_1 - \vec{r}_2{'}|} \right] \tag{5.2}$$

と書ける．量子力学の公式から，相互作用エネルギー ΔU を摂動理論の二次のオーダーまで表すと

$$\Delta U = \langle 0|V|0\rangle + \sum_n \frac{|\langle 0|V|n\rangle|^2}{U_0 - U_n} \tag{5.3}$$

となる．ここで，二原子の非摂動基底状態 ($|0\rangle$) のエネルギーは U_0，励起状態 ($|n\rangle$) のエネルギーは U_n である．

非遅延相互作用

二原子間の距離が大き過ぎなければ (すなわち $R < c/\omega$．c は光速で，ω は原子の典型的な振動数)，相対論的な補正は考慮しなくて良い．しかし，R は波動関数の重なりが少なくなる程度には十分大きいと仮定し，V を小さな量，$\langle|\vec{r}_1|\rangle \ll R$ と $\langle|\vec{r}_2{}' - \vec{R}|\rangle \ll R$ について展開する．$\vec{r}_2 = \vec{r}_2{}' - \vec{R}$ と定義すると，最低次までの展開の結果

$$V \approx -\frac{e^2}{R^3}\left[3(\vec{r}_1 \cdot \hat{R})(\vec{r}_2 \cdot \hat{R}) - \vec{r}_1 \cdot \vec{r}_2\right] \tag{5.4}$$

となる．球対称の電荷密度 (つまり非極性原子) の場合，ΔU の摂動の一次の項は消える．式 (5.3) の二次の項から，$1/R^6$ で変化する引力相互作用が導かれる．式 (5.3) において，基底状態のエネルギーは励起状態のエネルギーよりも低いので，真空中の二原子間の相互作用は常に「引力」であり，$\Delta U < 0$ となる．原子間の距離が離れると (真空中で 50Å 以上)，ファン・デル・ワールス相互作用には相対論的な補正が必要となる．その結果は $1/R^6$ よりも速く減衰し，必ずしも引力ではなくなる．誘電体中でも同様に，相互作用は引力にも斥力にもなり得る．

式 (5.3) のいずれの項も負であることに注意し，励起状態に関する和を基底状態に最も近い励起状態 (つまり $n = 1$) のエネルギーで近似することによって，ΔU (負の量) の上限を見積もることができる．そこで，第一励

起状態のエネルギーを $U_1 = U_0 + \hbar\omega_1 + \hbar\omega_2$ とおく.ただし,$\hbar\omega_1$ と $\hbar\omega_2$ はそれぞれの原子の (基底状態と励起状態間の) エネルギー差である.この近似のもとでは,等方的な系の場合

$$\Delta U \approx -\frac{6e^4}{R^6} \frac{|\langle g_1|z_1|e_1\rangle \langle g_2|z_2|e_2\rangle|^2}{\hbar\omega_1 + \hbar\omega_2} \tag{5.5}$$

となる.ここで,$\langle g_i|$ と $\langle e_i|$ はそれぞれ i 番目の原子の基底状態と励起状態の波動関数を意味し,$i = 1, 2$ である.また z_1 と z_2 はそれぞれ $\vec{r}_1 \cdot \hat{R}$ および $\vec{r}_2 \cdot \hat{R}$ である.

媒質中の相互作用

式 (5.5) のファン・デル・ワールスのエネルギーにおいて,行列要素とエネルギー分母は分極率 α と関係している.分極率 α は,双極子モーメント $\vec{p} = e\vec{r}$ (電荷に距離を掛けた次元をもつ) を電場と関係付ける [2].等方的な系では分極率はスカラー量で

$$\vec{p} = \alpha \vec{E} \tag{5.6}$$

と書ける.摂動エネルギーは $V = -(1/2)\vec{p}\cdot\vec{E} = -(1/2)\alpha E^2$ なので,電場によるエネルギーは,式 (5.5) 中の双極子行列要素と同じ形を含んでいることがわかる.一励起状態の近似では

$$\alpha_i = \frac{e^2|\langle g_i|z|e_i\rangle|^2}{\hbar\omega_i} \tag{5.7}$$

となる.よって,α は長さの三乗の次元をもつ.すると,ファン・デル・ワールスのエネルギーを各々の原子の分極率で表すことができ

$$\Delta E \approx -\frac{6\beta_{12}\alpha_1\alpha_2}{R^6} \tag{5.8}$$

となる.ここで,$\beta_{12} = \hbar\omega_1\omega_2/(\omega_1 + \omega_2)$ はエネルギー分母の差に起因する因子である.この表式は,単純な二準位モデルに対して導かれたことを

強調しておく．ただし，分極がある場合のファン・デル・ワールス相互作用の振舞いは，以下のより詳細な取り扱いによる計算でも，ここで述べた大ざっぱなやり方と半定量的に一致している．

次に，ファン・デル・ワールスのエネルギーと原子の分極率の間の関係を，二個の原子または分子が誘電体中で相互作用する場合に発見的に拡張しよう．上で扱った真空の場合，分極率と誘電率は $\alpha_i = (\epsilon_i - 1)/\rho_i$ の関係がある．ただし，$1/\rho_i$ は種類 i の分子体積である．誘電率 ϵ_m の媒質中では，この表式を発見的に拡張して，「余剰」分極率[3] を $\alpha_i = (\epsilon_i - \epsilon_m)/\rho_i$ と書く．従って，距離 r だけ離れた二原子間で働く分散エネルギー $U = \Delta E$ については，式 (5.8) を書き換えて

$$U \approx -\frac{1}{r^6} \frac{6\beta_{12}}{\rho_1\rho_2} \frac{(\epsilon_1 - \epsilon_m)(\epsilon_2 - \epsilon_m)}{\epsilon_m^2} \tag{5.9}$$

とすれば良い．分母に ϵ_m^2 が現われる理由は，各々の原子を分極させる電場は媒質の誘電率だけ小さくなり，さらにエネルギーは電場の二乗に比例しているからである．この表式から，分散相互作用の「符号」は，分子と媒質の誘電率の「差」に依存していることがわかる．$\epsilon_1 = \epsilon_2$ であれば $U < 0$ である．すなわち同じ種類の分子間には必ず引力が働く．もしも $\epsilon_m > \epsilon_1$ で $\epsilon_m > \epsilon_2$ であるか，あるいは $\epsilon_m < \epsilon_1$ で $\epsilon_m < \epsilon_2$ であっても，ファン・デル・ワールス相互作用は引力になる．中間的な場合，つまり ϵ_m が ϵ_1 と ϵ_2 の間にある時だけファン・デル・ワールス相互作用は斥力となる．媒質中の二分子間の相互作用に対して，伝統的にハマカー定数 A_{12} を

$$U = -\frac{A_{12}}{\pi^2\rho_1\rho_2} \frac{1}{r^6} \tag{5.10}$$

で定義する．ここで，ρ_i は分子 i の密度である．エネルギーの次元をもつハマカー定数の典型的な値は $25k_BT$ のオーダーである．ここでの議論か

---

[3] excess polarizability

5.3. ファン・デル・ワールス相互作用のエネルギー

ら，A_{12} の符号は積 $(\epsilon_1 - \epsilon_m)(\epsilon_2 - \epsilon_m)$ の符号と関係していることがわかる．例えば同種の分子の場合 $A_{12} > 0$ で，相互作用は引力である．

多数分子の相互作用

分散相互作用はゆっくりと減衰するので，大きな物体中では長距離の相互作用を生じることになる．多粒子系の場合，ファン・デル・ワールス相互作用が各対ごとに加算的[4]であると仮定すれば，相互作用エネルギーを計算することができる (より厳密な議論については次節を見よ)．すなわち密度が $n_1(\vec{r})$ と $n_2(\vec{r})$ である二点間の相互作用 U は

$$U = -W_0 \int d\vec{r}\, d\vec{r}'\, \frac{n_1(\vec{r})\, n_2(\vec{r}')}{|\vec{r} - \vec{r}'|^6} \tag{5.11}$$

で与えられると考える．ただし，W_0 はハマカー定数と関係している．表面から $\hat{z}$ 方向に距離 D だけ離れた一個の分子を考えることで，この相互作用が長距離的性質をもつことがわかる．表面をもつ物質の密度が n_0 であるとすると

$$U = -W_0\, 2\pi n_0 \int_D^\infty dz \int_0^\infty d\rho\, \frac{\rho}{(z^2 + \rho^2)^3} \tag{5.12}$$

である．よって，全表面との正味の相互作用は $1/D^3$ のようにゆっくりと減衰する[5]．分子が感じる力は引力であり，$1/D^4$ のように減衰する．

表面間の相互作用

同様のやりかたで，(真空中で) 距離が $2D$ 離れた，面積 A の二つの表面間に働く単位面積当りの相互作用エネルギー $u = U/A$ を計算することが

---

[4] pairwise additive
[5] 式 (5.12) の積分は $\int_D^\infty dz \int_0^\infty d\rho\, \rho/(z^2 + \rho^2)^3 = 1/12D^3$ である．

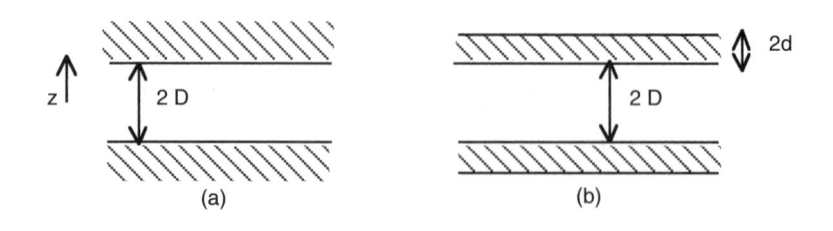

図 5.2: 真空を隔てたファン・デル・ワールス相互作用と，二枚の薄膜間のファン・デル・ワールス相互作用．

できる (図 5.2 を見よ)．

$$u = -W_0\,(2\pi n_0^2) \int_D^\infty dz \int_{-\infty}^{-D} dz' \int_0^\infty d\rho \,\frac{\rho}{[(z-z')^2 + \rho^2]^3} \quad (5.13)$$

これは $u = -W_0 \pi n_0^2/48D^2$ と計算できる．距離が $2D$ 離れた，厚さ $2d$ の二枚の膜間に働く単位面積当りの相互作用エネルギーは，$d \ll D$ であれば d^2/D^4 に比例し，引力である．膜の厚さに比べて距離が小さい場合，つまり $D \ll d$ の時，相互作用は $1/D^2$ で減衰する．この場合には距離 D だけ離れた二つの半無限の媒質の場合と同じべき則で相互作用は減衰する．なぜならば，$d \gg D$ であれば，すき間の大きさと比べて膜は無限に厚いことになるからである．他に重要な量は，厚さ D の板の自己エネルギーである．この計算のためには，エネルギーの短距離部分のカットオフが必要で，相互作用エネルギーを $[r^2 + a^2]^{-3}$ と書くことができる．ただし，a は分子間の最小距離である．すると，単位面積当りのエネルギーは，D に線形なバルクの項，D に無関係な表面項，A をハマカー定数として $-A/D^2$ に比例する項から成ることがわかる．従って，両側が真空の板は，ファン・デル・ワールスのエネルギーのために薄くなろうとする傾向をもつ．板の両

5.3. ファン・デル・ワールス相互作用のエネルギー

側が同じ誘電体で挟まれている場合には以前に述べた発見的な議論から，ハマカー定数は近似的に $(\epsilon_m - \epsilon)^2$ のように振舞う．ただし，ϵ_m は板の誘電率，ϵ は周囲の媒質の誘電率である．この場合もまた板は薄くなろうとする．

例題：薄膜のファン・デル・ワールスのエネルギー

厚さ D の薄膜のファン・デル・ワールスの自己エネルギーを，バルク，表面および相互作用の項を考慮して計算せよ．

[解答] (5.13) と同様に，単位面積当りのエネルギーを

$$u = -2\pi n_0^2 W_0 \int_0^D dz \int_0^D dz' \int_0^\infty d\rho \, \frac{\rho}{[(z-z')^2 + \rho^2 + a^2]^3} \tag{5.14}$$

と書く[6]．粒子が自分自身と相互作用する時の，無限大のエネルギーを除くため，式 (5.14) ではカットオフ a^2 が必要である．a は分子間の典型的な最小距離である．ρ に関する積分を行うと

$$u = -\frac{1}{2}\pi n_0^2 W_0 \int_0^D dz \int_0^D dz' \, \frac{1}{[(z-z')^2 + a^2]^2} \tag{5.15}$$

となる．z' について積分を行い，$\tilde{z} = D - z$ と定義すると

$$u = -\frac{\pi n_0^2 W_0}{4a^2} \int_0^D dz \left[\frac{1}{a}\arctan\frac{\tilde{z}}{a} + \frac{\tilde{z}}{\tilde{z}^2 + a^2} + \frac{1}{a}\arctan\frac{z}{a} + \frac{z}{z^2 + a^2} \right] \tag{5.16}$$

となる．最後に z について積分を行い

$$u = -\frac{\pi n_0^2 W_0}{2a^3} D \, \arctan\frac{D}{a} \tag{5.17}$$

---

[6] この積分の積分範囲が $\int_0^D dz \int_0^D dz'$ であるのは，厚さ D の薄膜を考えているからである．

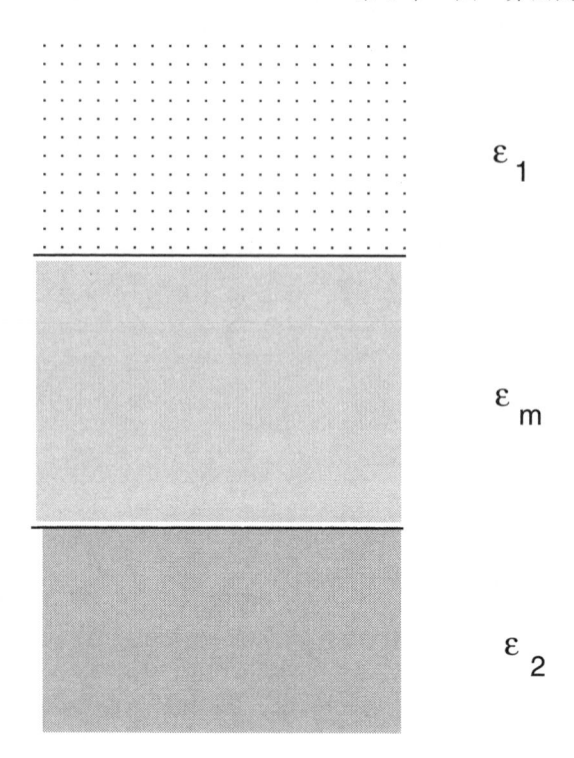

図 5.3: 二つの半無限大の誘電媒質に挟まれた薄膜のファン・デル・ワールス相互作用.

を得る.

x が大きい時に $\arctan x = \pi/2 - x^{-1} + x^{-3}/3$ という関係式を使って $x = D/a \gg 1$ について展開すると, 厚さ D に比例するバルクの項, D に依らない表面の項, そして相互作用の項として

$$u_{int} = -\frac{\pi n_0^2 W_0}{6D^2} \qquad (5.18)$$

が得られる.

5.3. ファン・デル・ワールス相互作用のエネルギー

次に図5.3に示すように，誘電率 ϵ_m の層が誘電率 ϵ_1 と ϵ_2 の半無限空間に挟まれているような，より一般的な場合を発見的に考えよう．以前に説明した，媒質中の二分子間の相互作用の考え方を拡張すれば，ハマカー定数 A は積 $(\epsilon_1 - \epsilon_m)(\epsilon_2 - \epsilon_m)$ と関係している．幾つかの興味深い場合を以下に示す．

(i) $\epsilon_1 = \epsilon_2$ の場合．すなわち薄膜が真空中にあるか，あるいは同種の半無限物質に挟まれている場合には $A > 0$ であり，薄膜は相互作用のために薄くなろうとする．

(ii) $\epsilon_m > \epsilon_1$ かつ $\epsilon_m > \epsilon_2$ か，あるいは $\epsilon_m < \epsilon_1$ かつ $\epsilon_m < \epsilon_2$ の場合．すなわち「両方」の誘電率が薄膜の誘電率よりも大きいかまたは小さければ，$A > 0$ であり，この場合も薄膜は相互作用のために薄くなろうとする．つまり，半無限空間の間には実効的に引力が働くことになる．このことは ϵ_1 と ϵ_2 の大きさに依らない．

(iii) $\epsilon_1 > \epsilon_m$ であるが $\epsilon_2 < \epsilon_m$ の場合．この場合 $A < 0$ であり，薄膜は厚くなろうとする．つまり，半無限空間の間には実効的に斥力が働くことになる．

これらの考察は，ぬれ層の平衡の厚さを決めるために重要である．ハマカー定数が負の場合 (媒質と基盤間の相互作用と比較して，相対的に自己引力が働く場合)，ぬれ層は厚くなろうとする．反対の場合，ぬれ層は薄くなろうとする．これらの結論は，ここで説明した一次元的な構造において，異なる成分間のファン・デル・ワールス相互作用が加算的であるということを仮定すれば導くことができる．以前の説明と同様に，実効的なハマカー定数は異なる媒質のハマカー定数の和と差に関係している．次節では，このような定性的な考え方が詳細な量子電磁力学的な取り扱いによって確かめられる．ファン・デル・ワールス相互作用は，複雑な誘電体中における電磁場の量子統計的なゆらぎと見なされる．

5.4 ファン・デル・ワールス力の連続体理論

前節で説明したファン・デル・ワールス相互作用の理論は，巨視的な物質に対しては定性的にしか当てはまらない．それは以下の理由による．(i) 相互作用の加算性を仮定している．すなわちエネルギーをすべての分子対間の独立な相互作用の和としている．(ii) ハマカー定数と誘電率の関係が，単純化し過ぎた二準位系の量子力学的モデルに基づいている．(iii) 温度がゼロの場合の記述なので，相互作用に対する有限温度の効果が考慮されていない．ここでは，最初にニンハムらによって示された議論に基づいて[3]，連続体中のファン・デル・ワールス相互作用の簡単な導出について説明する．より厳密な取り扱いは文献4で説明されている．ファン・デル・ワールス相互作用は，ゆらいでいる電磁場の自由エネルギーによって生じる．分子間の距離よりも遥かに大きな物質では連続体理論を使うことができて，媒質は周波数に依存した誘電率で特徴付けられる．空間的に離れた場所に対するゆらいでいる場の影響，つまりゆらぎ間の相関を計算するためにマックスウェル方程式を用いる．これから基準モードの組が求まり，その振幅は光子の量子ボーズ統計から決まる．我々の目的は，図5.3に示すような二つの半無限の誘電体に挟まれた薄膜を考えて，自由エネルギーを薄膜の厚さの関数として計算することである．誘電率の周波数依存性がどのように現われるかを調べ，それによって厚さに対する依存性が，以前に予測された一般的な $1/D^2$ 則からどのように変化するかを調べる．さらに，ここでの取り扱いによって(ある単純化された仮定のもとで)，三つの媒質の誘電率と，ファン・デル・ワールスのエネルギーが斥力か引力であるか(すなわち間の層が厚くなろうとするか薄くなろうとするか)ということの関係が導かれる．

5.4. ファン・デル・ワールス力の連続体理論

自由エネルギー

最初に，透明な媒質中で相互作用のない光子の自由エネルギーを考え，光子はボソンの理想気体と見なせるとする．複雑で非一様な媒質においても，電磁的基準モードの自由エネルギーは，光子の『理想気体』のボース統計を用いて表される[5]．ここで，$\vec{q}$ を波数ベクトルとして，エネルギーが $\hbar\omega(\vec{q})$ の基準モードを考え，また占有数を $n_{\vec{q}}$ とする．自由エネルギーは次のように分配関数の対数で表され，その分配関数はボース気体に適するモードの和で与えられる．

$$F = -T \sum_{\vec{q}} \log \sum_{n_{\vec{q}}=0}^{\infty} e^{-\hbar\omega(\vec{q})(n_{\vec{q}}+1/2)/T} \quad (5.19)$$

ここで，指数の中の $1/2$ は量子的なゼロ点ゆらぎを意味している．ボース統計なので，どのモードの占有数もゼロから ∞ までの値をとる．和をとると

$$F = T \sum_{\vec{q}} \log \left[2 \sinh \frac{\hbar\omega(\vec{q})}{2T} \right] \quad (5.20)$$

を得る．層状の系では $\hat{z}$ 方向だけに媒質と誘電率の非一様性が存在するので，面内の自由度と垂直方向を区別する．L という長さのスケールで表される系に着目し (例えば以前に説明したように，半空間を占める二つの半無限大の誘電体によって挟まれた薄膜の厚さ)，分岐 j の基準モード周波数は $\vec{q}$ と L の両方の関数であるとする．よって，$\omega(\vec{q}) = \omega_L(\vec{q}; j)$ とおく．$\vec{q}$ は二次元の波数ベクトルで，添字 j は垂直方向の自由度を表す．添字 L は，薄膜の厚さに敏感なモード (すなわち表面モード) に着目することを示している．単位面積当りの相互作用エネルギー $\Delta f(L)$ (つまり自由エネルギーの L に依存する部分) は

$$\Delta f(L) = \frac{1}{4\pi^2} \int [G_L(\vec{q}) - G_\infty(\vec{q})] \, d\vec{q} \quad (5.21)$$

と書ける．ここで，積分は二次元の波数ベクトル $\vec{q}$ について行われ

$$G_L(\vec{q}) = T \sum_j \log\left[2\sinh\frac{\hbar\omega_L(\vec{q};j)}{2T}\right] \tag{5.22}$$

である．j についての和は，$\vec{q}$ の値が同じであるような基準モードの多重性を意味している．相互作用エネルギーを得るためには，周波数が薄膜の厚さ L にあらわに依存するようなモードのみを考慮すれば良い．

下の例題では，式 (5.22) が

$$G_L(\vec{q}) = T \sum_{n=0}^{\infty}{}' \log D_L(\vec{q}, i\omega_n) \tag{5.23}$$

という形に書けることを示す．ただし

$$D_L(\vec{q}, \omega) = 0 \tag{5.24}$$

は注目する基準モードの分散関係である．プライム記号は $n=0$ の項には $1/2$ を掛けることを意味し，$\omega_n = 2\pi nT/\hbar$ である．すべての $\vec{q}$ と ω に対して $D_{L\to\infty}(\vec{q},\omega) = 1$ のように分散関係を規格化すれば，$G_\infty = 0$ である．次節で説明するように，非一様な系における分散関係はマックスウェル方程式から導かれる[3,4]．

相互作用エネルギーを導くために，これらの結果を式 (5.21) で用いると，一般的な形として

$$\Delta f(L) = \frac{T}{4\pi^2} \sum_{n=0}^{\infty}{}' \int \rho(\vec{q}) \log D_L(\vec{q}, i\omega_n)\, d\vec{q} \tag{5.25}$$

のように書ける．この形の自由エネルギーは，分散関係が $D_{L\to\infty}(\vec{q}, i\omega_n) = 1$ と書ける時に正しい．関数 $\rho(\vec{q})$ は運動量空間での光子の状態密度で[4]，透明な媒質では 1 とおける (文献 4 の定義を使うと $\beta = A/(4\pi^2)$ であり，A は断面積である)．

例題：自由エネルギーと分散関係の関係

基準モードの周波数 $\hbar\omega_L(\vec{q};j)$ と，この基準モードの分散関係を与える $D_L(\vec{q},\omega_L(\vec{q};j)) = 0$ の間の関係を使って，式 (5.21) を式 (5.25) に関係付けなさい[3].

[解答] 複素変数 ζ の二つの解析関数に対する以下の恒等式を用いる．

$$\sum_j g(\zeta_j) = \frac{1}{2\pi i}\int_C g(\zeta)\frac{d\log D(\zeta)}{d\zeta}\,d\zeta \tag{5.26}$$

ここで，積分経路 C は関数 D のゼロ点 (ζ_j で表す) を含み，$g(\zeta)$ の極を外すようにとる．ζ_j を基準モード周波数と解釈すると，$D(\zeta_j) = 0$ はこのモードの分散関係となる．関数 $g(\zeta)$ を

$$g(\zeta) = \log\left[2\sinh\frac{\hbar\zeta}{2T}\right] = \frac{\hbar\zeta}{2T} - \sum_{n=1}^{\infty}\frac{e^{-n\hbar\zeta/T}}{n} \tag{5.27}$$

のように選ぶ．ただし，対数の級数展開を用いた．次に式 (5.26) の積分を，まず虚軸に沿って $-i\infty$ から $i\infty$ まで，そして右半平面上で半径が無限大の半円に沿った経路で行う (虚軸上の D のゼロ点を外す)．

規格化条件 $D_L(\vec{q},\omega\to\infty) = 1$ を用い (式 (5.21) の自由エネルギーは差の対数を含んでいるので，$\omega\to\infty$ で D が一定になる限り，これは一般化できる)，式 (5.26) を使って式 (5.22) を

$$G_L(\vec{q}) = \frac{T}{2\pi i}\int_{-\infty}^{\infty}g(i\zeta)\frac{d\log D_L(\vec{q},i\zeta)}{d\zeta}\,d\zeta \tag{5.28}$$

と書く．式 (5.27) と部分積分を用いると

$$G_L(\vec{q}) = \frac{\hbar}{2}\sum_j \omega_L(\vec{q};j) + \frac{\hbar}{2\pi}\sum_{n=1}^{\infty}\int_{-\infty}^{\infty}\cos[n\hbar\zeta/T]\log D_L(\vec{q},i\zeta)\,d\zeta + I_0 \tag{5.29}$$

となる．ただし
$$I_0 = \frac{\hbar}{2\pi i} \sum_{n=1}^{\infty} \int_{-\infty}^{\infty} \sin[n\hbar\zeta/T] \log D_L(\vec{q}, i\zeta) \, d\zeta \tag{5.30}$$
である．以下で示すように，分散関係は周波数に依存した誘電関数 $\epsilon(\omega)$ の関数である．誘電関数が ω の偶関数であれば分散関係もまた偶関数で，対称性から $I_0 = 0$ である．

従って，式 (5.29) で $I_0 = 0$ とし，次の恒等式を使うと積分を実行することができる．
$$\sum_{n=1}^{\infty} \cos nx = \pi \sum_{n=-\infty}^{\infty} \delta(x - 2\pi n) - 1/2 \tag{5.31}$$
最後の項 ($-1/2$ の項) を部分積分すると
$$G_L(\vec{q}) = T \sum_{n=0}^{\infty}{}' \log D_L(\vec{q}, i\omega_n) \tag{5.32}$$
を得る．

電磁的基準モード

式 (5.25) の相互作用自由エネルギーを見積もるためには，非一様な媒質中での基準モードの分散関係が必要である．ここでは特別の場合として，図 5.3 に示したように，厚さ L で誘電関数 $\epsilon_m(\omega)$ の薄膜が，誘電関数 $\epsilon_1(\omega)$ と $\epsilon_2(\omega)$ の半空間に挟まれている場合を考える．文献 3, 4 に従って，電場の時間的なフーリエ変換を $\vec{E}(\vec{r}, t) = \sum_{\omega} \vec{E}(\vec{r}, \omega) e^{-i\omega t}$ と書く．和は基準モードの周波数についてとる．同様にして磁場 $\vec{H}(\vec{r}, \omega)$ が定義される．一様な磁化率をもち外部電荷がない一般的な誘電媒質中のマックスウェル方程式から，電場や磁場の各々のデカルト成分は波動方程式を満たすことがわかる．例えば
$$\nabla^2 \vec{E}(\vec{r}, \omega) + \frac{\epsilon \omega^2}{c^2} \vec{E}(\vec{r}, \omega) = 0 \tag{5.33}$$

5.4. ファン・デル・ワールス力の連続体理論

となる．さらに，外部電荷がなければ

$$\nabla \cdot \vec{E} = 0 \tag{5.34a}$$

と

$$\nabla \cdot \vec{H} = 0 \tag{5.34b}$$

が成り立つ．波動方程式を解く時の境界条件は，異なる領域の境界で $\vec{E}$ と $\vec{H}$ の接線成分 (x と y 方向) が連続，および $\epsilon\vec{E}$ と $\mu\vec{H}$ の垂直成分が連続ということである．添字 $j = 1, m, 2$ で表される各々の領域で $\hat{x}$ と $\hat{y}$ 方向に並進対称性をもつ解は，場の各々の成分に対して $f_j(z)\exp[i(q_x x + q_y y)]$ の形をしている．よって，モードは波数ベクトル $\vec{q} = (q_x, q_y)$ でラベルされる．波動方程式から，関数 $f_j(z)$ は以下の形をしていることがわかる．

$$f_j(z) = A_j e^{\rho_j z} + B_j e^{-\rho_j z} \tag{5.35}$$

ここで，積分定数 A_j と B_j は境界条件から求まり，ρ_j は次のように定義した．

$$\rho_j(\omega)^2 = q^2 - \frac{\omega^2 \epsilon_j(\omega)}{c^2} \tag{5.36}$$

この一次元の場合には，$\hat{x}$ と $\hat{y}$ 方向を都合の良いように全く自由に決めて構わないから，ここでは波数ベクトルを $\hat{x}$ 方向にとるのが最も簡単である．すると，以下の二通りの場合がある．(i) $\vec{q}$ と $\hat{z}$ の二つのベクトルによって作られる面に対して $\vec{E}$ が垂直の場合．すなわち $\vec{E}$ が $\hat{y}$ 方向に沿っている場合．(ii) 磁場がこの面に垂直な場合．これらをそれぞれ E 波と H 波と定義するが，どちらの場合も波動方程式と式 (5.34) の両方を満たし，解の形は簡単になる．すべての領域での解を求めると，式 (5.35) の形の解の組が求まる．係数の行列式がゼロの時だけ方程式の組は解をもつ．この条件から $\Delta_E = 0$ および $\Delta_H = 0$ という二つの分散関係が得られ，前者は

E 波に，後者は H 波に対応する [4]．ただし，

$$\Delta_E = 1 - R(\rho_1, \rho_m) R(\rho_2, \rho_m) e^{-2\rho_m L} \tag{5.37a}$$

$$\Delta_H = 1 - R(\epsilon_m \rho_1, \epsilon_1 \rho_m) R(\epsilon_m \rho_2, \epsilon_2 \rho_m) e^{-2\rho_m L} \tag{5.37b}$$

および

$$R(x, y) = \frac{x-y}{x+y} \tag{5.38}$$

である[7]．

よって，自由エネルギー内の関数 D_L は

$$D_L(\vec{q}, \omega) = \Delta_E \Delta_H \tag{5.39}$$

と定義される．この形は以前に述べた規格化条件を満たしている．すなわち $\epsilon_j(\omega \to \infty) = 1$ であれば，$D_{L\to\infty}(\vec{q}, \omega) = 1$ と $D_L(\vec{q}, \omega \to \infty) = 1$ が成り立つ．従って，式 (5.25) から相互作用の自由エネルギーは

$$\begin{aligned}\Delta f(L) =& \frac{T}{2\pi} \sum_{n=0}^{\infty}{}' \int_0^\infty dq\, q\, \{\log\left[1 - R(\rho_1, \rho_m) R(\rho_2, \rho_m) e^{-2\rho_m L}\right] \\ &+ \log\left[1 - R(\epsilon_m \rho_1, \epsilon_1 \rho_m) R(\epsilon_m \rho_2, \epsilon_2 \rho_m) e^{-2\rho_m L}\right]\}\end{aligned} \tag{5.40}$$

で与えられる．ここで，すべての関数 R は $\omega = i\omega_n = 2\pi i n T/\hbar$ で評価され，すべての ρ_j は式 (5.36) より $\vec{q}$ の関数である．

ファン・デル・ワールス相互作用：特別な場合

ここで説明した連続体における量子統計的な描像によるファン・デル・ワールス相互作用の性質を調べるために，式 (5.40) の幾つかの特別な場合について考えてみる．式 (5.40) の形から，相互作用が様々な誘電率間の関

---

[7]章末問題 2 を参照せよ．

5.4. ファン・デル・ワールス力の連続体理論

係に依存していること，また相互作用の符号がこの関係に依存していることがわかる．

1. 「高温の場合」：すなわち $T \gg \min[\hbar\omega_0, \hbar c/L]$ の時 (ω_0 は誘電率が高周波数の極限である1に近付く時の特徴的周波数)，ゆらぎは古典的である．高周波数領域からの寄与はゼロであり ($\rho_i - \rho_j = 0$ の時 $R(\rho_i, \rho_j) = 0$)，また誘電率がゼロでないような最大の周波数よりも $T/\hbar$ は遥かに大きいので，和の中では $n = 0$ の成分だけが重要である．T が非常に大きければ，すべての誘電関数を評価するには $\omega_n = 0$ とおけばよく，これは誘電関数の静的な値に対応する．$x = 2qL$ と定義して式 (5.40) の積分を実行すると ($\omega_n = 0$, $\rho_i = q$ の時)

$$\Delta f(L) = \frac{T}{16\pi L^2} \int_0^\infty dx\, x \log\left[1 - \frac{(\epsilon_1 - \epsilon_m)(\epsilon_2 - \epsilon_m)}{(\epsilon_1 + \epsilon_m)(\epsilon_2 + \epsilon_m)} e^{-x}\right] \quad (5.41)$$

となる．ただし，すべての誘電関数はその静的な値 ($\omega = 0$) で評価する．誘電率の差が大き過ぎなければ，対数は1からの小さなずれに対して展開することができる．x についての積分を行うと

$$\Delta f(L) = -\frac{T}{16\pi L^2} \left[\frac{(\epsilon_1 - \epsilon_m)(\epsilon_2 - \epsilon_m)}{(\epsilon_1 + \epsilon_m)(\epsilon_2 + \epsilon_m)}\right] \quad (5.42)$$

を得る[8]．この表式は以前に説明した発見的な近似と同じ形をしており，相互作用は $1/L^2$ で減衰する．$\epsilon_1 < \epsilon_m < \epsilon_2$ または $\epsilon_2 < \epsilon_m < \epsilon_1$ の時，つまり薄膜の誘電率の値が両側にある半空間のそれぞれの誘電率の値の間にある時，斥力の相互作用が働き，薄膜は厚くなろうとする．その他のすべての場合では，相互作用は引力であり，薄膜は薄くなろうとする．また相互作用エネルギーが T に比例していることを指摘しておく．これは，このエネルギーが，電磁場の古典的ゆらぎから生じた純粋に「エントロピー的」な寄与であることを示している．

---

[8] n を整数とすると，$\int_0^\infty dx\, x^n e^{-x} = n!$ が成り立つことに注意せよ．

2. 「低温の場合」: すなわち $T \ll \min[\hbar\omega_0, \hbar c/L]$ の時, 変数 $\omega_n = 2\pi n T/\hbar$ は連続変数 ω と近似することができて, 0 から ∞ まで変化する. つまり

$$\sum_{n=0}^{\infty} \to \frac{\hbar}{2\pi T} \int_0^{\infty} d\omega \qquad (5.43)$$

となる. さらに, $L \ll 2\pi c/\omega_0$ の時 (ω_0 はすべての誘電率が 1 に近付く時の特徴的周波数), $\rho_j \approx q$ であり, 式 (5.40) の最初の対数項は無視できる. この近似では遅延効果 (以下を見よ) を無視していることになる. 遅延効果は, 関心のある最も高い振動数で光が薄膜を横切る時に, 有限の時間がかかることによって生じる. 第二項を部分積分すると

$$\Delta f(L) = -\frac{\hbar}{32\pi^2 L^2} \int_0^{\infty} d\omega \int_0^{\infty} dx\, x^2 \left[\frac{(\epsilon_1 + \epsilon_m)(\epsilon_2 + \epsilon_m)}{(\epsilon_1 - \epsilon_m)(\epsilon_2 - \epsilon_m)} e^x - 1 \right]^{-1} \qquad (5.44)$$

となる. ただし, $\epsilon_j = \epsilon_j(i\omega)$ である. 誘電率が非常に大きく違わなければ指数関数の項が支配的になり, この表式を

$$\Delta f(L) \approx -\frac{\hbar}{16\pi^2 L^2} \int_0^{\infty} d\omega \left[\frac{(\epsilon_1 - \epsilon_m)(\epsilon_2 - \epsilon_m)}{(\epsilon_1 + \epsilon_m)(\epsilon_2 + \epsilon_m)} \right] \qquad (5.45)$$

と近似できる. 相互作用は $\hbar$ に依存しているが, 温度には依らない. すなわちこれは量子力学的なゆらぎに起因する. また相互作用エネルギーは上と同様に $1/L^2$ で減衰する. 高温と低温に対する式 (5.42) と式 (5.45) を比較すると, 相互作用の「符号」は誘電関数の差で決まることがわかる. 高温の古典的極限では主にゼロ周波数での誘電関数に依存しており, 低温の極限では誘電関数の差を ω について平均したものに依存している.

3. 「遅延効果」が重要な場合, $\Delta f(L)$ に対して別の有用な近似を行なうことができる. 式 (5.40) を二つの項に分けて, 一方で $n = 0$ のモードをあらわに考慮し, 他方で $n = 1 \cdots \infty$ の和を表すことにする. 二番目の項において, 問題となる最も低い周波数 ω_1 でも (式 (5.40) およびその後の

5.4. ファン・デル・ワールス力の連続体理論

ω の定義を見よ)，三つの媒質の誘電率は非常に近いとする．これは，ρ_1，ρ_2，ρ_m がすべての周波数に対してほぼ同じである場合か，あるいは温度が十分に高くて ω_1 ではすべての物質が高周波数の極限にあり誘電率がほぼ 1 である場合，のいずれかの時に成り立つ．この近似では $n=0$ の項は厳密に残すが，式 (5.40) の R の引数を誘電率の差の最低次まで展開する．すると [6]

$$\Delta f(L) \approx -\frac{T}{8\pi L^2}\left[\frac{1}{2}R_0(\epsilon_1)R_0(\epsilon_2) + \sum_{n=1}^{\infty}\int_{r_n}^{\infty}dx\, x\, e^{-x}R_n(\epsilon_1)R_n(\epsilon_2)\right] \tag{5.46}$$

と書ける．ここで，

$$r_n = 2\omega_n\sqrt{\epsilon_m}L/c \tag{5.47}$$

および

$$R_n(\epsilon) \approx \frac{\epsilon_m(i\omega_n) - \epsilon(i\omega_n)}{2\epsilon_m(i\omega_n)} \tag{5.48}$$

である．x についての積分を実行すると

$$\Delta f(L) \approx -\frac{T}{8\pi L^2}\left[\frac{1}{2}R_0(\epsilon_1)R_0(\epsilon_2) + \sum_{n=1}^{\infty}R_n(\epsilon_1)R_n(\epsilon_2)(1+r_n)e^{-r_n}\right] \tag{5.49}$$

となる．

この表式の第一項は，ゼロ周波数の引力で $1/L^2$ のように減衰する．第二項の重要性は，r_n の値 (厚さ L の関数) に依存していることでわかる．この第二項が効いてくるような周波数領域で，誘電関数の周波数依存性が弱ければ R_n を定数と見なし，等比級数の和をとることができる．$4\pi LT/(\hbar c) \ll 1$ の極限でこの項は $1/L^3$ のように振舞う[9]．これは通常，遅延効果が支配的な極限でのファン・デル・ワールス相互作用とされている．

---

[9] $\sum_{n=1}^{\infty}(1+r_n)e^{-r_n} \approx c\hbar/4\pi T\sqrt{\epsilon_m}L$ が成り立つことを用いよ．

一般的にファン・デル・ワールス相互作用は，誘電関数の詳細によって引力にも斥力にもなり得ることを指摘しておく．さらに，厚さ L の薄膜が二つの無限大の誘電体に挟まれている場合，遅延効果のために距離の関数として $1/L^2$ 以外の振舞い(例えば $1/L^3$)を示す項が現れることがある．特に $1/L^2$ の項が引力で遅延効果による $1/L^3$ の項が斥力の場合には，全体のファン・デル・ワールスのエネルギーを最小化するような，薄膜の厚さ L の値が存在することになる．もしも拘束がなければ，少なくとも局所的には系は最適な厚さをもとうとする．氷と蒸気と水の三相が共存する三重点において，バルクの氷とバルクの蒸気間に存在する水の薄膜の平衡の厚さを見積もるために，同様な考え方が表面の融解の議論でも使われている[7]．薄膜の厚さは数十オングストロームであると考えられており，これは不完全な表面融解を示している．

5.5　静電相互作用

帯電表面

帯電基間の距離が離れていることにより，有限の範囲に及ぶ内的な電場が存在するする系では静電相互作用が重要で，多くの場合に支配的となる．例えばある界面活性剤は分子に付着したままの固定電荷の他に，極性の溶媒に溶ける移動可能な対イオンを有している．$NaSO_3$ の極性基では，正に帯電した Na が移動可能で，負の SO_3 基が固定電荷となる．このような基を有する二つの界面間の静電相互作用は，コロイド粒子や粘土，ミセル，二重膜の安定化のために重要であり，多くの場合これらの物質は界面活性剤や帯電高分子で覆われている．通常，この静電相互作用は(界面間の距離が分子サイズのオーダーならなければ)斥力で，このような『粒子』を溶液中に分散させた時に，凝集を妨げるような働きをする．このような系を

5.5. 静電相互作用

説明するには，コロイド粒子やミセルの表面上の固定電荷と，非局在化した移動可能な対イオンを考える．対イオンは溶液中に存在することでエントロピーを増大させ，自由エネルギーを下げる．関心のある問題は，固定電荷をもつ表面の周囲での対イオンの空間分布を求めることである．クーロン引力によって対イオンは表面の近傍に「束縛」されようとする一方，溶媒との混合のエントロピーによって対イオンは溶液中に分散しようとする．非常に強く帯電した表面の場合，ほとんどの対イオンは固定電荷近傍の薄い層の中に存在し，この層の典型的な厚さは数オングストロームである．残りの対イオンは溶液中に存在し，その密度は固定電荷のある表面からの距離の関数としてゆっくりと (べき則で) 減少する．この非局在化した電荷が，帯電表面間の長距離相互作用の要因となる．いくらかの電荷が表面近傍で非常に強く局在しているため，長距離相互作用を議論する時には，表面の実効的な電荷という考え方を用いることができる．これは，系の全般的な構造や相挙動を決めるために重要である．

本節では，固定電荷と移動可能な電荷から成る系の自由エネルギーを局所的な電荷密度の関数として求め，この自由エネルギーを最小化することによって，移動可能な対イオンの電荷分布の空間依存性がどのように決まるかを調べる．系の全自由エネルギーを考えるには，様々な問題を扱わなければいけない．話を簡単にするために，固定電荷と移動可能な対イオンから成る系を考え，対イオンは点と見なすことができて，希薄気体として扱えるような極限を考える．実際の系では，この単純な場合からのずれが重要になることもある．例として対イオンの排除体積効果 (有限サイズ効果)，表面電荷分布の不連続性，対イオン間の特別な相互作用などの効果などがあるが，これらは自由エネルギーを一般化して適切な近似で取り入れることができる．ここでは固定電荷と移動可能な対イオンから成る最も簡単な場合を考えるが，その結果，電荷分布はべき則による長距離の空間的

減衰を示す．以下で示すように，これから固定電荷をもつ二表面間の長距離斥力が導かれ，この斥力はコロイドサスペンションの安定化のために重要な役割を果たす．

しかし通常，コロイド系では水のような溶媒がある．これに塩が加わるとさらに移動可能な電荷が導入され，この場合に電荷は正と負の両方の符号をもつ (例えば Na^+Cl^-)．従って，対イオンの他に塩イオンが固定電荷の遮蔽に関わるため，三種類の移動可能な電荷を考えなければいけない．それらは，対イオン，正の塩イオン，負の塩イオンであり，塩と対イオンが区別のつく分子であれば，塩イオンのエントロピーは対イオンのエントロピーとは異なる．塩を加えると (実験的に塩は必ずある程度水中に存在する) 固定電荷は遮蔽されやすくなり，電荷分布の空間依存性は，固定電荷をもつ表面から離れるに従って，べき則的な減衰から指数関数的な減衰に変化する．この指数関数の減衰長は遮蔽長として知られ，バルク溶液中における平衡塩濃度の平方根に逆比例する．比較的少量の塩を加えるだけで，二つの帯電表面間の静電的斥力に対して劇的な効果が現れる．塩がなければ対イオンによる遮蔽は長距離的であるが，塩を加えると遮蔽および表面間の相互作用は近距離的になる．コロイド系においては，塩を加えることで帯電コロイド表面間の実効的な斥力が減少するため，7 章で説明するように，系は不安定化を起こす．

平均の電荷分布や固定電荷をもつ表面間の実効的な相互作用を自由エネルギーの最小化によって決める際には，以下のことを仮定している．すなわち熱ゆらぎは重要ではなく，空間的に変化する平均の電荷分布によって系の性質は決まるとしている．これは必ずしも正しくはなく，単純な平均場的な分布からのずれに起因する，移動可能な対イオンの分布の相関効果は，固定電荷をもつ表面間の相互作用の性質を変えることがあり，ある場合には近距離の「引力」をもたらしてしまう[1]．

5.5. 静電相互作用

自由エネルギー

　密度 $n(\vec{r})$ の (移動可能な) 対イオンと，密度 $n_f(\vec{r})$ の固定イオンから成る系を考える．対イオンと固定電荷が反対の符号をもつことをあらわに考慮するため，n と n_f は共に正の量であるとする．溶液中の対イオンを希薄な理想気体として扱えるならば，系の自由エネルギーは

$$F = T \int d\vec{r}\, n(\vec{r}) \left[\log[n(\vec{r})\, v_0] - 1 \right] + \frac{e^2}{2\epsilon} \int d\vec{r}\, d\vec{r}'\, \frac{n(\vec{r})\, n(\vec{r}')}{|\vec{r} - \vec{r}'|}$$
$$- \frac{e^2}{\epsilon} \int d\vec{r}\, d\vec{r}'\, \frac{n(\vec{r})\, n_f(\vec{r}')}{|\vec{r} - \vec{r}'|} + \frac{e^2}{2\epsilon} \int d\vec{r}\, d\vec{r}'\, \frac{n_f(\vec{r})\, n_f(\vec{r}')}{|\vec{r} - \vec{r}'|} \quad (5.50)$$

のように書ける．ここで，溶媒は連続的な流体であり，誘電率が ϵ の誘電体であると仮定した．式 (5.50) の第一項は混合のエントロピー (v_0 は対イオン一個当りの体積)，第二項は対イオン同士の斥力，第三項は対イオンと固定電荷間の引力，最後の項は固定電荷同士の斥力である．同じ電荷同士の相互作用の前にある 1/2 という因子は，相互作用を二重に数えないためについている．電荷の保存から

$$\int n(\vec{r})\, d\vec{r} = \int n_f(\vec{r})\, d\vec{r} \quad (5.51)$$

が成り立つ．ここで便宜上ポテンシャルを定義する．

$$\psi(\vec{r}) = \int \frac{n(\vec{r}')}{|\vec{r} - \vec{r}'|}\, d\vec{r}' \quad (5.52a)$$

$$\psi_f(\vec{r}) = -\int \frac{n_f(\vec{r}')}{|\vec{r} - \vec{r}'|}\, d\vec{r}' \quad (5.52b)$$

慣習的な静電ポテンシャル $V(\vec{r})$ は，その勾配[10]に負符号をつけたものが電場になるものとして定義される．つまり $\vec{E} = -\nabla V$ なので，ψ とは $V(\vec{r}) = e\psi/\epsilon$ のように関係していることに注意する必要がある．

---
[10] gradient

乱雑混合近似の考え方に従ってゆらぎは無視し，電荷が保存されるという制約のもとで自由エネルギーを汎関数的に最小化することにより，対イオンの電荷密度を決める．従って，次のグランドポテンシャル G を最小化する．

$$G = F - T\mu \int n(\vec{r})\, d\vec{r} \tag{5.53}$$

ただし，F は式 (5.50) で与えられる．これから

$$n(\vec{r}) = n_0\, e^{-\ell \psi_t} \tag{5.54}$$

が求まる．ただし

$$n_0 = e^{\mu}/v_0 \tag{5.55}$$

$$\psi_t = \psi + \psi_f \tag{5.56}$$

である．また

$$\ell = \frac{e^2}{\epsilon T} \tag{5.57}$$

はビエルム長[11]として知られており，水中に一個の電荷があればおよそ 7Å である．この解を再び式 (5.50) の自由エネルギーに代入すると

$$F = \frac{T}{2} \int d\vec{r}\, [n(\vec{r}) + n_f(\vec{r})]\, [\log[n(\vec{r})\, v_0] - 1] \tag{5.58}$$

となる[12]．よって，最小の自由エネルギーは本質的に対イオンのエントロピーの半分で与えられる．

対イオンの分布

式 (5.54) を対イオンの空間分布について解くには，式 (5.52) のポテンシャルが次のラプラス方程式に従うことに注意する．

$$\nabla^2 \psi = -4\pi n(\vec{r}) \tag{5.59a}$$

---
[11] Bjerrum length
[12] 式 (5.51) や $\int d\vec{r}\, n(\vec{r})\, \psi_f(\vec{r}) = -\int d\vec{r}\, n_f(\vec{r})\, \psi(\vec{r})$ などに注意せよ．

5.5. 静電相互作用

$$\nabla^2 \psi_f = 4\pi n_f(\vec{r}) \tag{5.59b}$$

ここで $n_t = n - n_f$ と定義すれば

$$\nabla^2 \psi_t = -4\pi n_t \tag{5.60}$$

と書くことができる．ここで，n_f は固定電荷の分布であり，界面の構造(例えばコロイド粒子，ミセル，膜)から決まるものである．また $n(\vec{r})$ は式 (5.54) によってポテンシャルと関係している．従って，電荷密度またはそれと同等のポテンシャルに対する非線形方程式が得られたことになる．

一つの界面の近傍の電荷分布

一つの平らな表面が $z = 0$ にあるとし，一様な固定電荷 $n_f = \sigma_0 \delta(z)$ をもっているとする．

$$\phi = \ell \psi_t \tag{5.61}$$

と定義すると，式 (5.54), (5.60) から

$$\nabla^2 \phi = -4\pi \ell \left[n_0 \, e^{-\phi} - \sigma_0 \, \delta(z) \right] \tag{5.62}$$

となる．n_0 は保存則から決められるので

$$n_0 \int dz \, e^{-\phi} = \sigma_0 \tag{5.63}$$

を満たす．式 (5.62) の解のうち，$z \to \infty$ でゼロに減衰するものは

$$\phi = 2 \log \left[(|z| + \lambda) \sqrt{2\pi n_0 \ell} \right] \tag{5.64a}$$

$$n(z) = \frac{1}{2\pi\ell} \frac{1}{(|z| + \lambda)^2} \tag{5.64b}$$

であり，特徴的長さは

$$\lambda = \frac{1}{\pi \ell \sigma_0} \tag{5.64c}$$

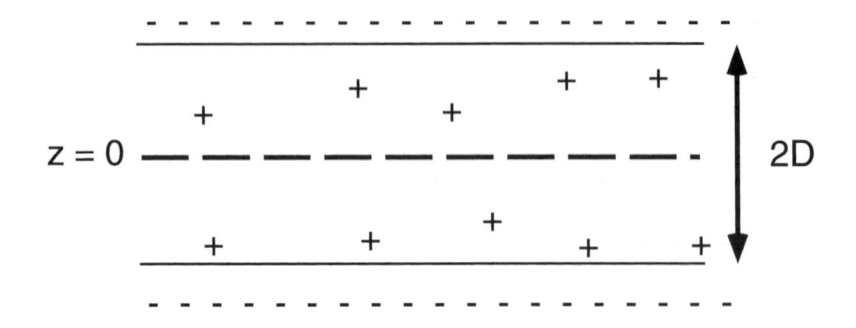

図 5.4: 負の固定電荷をもつ二枚の板と正の対イオン．点線は $z = 0$ の面を表し，板間の距離は $2D$ である．

で与えられる[13]．表面から離れるとともに，電荷密度はゆっくりと減衰する．しかし，ほとんどの電荷は厚さ λ の層内に局在し，この厚さは固定電荷の密度 σ_0 が無限大になるとゼロになる．

二つの帯電表面間の相互作用

図 5.4 に示すような二つの帯電表面を考えることで，さらに様々なことがわかる．二つの表面は距離 $2D$ 離れていて，それらの丁度中間面を $z = 0$ とする．二つの表面間の領域では式 (5.62) が成り立っているが，ここでは境界条件として，電荷分布とポテンシャルが $z = 0$ について対称でなければいけない ($z = 0$ の面で電場がゼロということと同等である)．ポテンシャ

---
[13] これは「グイ・チャップマン (Gouy-Chapman) 長」とも呼ばれる．

5.5. 静電相互作用

ルとして $-D < z < D$ の領域で

$$\nabla^2 \phi = -4\pi n_0 \ell e^{-\phi} \tag{5.65}$$

を満たし，$z=0$ で $d\phi/dz = 0$ という境界条件を満たすものは

$$\phi = \log \cos^2(k_0 z) \tag{5.66}$$

である．ここで，

$$k_0^2 = 2\pi n_0 \ell \tag{5.67}$$

である．

電荷密度は

$$n(z) = \frac{n_0}{\cos^2(k_0 z)} \tag{5.68}$$

であり，n_0 は $z=0$ の面での電荷密度である．電荷密度 n_0 は保存則から簡単に計算される．すなわち次のような平面の周期的な配列を考えると

$$\int_{-D}^{D} n(z)\, dz = \sigma_0 \tag{5.69}$$

が成り立つ．これから

$$n_0 = \frac{k_0 \sigma_0}{2 \tan(k_0 D)} \tag{5.70}$$

と求まる．式 (5.67), (5.70) から

$$k_0 D \tan(k_0 D) = \pi \ell \sigma_0 D \tag{5.71}$$

となる．この表式を用いて，パラメータ k_0 すなわち n_0 を電荷密度 σ_0 と面間隔 D で表すことができる．ここでは，電荷密度が小さい場合と大きい場合の二通りの極限を考える．

1. 「理想気体の極限」：低電荷密度の極限 $D\ell\sigma_0 \ll 1$ では，式 (5.67)，(5.70) は $k_0 D \ll 1$ を意味し，そのため $n \approx \sigma_0/2D$ であり，z にはほとん

ど依らない．これは**理想気体の極限**に対応し，対イオンは二面間でほぼ一様に分布している．

2.「高電荷密度の極限」：高電荷密度の極限 $D\ell\sigma_0 \gg 1$ (間隔が広く，電荷密度が高い) では，$k_0 D \approx \pi/2$ であり，式 (5.67) から $n_0\ell \sim 1/D^2$ となる．一様な電荷分布の場合 $n_0 \approx \sigma_0/2D$ なので，この結果は中央面 $z = 0$ での電荷が，一様な分布の電荷よりもさらに $1/(\ell\sigma_0 D)$ 倍だけ小さいことを表している．面の間隔を大きくすると，一様な電荷分布の場合に対する中央面での電荷の「比」は小さくなる．この結果は構造に強く依存している．またこの結果は次のことを示している．すなわち実際の固定電荷 ($Z = \sigma_0 A$ で A は面の面積) から，その近傍に局在した対イオンの電荷を差し引いた実効的な『固定』電荷 Z^* を考えることができるのだ．すると λ より遥かに大きな距離に着目すると，系は近似的にあたかも移動可能な対イオンの実効的な電荷

$$Z^* \approx Z\left(\frac{1}{\ell\sigma_0 D}\right) \tag{5.72}$$

が，実効的な固定電荷間の空間に一様に分布しているように振舞う．このような効果によってクーロン相互作用は減少するため，クーロン相互作用によって決まる長距離的な性質は大きな影響を受ける．

デバイ・ヒュッケル近似

ここでは，(例えば負の) 固定電荷をもつ二枚の板があり，溶液中にさらに塩がある場合を考える．塩は濃度 n_s (単位体積中の電荷数) のバルクの塩溶液と平衡にあると仮定する．対イオンと正の塩イオン (対イオンと同じ化学種であると仮定する)，負の塩イオンなどのすべての電荷が板上の固定電荷の遮蔽に関わっており，我々の最終目標はセルフコンシステントな電荷分布を求めることである．固定電荷を遮蔽できるイオンがより多く

5.5. 静電相互作用

存在するので，以前に議論した，塩を含まない系の電荷分布のようには長距離的にならない．以下では，電荷分布が板間の距離とともに指数関数的に減衰することがわかる．この減衰を特徴付ける長さは遮蔽長として知られ，その逆数 κ はバルクの塩濃度と

$$\kappa^2 = 8\pi n_s \ell \tag{5.73}$$

のような関係がある．

正の塩イオンと対イオンは区別がつかないとするので，両者は同じ理想気体を構成していると考えられる．すべてのイオンのエントロピーと

$$T\mu \int d\vec{r}\, (n_+ + n_-) \tag{5.74}$$

の形の化学ポテンシャルを含めて，式 (5.50), (5.53) と同様な自由エネルギーを考えよう．ただし，n_+ と n_- は正と負の塩イオンの電荷密度である．電気的中性の条件によって正と負のイオンの総数は等しいので，それぞれのイオンに同じ値の化学ポテンシャルを対応させている．「バルク」の塩溶液と平衡にある系では，固定電荷によって生じる対イオン (その数は断面積 A に比例する) は塩イオンの総数 (その数はバルク溶液の体積に比例する) と比較すればほとんど無視できる．よってここでは n_+ ですべての正の電荷を含むことにする．塩イオンの化学平衡を意味するこの保存則に加えて，表面電荷密度 σ の二枚の板に挟まれた領域の電気的中性の条件が必要である．これは

$$\int_{-D}^{D} (n_+ - n_-)\, dz = \sigma \tag{5.75}$$

と書ける．

正味の電荷

$$\rho(\vec{r}) = n_+ - n_- \tag{5.76}$$

は正と負のイオンの局所的な密度差によってのみ生じるとすると (負符号は電荷の符号を表している)，以前と同様に自由エネルギーを最小化して，ポアッソン・ボルツマン方程式

$$\nabla^2 \phi = -4\pi \ell \rho(\vec{r}) = -4\pi \ell n_s (e^{-\phi} - e^{\phi}) \tag{5.77}$$

を得る．ここで，$\ell = e^2/(\epsilon T)$ はビエルム長，$\phi = \ell \psi(\vec{r})$ は無次元のポテンシャルであり，また

$$\psi = \int \frac{\rho(\vec{r}')}{|r - r'|} d\vec{r}' \tag{5.78}$$

である．式 (5.77) では $z \to \pm\infty$ でのポテンシャルをゼロとおいたので，$n_+ = n_0 \exp(-\phi)$ に従う電荷密度 (n_0 は化学ポテンシャルから決められる定数) は $z \to \pm\infty$ で $n_+ \to n_s$ となるようにした．ただし，n_s はバルクの電荷密度である．これから $n_s = n_0$ と決まる．

ポテンシャルについて解くために，高塩濃度の極限を考える．この場合，固定電荷は強く遮蔽される．ポテンシャルは小さい (より正確に言うと，ポテンシャルは板と中央の間で大きく変化しない) と仮定して，式 (5.77) を線形化する．この近似はデバイ・ヒュッケル近似と呼ばれる．すると

$$\nabla^2 \phi = 8\pi \ell n_s \phi = \kappa^2 \phi \tag{5.79}$$

となる．この方程式を，$z = 0$ の中央面で $\partial \phi / \partial z = 0$ という対称性の境界条件および式 (5.75) を用いて解くと

$$\phi = -\frac{\sigma \kappa}{4 n_s} \frac{\cosh(\kappa z)}{\sinh(\kappa D)} \tag{5.80}$$

および

$$\rho(z) = \frac{\sigma \kappa}{2} \frac{\cosh(\kappa z)}{\sinh(\kappa D)} \tag{5.81}$$

となる[14]．κD が大きい時，中央面 $z = 0$ での電荷密度は，$z = \pm D$ の板

---
[14] 式 (5.76) より $\rho(z) = n_+ - n_- \approx -2n_s \phi$ であるので，式 (5.81) が導かれる．

5.5. 静電相互作用

での値と比較すると $\exp(-\kappa D)$ に比例した因子だけ小さい[15]. 塩がない場合の, より弱いべき則的な振舞いと比較して強く遮蔽されているのは, 塩イオンも固定電荷の遮蔽に関わっているためである.

表面間の力

二つの巨視的な表面間の相互作用の力を測定することによって, 表面や界面の性質を調べることができる[1]. 電荷をもつ系では, 表面は帯電した界面活性剤や高分子で覆われいる. 表面間には極性溶媒があり, その中に対イオンが溶けている. そのような場合に, 表面間に働く力を計算してみることは興味深い. これらの力は, 粒子(例えば固定電荷と対イオン)の数を一定に保ったままで, 系の体積を変化させた時の自由エネルギー変化として定義される.

$z = D$ の表面(法線が $\hat{z}$ 方向)に働く $\hat{z}$ 方向の単位面積当りの力は, **縦圧力(縦応力)** $\Pi_\ell(z = D)$ と呼ばれる[16]. 縦圧力は, 自由エネルギーを $\hat{z}$ 方向の膨張や圧縮にともなう体積変化について微分したものと関係している. 系は非等方的なので, 縦方向 ($\hat{z}$) と横方向 ($\hat{x}, \hat{y}$) の体積変化を区別しなければいけない. 単位面積当りの力は応力と呼ばれる. 非等方的な系の場合, 応力はテンソル量で, その成分を $\Pi_{ij}(\vec{r})$ と書く. 最初の添字は力の方向で, 二番目の添字は力が働く面の法線方向を表している. 系がずりに対する復元力をもつ場合にはテンソル Π の非対角成分が存在する. 発散の定理から[8], 体積 V に働く力 $\vec{T}$ は, 応力の発散の体積積分 ($\int dV$), あるいは応力の表面積分 ($\int dA$) で表される. 成分で書くと

$$T_i = \int dV \frac{\partial \Pi_{ij}}{\partial r_j} = \int dA\, \Pi_{ij}\, n_j \tag{5.82}$$

---

[15] 実際, $\rho(D) \approx \sigma\kappa/2$ および $\rho(0) \approx (\sigma\kappa/2)e^{-\kappa D}$ である.
[16] ここでは「縦圧力」と「縦応力」,「横圧力」と「横応力」はそれぞれ同義で使われている. 圧力も応力も単位面積当たりの力で同じものを指している.

である．ただし $\vec{r} = (x,y,z)$ で[17]，繰り返された添字 j については和をとるものとする．また表面の法線の j 方向成分を n_j と定義した．距離 $\Delta \vec{R}$ だけ表面を動かすために必要な全仕事は $\vec{T} \cdot \Delta \vec{R}$ で与えられる．

無限に広い二つの表面が媒質で隔てられており，その媒質が応力を伝える場合 (例えば以前に説明した帯電流体)，面積 A の二つの固い表面間 (法線方向は $\hat{z}$ と $-\hat{z}$ 方向) に働く $\hat{z}$ 方向の単位面積当りの力は，$\Pi_{zz}(z=D) = \Pi_\ell(D)$ で与えられる．ただし，添字 ℓ は応力の縦方向の成分であることを意味している．応力テンソルの横成分 $\Pi_t(z) = \Pi_{xx}(z) = \Pi_{yy}(z)$ は ($\hat{z}$ 方向に垂直な面内では等方的な系の場合)，系の断面積を増やすような変位に対する $\hat{x}, \hat{y}$ 方向の力と関係していて，**横圧力**(**横応力**) と呼ばれる．関係する法線ベクトルも $\hat{x}, \hat{y}$ 方向である．なぜならば，系を収容している『側面』に力をかけて，断面積を増やすような状況を考えているからである．

縦応力は $\Pi_\ell(z)$ を任意の z で計算してから $z=D$ と置いて求めても良いし，または各々の表面を距離 ΔD だけ動かすために必要な単位面積当りの仕事が $[\Pi_\ell(D) + \Pi_\ell(-D)]\Delta D$ で与えられることを使っても良い．これは自由エネルギーの変化に等しい．対称性から $\Pi_\ell(D) = \Pi_\ell(-D)$ であることに注意すると，表面間の力は

$$\Pi_{zz}(D) = -\frac{1}{2}\frac{\partial f_s}{\partial D} \tag{5.83}$$

を計算すれば良い．ただし，f_s は単位面積当りの自由エネルギーである．$\Pi_\ell(D) > 0$ の時，体積が増えると自由エネルギーは減るので，表面間の力は斥力である．一方，$\Pi_\ell(D) < 0$ の時，表面間の力は引力である．

横応力 Π_t は，断面積を増やすか減らすことによって体積を変化させた時の全自由エネルギー変化から計算することができる．密度 $n(z)$ で表される系があって，$n(z)$ は $\hat{z}$ 方向のみに変化し，$\hat{x}, \hat{y}$ 方向には一様で等方

---

[17] $\vec{r} = (r_1, r_2, r_3) = (x,y,z)$ である．

5.5. 静電相互作用

的であるとする．全自由エネルギーを

$$F = \int dz\, dA\, f[n(z)] \tag{5.84}$$

と書く．ここで，面積要素は dA であり，単位体積当りの自由エネルギー $f[n(z)]$ は $n(z)$ にしか依らない．全粒子数を一定に保ったままで断面積を変化させると，全自由エネルギーは幾つかの方法で変化する．(i) 面積要素 dA が変化する．(ii) 密度は局所的な面積要素の逆数に比例しているので，「局所的」な密度が変化する．(iii) 面積要素が変化するにつれて境界条件が変化する．以下で議論するように，対イオンの気体の横圧力の計算においては，これらのすべての変化が考慮される．

二つの帯電表面の縦応力

このような考え方を用いて，二枚の帯電板の単位面積当りの力から生じる縦応力 $\Pi_\ell = \Pi_{zz}(D)$ を，式 (5.83) から計算することができる．断面積 A の一次元の問題を考え，単位面積当りの自由エネルギーを f_s と書く (式 (5.50) を見よ)．すると，縦応力は $\Pi_{zz}(D) = -(1/2)(\partial f_s/\partial D)$ で

$$f_s = T \int_{-D}^{D} dz \left[n(z)[\log[n(z)\,v_0] - 1] + \frac{\ell}{2} n_t(z)\psi_t(z) \right] \tag{5.85}$$

である．ただし，$n(z)$ は対イオンの電荷密度，n_t と ψ_t はそれぞれ全体の電荷密度とポテンシャルであり，式 (5.59) の後で定義されている[18]．電荷の保存から $\int n_t(z)\,dz = 0$ が成り立つので，全体のポテンシャルに任意の定数を加えても自由エネルギーは変化しない[19]．そこで，固定電荷をもつ表面上で全ポテンシャルが $\psi_t(D) = \psi_t(-D) = 0$ であるように選ぶ．次に問題を再スケール[20]することで距離を無次元化し，式 (5.83) を D に

---
[18] 式 (5.85) の ℓ は式 (5.57) で定義されているビエルム長である．
[19] 式 (5.60) の両辺を $\hat{z}$ 方向に積分した式を考えれば良い．
[20] rescale

についてあらわに微分する．そのためには境界条件が D と独立でなければならないが，これは電荷の保存則に対しては当てはまらない．しかし，独立な変数を電荷密度 n から電場に変更すれば，電場が満たす境界条件は D と独立であることに注意する．ポテンシャル ψ_t と ($\vec{\varepsilon} = -\nabla \psi_t$ で定義される) 再スケールされた電場 $\vec{\varepsilon}$ (誘電率の ϵ と混同しないこと) の間の関係

$$\frac{\partial^2 \psi_t}{\partial z^2} = -\varepsilon_z = -4\pi n_t(z) \tag{5.86}$$

を使い

$$n_t = \frac{1}{4\pi} \varepsilon_z \tag{5.87}$$

を得る[21]．帯電表面のすぐ外側 (溶媒側) では $n_t = n(z)$ となり，対イオンの密度になる．この領域では，電荷の保存則 $\int n(z)\, dz = \sigma$ が ε に対する境界条件となり

$$\varepsilon(D) - \varepsilon(-D) = 4\pi\sigma \tag{5.88}$$

である (ここで，$\varepsilon(D)$ は $z \to D$ の極限を意味し，固定電荷による電場の不連続性は含めない)．対称な問題の場合には $\varepsilon(z) = -\varepsilon(-z)$ なので，

$$\varepsilon(z=0) = 0 \tag{5.89}$$

が成り立つ．これらの二つの境界条件は，z 座標のリスケーリングに対して不変である．

最初に式 (5.85) の第二項の部分積分を行い

$$\int dz\, n(z)\, \psi(z) = -\int dz\, \frac{1}{4\pi} \psi_{zz} \psi = \int dz\, \frac{1}{4\pi} (\psi_z)^2 = \int dz\, \frac{1}{4\pi} \varepsilon^2 \tag{5.90}$$

---

[21] ε_z は $\partial \varepsilon / \partial z$ を意味し，$\vec{\varepsilon}$ の z 成分を ε と表していることに注意せよ．問題の対称性により，$\vec{\varepsilon}$ の x, y 成分はゼロである．

5.5. 静電相互作用

と書く[22]．ここでは，見やすくするために n と ψ の添字 t を省き，さらに境界 $z = \pm D$ でポテンシャルがゼロになるという境界条件を用いた．従って

$$f_s = T \int_{-D}^{D} dz \left[n(z) \left[\log[n(z) v_0] - 1 \right] + \frac{\ell}{8\pi} \varepsilon^2 \right] \quad (5.91)$$

を得る．次に空間変数を $w = z/D$ のように再スケールし

$$f_s = \frac{T}{4\pi} \int_{-1}^{1} dw \left[\varepsilon_w \left(\log \frac{\varepsilon_w v_0}{4\pi D} - 1 \right) + \frac{\ell D}{2} \varepsilon^2 \right] \quad (5.92)$$

となる[23]．式 (5.83) から圧力は

$$\Pi_{zz}(D) = \frac{T}{8\pi} \int_{-1}^{1} dw \left[\frac{\varepsilon_w}{D} - \frac{\ell}{2} \varepsilon^2 \right] \quad (5.93)$$

で与えられる．一方，f_s を ε で最小化して求まるオイラー・ラグランジュ方程式は

$$\varepsilon_{ww} - \ell D \, \varepsilon \, \varepsilon_w = 0 \quad (5.94)$$

となる[24]．この方程式は一回積分することができて，$w=0$ で $\varepsilon = 0$ という境界条件を使うと

$$\frac{\varepsilon_w}{D} - \frac{\ell \varepsilon^2}{2} = \frac{\varepsilon_w(0)}{D} = \varepsilon_z(0) = 4\pi n(0) \quad (5.95)$$

となる．$n(0)$ は中央面における電荷密度の値である．従って，式 (5.93) は

$$\Pi_{zz}(D) = T n(0) \quad (5.96)$$

となる．縦応力は中央面における電荷密度の理想気体的な圧力で与えられ，そこでは電場による圧力がゼロになる．以前に議論した低電荷密度の極限において，この圧力は板に挟まれた理想気体の圧力 $\Pi_{zz}(D) = T(\sigma/2D)$ と

---

[22] ψ_z と ψ_{zz} はそれぞれ $\partial \psi / \partial z$ と $\partial^2 \psi / \partial z^2$ を意味する．
[23] 以下で ε_w と ε_{ww} はそれぞれ $\partial \varepsilon / \partial w$ と $\partial^2 \varepsilon / \partial w^2$ を意味する．
[24] 式 (1.132) を参照せよ．

一致している．高電荷密度の極限では $n_0 \sim 1/(\ell D^2)$ で，系を閉じ込めている板に働く圧力は理想気体の極限と比較すると著しく減少している．これは式 (5.96) が示すように，高電荷密度の極限においては，帯電板から遠く離れた場所で電荷密度が急激に減少することによる．

二つの帯電表面の横応力

横応力または横圧力 $\Pi_t(z) = \Pi_{xx}(z)$ は，断面積のみの変化で体積を変化させた時の自由エネルギー変化と関係している．すなわち板間の距離を一定に保ち，粒子数も一定に保つ．式 (5.91) で与えられる単位面積当りの自由エネルギーと，式 (5.88), (5.89) の境界条件を考える．式 (5.88) の境界条件は単位面積当りの電荷 σ に依存しているため，(全電荷は一定であるから) 断面積にも依存する．断面積を変えた時の自由エネルギー変化を計算するために，断面積の変化に対して境界条件が不変であるように問題を再スケールしなければならない．そこで，新しい独立変数 $\eta = \varepsilon/\sigma$ を定義する．ただし，ε は再スケールされた電場で，$\vec{\varepsilon} = -\nabla \psi_t$ によって定義される．すると境界条件は断面積には依存しなくなり，自由エネルギーの適切な微分をとることによって，圧力を計算することができる．η を用いると，境界条件は

$$\eta(D) - \eta(-D) = 4\pi \tag{5.97}$$

$$\eta(z = 0) = 0 \tag{5.98}$$

となる．

式 (5.87), (5.91) から，(z 軸方向の) 単位長さ当りの自由エネルギー f_ℓ を η で表すと

$$f_\ell = A \frac{T}{4\pi} \left[\sigma \eta_z \left(\log \frac{\eta_z \sigma v_0}{4\pi} - 1 \right) + \frac{\ell}{2} \sigma^2 \eta^2 \right] \tag{5.99a}$$

となり，A は断面積である．ここでは，自由エネルギーをスケールしない単位で書いた (つまり体積の変化は間隔 D を含まないので，縦方向の座標を $z = wD$ とした)．N_f を固定電荷数として，$\sigma = N_f/A$ と定義することによって，自由エネルギーの断面積依存性をあらわに示す．再スケールされた境界条件は，断面積が変化しても η は変化しないことを示している．

$$f_\ell = \frac{TN_f}{4\pi}\left[\eta_z\left(\log\frac{\eta_z N_f v_0}{4\pi A} - 1\right) + \frac{\ell N_f}{2A}\eta^2\right] \tag{5.99b}$$

横圧力は

$$\Pi_t = -\frac{\partial f_\ell}{\partial A} \tag{5.100}$$

で与えられる．A について微分してから，Π_t をスケールされた電場 $\varepsilon = \eta\sigma$ で表すと

$$\Pi_t = \frac{T}{4\pi}\left[\varepsilon_z + \frac{\ell}{2}\varepsilon^2\right] \tag{5.101}$$

となる．式 (5.87)，(5.95) を用いて Π_t を電荷密度で表すと

$$\Pi_t = T\left[2n(z) - n(0)\right] \tag{5.102}$$

となる．力学的な平衡から要求されるように，縦圧力は z に依らず一定であった．一方，横圧力は z に依存する．等方的な (つまり $n(z)$ が z によらない)系の極限では $\Pi_t = \Pi_\ell = Tn(0)$ であり，理想気体の法則に帰着する．

5.6 溶質によって誘起される相互作用

対イオンの溶液が間に入っているような二つの帯電表面間の相互作用の議論は，一般的に溶質によって誘起される相互作用の特殊な場合である．ここでは，二つの表面に挟まれた溶媒中の溶質を考える．溶質と壁，溶質と溶媒，溶質同士の相互作用から，溶媒，溶質，壁の系の自由エネルギー

が決まる．自由エネルギーの壁間距離に対する依存性から，二つの壁の間に働く力の符号と大きさがわかる．静電的な場合では，長距離相互作用に着目した．本節では，短距離相互作用しか働かない溶質でも，境界の表面間に実効的な引力が誘起されることを示す．壁が溶質を引き付けるかまたは遠ざけるかにかかわらず，相互作用は引力である．これは，壁の存在によって作られる濃度勾配が引力の原因になっているからである．(壁が溶質を遠ざける場合には，溶質によって誘起される**枯渇相互作用**[25]という．) 二つの壁の間の距離が小さくなると，全体の勾配エネルギーは小さくなる．二つの壁の間の浸透圧は，壁の外側のバルクの浸透圧よりも低いので引力が生じる．この圧力の差によって，二つの壁が引き合うような力が生じる．

モデル自由エネルギーと境界条件

一次元のモデル系を考え，$z = \pm D$ にある二つの壁が，溶媒とそこに溶けた溶質分子から成る二元溶液を挟んでいるとする．溶質分子は壁を透過することができると仮定し，壁の間の溶液はバルクと平衡状態にあるとする．バルク溶液中の溶質濃度を c_b とする．$z = \pm D$ に壁があるため，局所的な濃度 $c(z)$ が変化する (ただし，$\hat{z}$ 方向にしか変化しないと仮定する)．単位面積当りの ($k_B T$ を単位とした) バルク自由エネルギーは，溶質の局所的な濃度 $c(z)$ の関数である．溶質と壁の相互作用による濃度プロファイルの変化に起因する自由エネルギーの変化を考える．1章と2章のやり方に習うと，壁がある系のバルク自由エネルギーと，壁のない系で $-D < z < D$ にあるバルク溶液の自由エネルギーの間の (単位面積当りの) 自由エネルギー差 Δf は

$$\Delta f = \int_{-D}^{D} dz \left[f_b[c(z)] - f_b[c_b] + \frac{1}{2} B \left(\frac{\partial c(z)}{\partial z} \right)^2 \right] \tag{5.103}$$

---
[25] depletion interaction

5.6. 溶質によって誘起される相互作用

と書ける．ここで，$f_b[c(z)]$ はバルクの自由エネルギーで，局所的な密度の汎関数になっている．$c = c_b$ は溶質濃度のバルク値である．全体の自由エネルギーは，Δf と比較すると，バルク溶液の自由エネルギー密度を系全体で積分したものを含む項だけ異なっているが，この項は D に依らないので落してある．式 (5.103) で $f_b[c(z)]$ は局所的な濃度の汎関数であり，B に比例した項は濃度変化のために生じる近距離相互作用を表している．この自由エネルギーの他に，溶質と壁の相互作用からの寄与もある．単位面積当りの自由エネルギーに対するこの寄与を

$$f_0 = f_w[c(D)] + f_w[c(-D)] \tag{5.104}$$

と書く．ここで扱う対称な問題の場合には $c(D) = c(-D)$ である．壁・溶質間の相互作用エネルギー f_w は，この相互作用が近距離的な性質であるため，壁における溶質分子の「局所的」な値にしか依らないと仮定した．関数 $f_w[c]$ の詳細な形は，壁との相互作用に依る．例えば $f_w = -a_1 c$ の形は，$a_1 > 0$ の時に溶質は壁に引き付けられ，$a_1 < 0$ の時に反発することを表す．引力相互作用は単に吸着した分子の数に比例する．単位面積当りの全自由エネルギーは $\Delta f + f_0$ となる．

静電気力の議論と同様に話を進めるため，無次元の変数 $w = z/D$ を考える．すべての微分は，系が化学的な平衡状態にあるという条件のもとで行われる．そのため，内側の領域とバルクの自由エネルギーに化学ポテンシャルの項を加える．$\Pi_b[c] = \mu c(z) - f_b[c]$ を局所的な浸透圧[26]，μ を化学ポテンシャルとして，単位面積当りの全グランドポテンシャル g を

$$g = 2f_w[c(w=1)] + D\int_{-1}^{1} dw \left[-\Pi_b[c(w)] + \Pi_b[c_b] + \frac{B}{2D^2}\left(\frac{\partial c(w)}{\partial w}\right)^2 \right] \tag{5.105}$$

と書く．

---

[26] 式 (1.73) を参照せよ．ただし，化学ポテンシャル μ は式 (5.106) で与えられる．

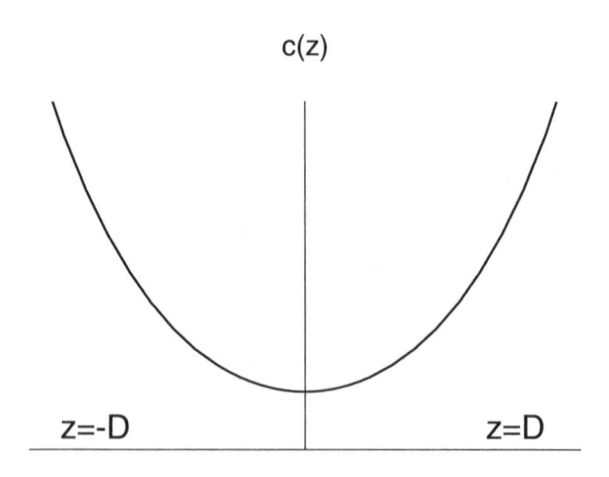

図 5.5: 溶質が壁に引き付けられる場合の濃度プロファイル $c(z)$. 壁は $z = \pm D$ に存在する.

化学平衡の条件から，系全体で化学ポテンシャルは等しく，濃度が c_b であるバルク溶液の値をとる．

$$\mu = \left(\frac{\partial f_b[c]}{\partial c}\right)_{c_b} \tag{5.106}$$

これによって μ が c_b で表される．g を関数 $c(w)$ で最小化する時の境界条件は，(i) 対称性の条件 ((図 5.5) を見よ) から，$w = 0$ の中央面で $\partial c/\partial w = 0$，(ii) $\partial g/\partial c(w=1) = 0$，すなわちグランドポテンシャルは壁での c の値について最小化されるという条件である．$c(w)$, $c(w=1)$, D を独立な自由度と見なし，別々に最小化する．

壁に働く圧力

壁に働く正味の縦圧力 Π_{zz} は，全グランドポテンシャル G を体積 V で微分して負符号をつけたものである．体積は縦方向の長さ D を増やすか減らすかして変化させる．これを単位面積当りのグランドポテンシャル g と D を用いて

$$\Pi_{zz} = -\frac{\partial G}{\partial V} = -\frac{1}{2}\frac{\partial g}{\partial D} \tag{5.107}$$

と表す[27]．これから

$$\Pi_{zz} = \frac{1}{2}\int_{-1}^{1} dw \left[\Pi_b[c(w)] - \Pi_b[c_b] + \frac{B}{2D^2}\left(\frac{\partial c(w)}{\partial w}\right)^2\right] \tag{5.108}$$

となる．一方，$c(w)$ が満たすオイラー・ラグランジュ方程式より

$$\frac{B}{2D^2}\left(\frac{\partial c(w)}{\partial w}\right)^2 = -\Pi_b[c(w)] + \Pi_b[c(0)] \tag{5.109}$$

である．ただし，$c(0)$ は中央面における濃度である．よって，圧力は

$$\Pi_{zz} = \Pi_b[c(0)] - \Pi_b[c_b] \tag{5.110}$$

となる．ただし，バルクの浸透圧は $\Pi_b[c_b]$ で，壁の間の溶質の浸透圧は $\Pi_b[c(0)]$ である．壁に働く圧力はバルクの浸透圧と中央面における浸透圧の差に関係している．バルクの浸透圧が中央面におけるそれよりも大きければ，壁に働く正味の力は壁を近付けようとし引力となる．

平衡状態で一相状態が安定であるためには，$\Pi_b[c_b]$ が極大になっていなければいけないので，壁の間の力は引力であることがわかる．もしも化学ポテンシャルが同じで，さらに $\Pi_b = \mu c_b - f_b[c_b]$ が $\Pi_b[c_b] = \mu c(z) - f_b[c(z)]$ と同じかまたはそれより大きいような別の濃度があれば，系は相分離を起

---
[27] 式 (5.83) を参照せよ．微分は式 (5.105) であらわな D のみについて行う．$c(w)$ はパラメトリックに D に依存するが，$c(w)$ は極小なので g の $c(w)$ に関する第一変分はゼロになり，問題はない．

こすことになる．(グランドポテンシャル $f - \mu c$ が最小化されるということは，Π が最大化されるということに注意しなさい．) よって，一定の化学ポテンシャルでは，$\Pi_b[c(0)] < \Pi_b[c_b]$ および $\Pi_{zz} < 0$ であり，壁の間に引力が働くことを示している．一つの例として，$f_b = \chi c^2/2$ の場合を考えよう．式 (5.106) から $\mu = \chi c_b$ なので

$$\Pi_{zz} = -\frac{1}{2}\chi[c(0) - c_b]^2 < 0 \tag{5.111}$$

となる[28]．

高分子溶液

平衡の高分子溶液 (例えば良溶媒中の長鎖の高分子) においても，以前に説明した小さい分子の溶液の場合と同様に，表面間に引力相互作用が生じる[9]．可逆および非可逆な吸着の両方の場合が文献9で説明されている．バルクの自由エネルギーは式 (5.103) と似ているが，この場合には濃度ではなく $\psi(\vec{r})$ の汎関数であり，$\psi(\vec{r})$ の二乗が高分子の濃度に比例している．これは次のように発見的に理解できる．鎖のあるセグメントを空間内で見出す確率は，鎖に沿って隣り合う「二つ」のモノマーの結合確率に依存している (より詳しい説明は文献10にある)．表面相互作用の項は以前に説明したもので，表面濃度を変数 ψ の「二乗」で置き換えたものと似ている．高分子がバルク溶液と平衡にあるような可逆的な吸着の場合，板間の相互作用は常に引力である．非可逆的な吸着の場合，表面間の相互作用は斥力になることもある．

---

[28] $\Pi_b[c(0)] = \chi c_b\, c(0) - \chi c^2(0)/2$ および $\Pi_b[c_b] = \chi c_b^2/2$ と式 (5.110) から導かれる．

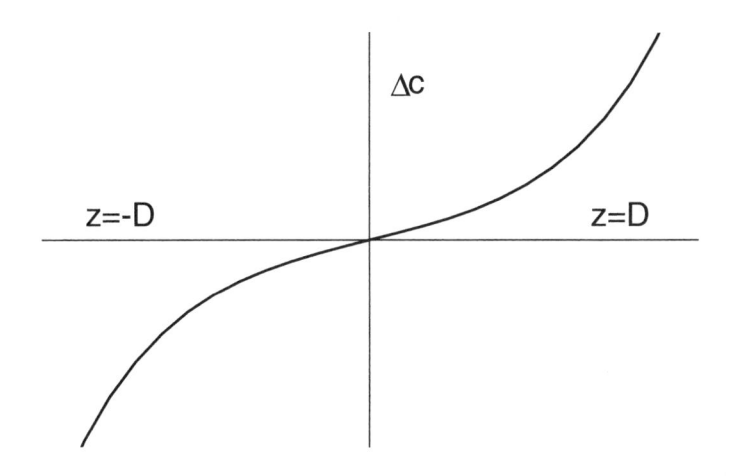

5.6. 溶質によって誘起される相互作用

図 5.6: 完全に非対称な境界条件 (すなわち溶質は右側の壁には引き付けられ，左側の壁からは反発される) に対する濃度プロファイル．$\Delta c = c(z) - c_b$ で，c_b は溶質のバルク濃度である．壁は $z = \pm D$ に存在する．

表面間の斥力

前節では，二つの対称な壁の間に溶質が存在することによって，壁の間に実効的に引力が働くことを示した．この結果は，壁の間の溶液がバルクと平衡であるという事実に依存している．しかし，壁の間の相互作用が斥力という状況もある．これは二つの壁における境界条件が非常に非対称で (図 5.6 を見よ)，そのため $z = 0$ で大きな濃度勾配が生じるような場合である．壁は互いに遠ざけ合うことによって，この大きな勾配の効果を減らそうとする．

これは，式 (5.108) の圧力を考えることで理解できる．この表式は境界

条件にかかわらず正しい．しかし，式 (5.109) のオイラー・ラグランジュ方程式は，境界条件が対称であり，$z=0$ での濃度プロファイルの微分がゼロであるような場合にのみ正しい．より一般的には，オイラー・ラグランジュ方程式の第一積分は

$$\frac{B}{2D^2} c_w^2 = -\Pi_b[c(w)] + \Pi_b[c(0)] + \frac{B}{2D^2} c_w^2(0) \tag{5.112}$$

のように書ける．ここで，$c_w = \partial c/\partial w$ である．これを式 (5.108) に代入すると

$$\Pi_{zz} = \frac{B}{2} c_z^2(0) + \Pi_b[c(0)] - \Pi_b[c_b] \tag{5.113}$$

となる．ただし，スケールされていない変数 $z = wD$ を用いて勾配を表した．従って，圧力は正 (斥力相互作用) または負 (引力相互作用) になり得る．壁との相互作用が完全に非対称な場合，すなわち $c(z=D) = c_b(1+\delta)$ および $c(z=-D) = c_b(1-\delta)$ で，δ は境界条件から決められる場合には対称性から $c(0) = c_b$ である．すると式 (5.113) の第二項と第三項は厳密に打ち消し合い，(勾配の二乗の項は正であるから) 壁の間の相互作用は斥力となる．よって，非常に非対称な壁の場合には $z=0$ に存在する大きな濃度勾配のために斥力が生じ，この斥力はこの勾配の効果を減らそうとする傾向をもつ．

5.7　問題

1. ファン・デル・ワールス相互作用

　厚さが $2d$，中心間の距離が $2D$ 離れた二つの膜間のファン・デル・ワールス相互作用を計算しなさい．$D \gg d$ の時，また厚さに比べて膜間の距離が小さい極限での相互作用はどのような形になるか？

5.7. 問題

$Z = (z+z')/2$ と $\zeta = (z-z')/2$ という座標変換を行って，式 (5.15) のファン・デル・ワールス相互作用を計算しなさい．積分領域も注意深く変換する必要がある．

2. 分散関係

マックスウェル方程式と，本文中で説明したような適当な境界条件を用いて，式 (5.37) の電磁的基準モードの分散関係を導きなさい．ここでは，厚さが L，誘電関数が $\epsilon_m(\omega)$ の誘電体の薄膜が，それぞれ $\epsilon_1(\omega)$ と $\epsilon_2(\omega)$ の誘電関数をもつ二つの半無限空間で挟まれているとし，その中を一次元的に伝播する波を考える．

3. 浸透圧と静電気

固定電荷密度 σ_0 の平板が $2D$ の間隔で周期的に並んでいる時，相互作用エネルギーは間隔の関数としてどのようになるか？ $n(z)$ の解を用いて，自由エネルギーから厳密に計算しなさい．縦浸透圧を求め，これを以前に求めた $\Pi_\ell = Tn(0)$ と比較しなさい．

4. デバイ・ヒュッケル近似での相互作用

固定電荷密度 σ をもつ二枚の板があり，その間の溶液は対イオンと添加塩を含み，濃度が n_s のバルク溶液と平衡状態にある時，板間の相互作用はどうなるか？ 本文中で説明したデバイ・ヒュッケル近似を用いよ．

5. 静電気：自由エネルギー的アプローチ

　本文では自由エネルギーを局所的な電荷密度の関数として考え，静電相互作用の議論を行った．この方法では，これから考えるように，単純な理想気体的な極限とは異なる状況も扱える．そのために，自由エネルギーに適当な項または自由度を付け加えて一般化する．そして電荷密度について最小化し，局所的な電荷密度が満たす方程式を求める．対イオン間に次のような相互作用が働く場合を考えよう．

$$\int d\vec{r}\,d\vec{r}'\ U(\vec{r}-\vec{r}')\,n(\vec{r})\,n(\vec{r}') \tag{5.114}$$

ただし，U は近距離的であるとする．これでポアッソン・ボルツマン方程式はどのように変わるか？

　次に，対イオンと添加塩が存在する場合を考え，塩の正と負のイオンは両方とも対イオンとは化学的に区別がつくとする．これによって，自由エネルギーとそれから導かれるポアッソン・ボルツマン方程式はどのように変わるか？

6. 表面力と静電気

　自由エネルギーに相互作用 (例えば有限サイズをもつ対イオン間の排除体積相互作用) を含めると，式 (5.96) の結果はどのように一般化されるか？式 (5.85) に $Bn^2/2$ という項を付け加え，圧力の計算を再び実行しなさい．

7. 溶質に誘起される相互作用

　バルクの自由エネルギーが二次関数 $g_b[c] = \chi c^2/2$ で与えられ，壁との相互作用が $f_w = -a_1 c(D)$ の場合を考えよう．$c(D)$ は一定と仮定して，グランドポテンシャル (溶質保存の条件付き自由エネルギー) を最小化するよ

うな濃度プロファイルを求めなさい．次に，この $c(z)$ の解を使って（バルクと壁の）全体のヘルムホルツの自由エネルギーを計算し，これを $c(D)$ について最小化して壁における濃度を求めなさい．(最小化は直接行っても良いし，4章の式 (4.49) での説明と同様な方法を用いても良い．) さらに，この $c(D)$ を使って全体のヘルムホルツの自由エネルギーを壁間隔の関数として求め，(大きな間隔と小さな間隔の極限を考えて) 壁の間の相互作用の性質と到達範囲を議論しなさい．この相互作用は，a_1 の符号に依らないことを示しなさい．つまり，壁が引力的かまたは斥力的であるかには無関係である．さらに本文中で求めた壁に働く圧力の表式と比較しなさい．

8. 引き合う壁における理想気体の圧力

バルクの自由エネルギーが理想気体の自由エネルギーで与えられる時，式 (5.110) を使って，壁における圧力を $c(0)$ と c_b を用いて求めなさい．壁の間の相互作用は引力であることを示しなさい．

9. 引き合う壁の間の高分子鎖

距離 $2D$ 離れた引き合う壁の間にある高分子鎖を考える．バルクの単位面積当りの汎関数自由エネルギーは

$$f_b = \frac{1}{2} B \int_{-D}^{D} dz \left(\frac{\partial \psi}{\partial z} \right)^2 \tag{5.115}$$

で与えられる[10]．ただし，高分子の濃度 $c(z)$ (単位体積当りのモノマー数) は，ψ と $c(z) = \psi^2(z)$ のように関係している[10]．壁との相互作用を表す自由エネルギーは

$$f_w = -a_1 c(z) = -a_1 \psi^2 \tag{5.116}$$

の形をしていると仮定しなさい．パラメータが $a_1 > 0$ の時にはモノマーと壁の間の引力相互作用を，$a_1 < 0$ の時には斥力相互作用を表す．

壁の間の全モノマー数が保存されるという条件のもとで自由エネルギーを ψ について最小化することで，全自由エネルギーを間隔 D の関数として求めなさい．パラメータ a_1 を変化させた時に，壁の間の相互作用が引力的または斥力的な性質をもつことを説明しなさい．壁に働く圧力を求め，本文中で求めた一般的な表式と比較しなさい．低分子の溶質で誘起される相互作用とどのように異なるか？ 高分子が貧溶媒中にある場合の，壁の間の相互作用については文献 11 を見なさい．

10. 壁の間の引力相互作用

距離 $2D$ 離れた二つの壁の間に媒質があるような系を考えよう．壁の法線方向は $\hat{z}$ 方向であり，面 $z = 0$ は壁の間の中央面である．この媒質は，正および負の値をとり得る「非保存」の秩序変数 ψ で記述され，その自由エネルギー f は

$$f = \int d\vec{r} \left(g[\psi] + \frac{1}{2} B |\nabla \psi|^2 \right)$$

で与えられる．ただし，$g[\psi] = \alpha \psi^2 / 2$ である．もしも壁との相互作用が非常に強ければ，相互作用から表面の境界条件が決まる．右の壁では $\psi = \psi_0$ で，左の壁では $\psi = -\psi_0$ であるような境界条件を考えよう．

壁の間の秩序変数のプロファイルを計算しなさい．壁の間の実効的な相互作用は，D の関数としてどのようになるか？

どのような物理系がこのような振舞いを示すか？

同じ問題で，局所的な自由エネルギー $g[\psi]$ が一般的な場合 (ただし $g[0] = 0$) を考えなさい．この一般的な形に対してオイラー・ラグランジュ方程式の第一積分を書き下し，中央面における ψ の傾きを用いて積分定数を決め

なさい．次に，スケールされた単位 $(w = z/D)$ での自由エネルギー

$$f = D\int_{-1}^{1} dw \left(g[\psi] + \frac{B}{2D^2}|\nabla\psi|^2 \right)$$

を考える．すると D を変えた時の f の変化は，あらわに計算することができる．すなわち

$$\frac{\partial f}{\partial D} = \int_{-1}^{1} dw \left(g[\psi] - \frac{B}{2D^2}|\nabla\psi|^2 \right)$$

この表式とオイラー・ラグランジュ方程式の第一積分を使って，より一般的な場合において相互作用が引力的か斥力的であるかを決めなさい．

5.8 参考文献

1. J. N. Israelachvili, *Intermolecular and Surface Forces*, 2nd ed. (Academic Press, New York, 1992). 邦訳：「分子間力と表面力」，近藤保・大島広行 共訳 (朝倉書店)

2. L. I. Schiff, *Quantum Mechanics* (McGraw-Hill, New York, 1968), ch. 8. 邦訳：「量子力学」，井上健 訳 (吉岡書店)

3. B. W. Ninham, V. A. Parsegian, and G. H. Weiss, *J. Statistical Physics* **2**, 323 (1970).

4. Yu. S. Barash and V. L. Ginzburg, *The Dielectric Function of Condensed Systems*, eds. L. V. Keldysh, D. A. Kirzhnitz, and A. Maradudin, Vol. 24 *Modern Problems in Condensed Matter Sciences* のシリーズ, eds. V. M. Agranovich and A. A. Maradudin (North Holland, New York, 1989), p. 389.

5. L. D. Landau, and E. M. Lifshitz, *Statistical Physics*, 3rd ed., E. M. Lifshitz and L. P. Pitaevskii による改訂版 (Pergamon, New York,

1980), p. 159. 邦訳:「統計物理学 (上・下)」, 小林秋男・小川岩雄・富永五郎・浜田達二・横田伊佐秋 共訳 (岩波書店)

6. V. A. Parsegian, *Annual Review of Biophysics and Bioengineering*, eds. L. J. Mullins, W. A. Hagins, and L. Stryer (Annual Reviews Inc., Palo Alto, CA, 1973) p. 221.

7. M. Elbaum and M. Schick, *Phys. Rev. Lett.* **66**, 1713 (1991); *J. Phys. I (France)* **1**, 1665 (1991).

8. L. D. Landau, and E. M. Lifshitz, *Theory of Elasticity*, 2nd ed., 改訂版 (Pergamon, New York, 1970). 邦訳:「弾性理論」, 佐藤常三・石橋善弘 共訳 (東京図書)

9. P. G. de Gennes, *Macromolecules* **15**, 492 (1982).

10. P. G. de Gennes, *Scaling Concepts in Polymer Physics* (Cornell University Press, Ithaca, NY, 1979). 邦訳:「高分子の物理学」, 久保亮五監修, 高野宏・中西秀 共訳 (吉岡書店)

11. K. Ingersent, J. Klein, P. Pincus, *Macromolecules* **19**, 1374 (1986).

第6章 柔らかい界面 (流体膜)

6.1 序論

　前章では，固い表面や界面間の相互作用に着目した．しかし，自然界に存在する興味深い界面の中には，単純に平らな界面ではなく，本質的な乱れを伴うものも存在する．これは通常，熱ゆらぎによる効果で，膜のような二次元系では重要である．本章では，柔らかい界面や膜の性質を考える．最初に流体膜の議論から始め，その自由エネルギーを曲率の関数で表す．現象論的なモデルと微視的なモデルの両方を扱う．次に，ほぼ平らな膜に対する熱ゆらぎの効果を説明する．最後に，ゆらいでいる膜間の相互作用の効果を考える．二つの膜が互いに貫通しないという事実から，どのようにして膜間の実効的な長距離相互作用が導かれるかを示す．この章では，界面が平らな形状である場合に着目する．つまり，分子は自己会合してほぼ平らな膜状になっていると仮定する．球状や円筒状の膜に対する，曲率弾性や熱ゆらぎの効果は8章で扱う．そこでは，自己会合分子が形成する様々な形状間の競合について説明する．ほぼ平らな膜の性質は，例えばすでに説明したマイクロエマルションやベシクルのような，自己会合する複雑流体のバルクの性質を理解する上で重要である．なぜならば，これらの系は相互作用している膜の集団と考えられるからである．

6.2 流体膜と界面活性剤

膜

　この章で膜という言葉は，(二重膜では) 二つの同じ物質を，また (単層膜では) 二つの異なる物質を分け隔てているような，一種類の物質から成る薄膜を指すことにする．ここでは流体膜 (面内のずり弾性がなく，面内の変形は圧縮または膨張のみ) に着目する．この系は，例えばカプセル化や洗浄のような工業的応用において重要である．さらに，幾つかの流体膜は生体系のモデルにもなり得る．もちろん，本当の生体膜は複数の成分から成り立っており，また固体状の裏打ち構造のために，膜がずり弾性をもつ場合もある．

　柔らかい固体膜も興味深い．しかし，それはまだ実験的には広く用いられておらず，膜の形の他にずりの影響も含めないといけないので，扱いがやや複雑になる．その曲率エネルギーは，本章の章末問題で扱う．理論的に非常に興味を集めた別の種類の系として，テザード膜[1]がある．テザード膜[(1)]は結晶化した膜ではなく，重合化された膜を記述することができる．一枚の流体膜は，壁や他の膜からの制約がないと熱ゆらぎの影響を非常に強く受ける (『くしゃくしゃ』になる) のに対して，固体膜は特に排除体積効果があるとゆらぎの影響が弱くなる傾向をもち，『より平ら』になろうとする．

両親媒性分子

　界面活性剤分子または**両親媒性分子**は，極性基と非極性基の両方が結合してできた分子である (図 6.1 を見よ)．5 章で説明した疎水性相互作用に

[(1)]tethered membrane. polymerized (重合化された) membrane と呼ばれることもある．

6.2. 流体膜と界面活性剤

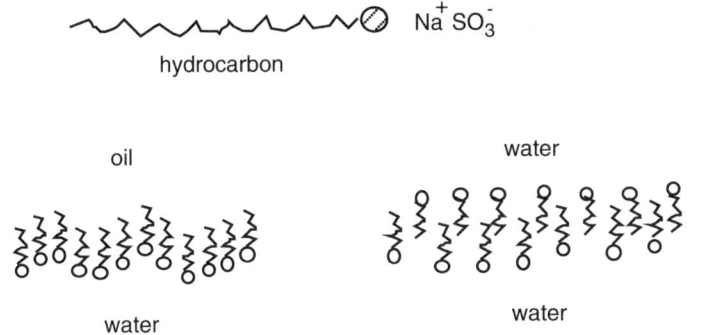

図 6.1: 界面活性剤分子は自己会合によって，単層膜を形成して水と油を分け隔てたり，二重膜を形成して二つの水の領域を分け隔てる．

より，分子は極性・非極性の界面(例えば水・油)において「単層膜」を形成する傾向をもつ．その際，分子の極性部を水に溶媒和させ，分子の炭化水素鎖の部分を油に溶かした状態になる．一般に，この薄膜の性質は界面に対して対称ではない．単一の溶媒中(例えば水)において，分子は「二重膜」を作る．その時，各々の単層膜の炭化水素鎖の部分は二重膜の中央で会合し，分子の非極性部と水が直接に接するのを妨げようとする．膜が一種類の分子でできている場合，二重膜の性質は膜の両側に関して対称である．脂質分子は界面活性剤に似た物質で，通常，極性頭部と二本の炭化水素鎖をもつ．この分子は生物学的な応用にとって重要である．その他の両親媒的な系としては，ブロックコポリマーがある．これは，二本の非相溶の高分子を共有結合でつないだものである(図6.2を見よ)．もしも二本の高分子がそれぞれ水と油に溶けるならば，コポリマーは界面活性剤と直接的に対応し，水・油の界面で単層膜を形成する．他にもブロックコポリ

マーは，ブロックを形成している二種類の(非相溶の)ホモポリマー間の界面で薄膜を形成するという界面活性を示す．このような分子は二種類のホモポリマーの相溶性物質[2]として有用で，一つの高分子が別の高分子中で安定に分散した系を作るために用いられる．このようにして，特別な性質をもった複合物質を作ることができて，その性質はは二種類の高分子から成る分散系によって最適化することができる．(相溶性物質がなければ，ホモポリマーは平衡状態で相分離する．すなわち分散系は不安定である．)

6.3　流体膜の曲率弾性

変形モード

　流体膜は，多くの異なった種類の化学的物質や分子から成り立っている．その振舞い(形，ゆらぎ，熱力学)は，膜の変形の自由エネルギーを考えることで統一的に理解することができる．もしも膜が平面内にあるように制約を受けていれば，唯一の問題となるエネルギーは分子の圧縮，つまり分子当りの平均面積の変化である．これは三次元流体中の音波と似ており，ずりに対する低周波の応答はない．しかし，膜は垂直方向(面の外側)にも変形することができるので，薄膜の形状を記述する付加的な『モード』がある．面の外側への変形は曲げモードまたは曲率モードとして知られ，このようなモードに対応した自由エネルギーは，曲率自由エネルギーと呼ばれる．有限の厚さの膜の場合には純粋な曲率変形を以下のように定義する．すなわち膜全体の体積は変化しないが，膜の異なった部分が局所的な膨張や圧縮をともなうような膜の摂動である．膜の一般的な変形では体積と曲率の両方が変化するが，変形エネルギーの最低次では通常，曲率しか含まない．ほとんどの系において，膜の平均の体積を変えるためにはより高い

---

[2] compatibilizer

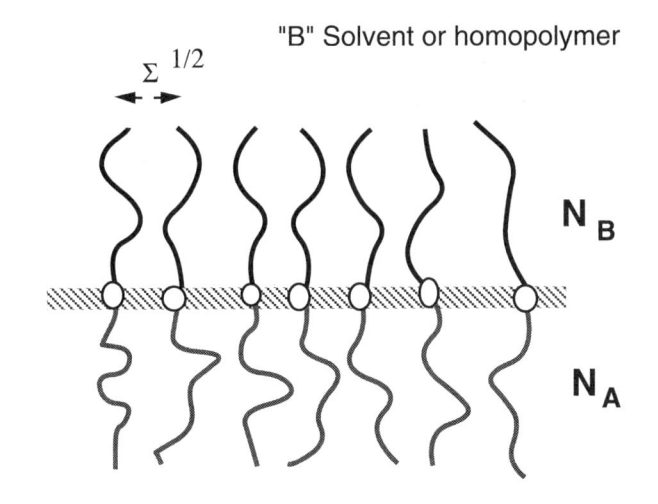

6.3. 流体膜の曲率弾性

図 6.2: 『A』ブロックに対する良溶媒 (『A』溶媒 (solvent) または『A』ホモポリマー (homopolymer)) と『B』ブロックに対する良溶媒間の界面に存在するブロックコポリマー．二つのブロックの重合度はそれぞれ N_A と N_B であり，Σ は界面の分子当りの面積である．

エネルギーを必要とするので，そのような体積変化は膜の熱的な振舞いを考える際にはあまり重要ではない．さらに，有限の厚さの膜内における界面位置を，曲率エネルギーの最低次までで，界面を定義する面 (中立面) が膨張も圧縮も受けないように選ぶことができる．しかし，真ん中の面に対して完全に対称である膜を除くと，この面の選択は系の様々な弾性定数に依存し，従って系に依存する．波長が膜の厚さよりも遥かに長い長波長の曲率変形に対しては，膜内における界面の厳密な位置は本質的ではない．

飽和した界面と圧縮

　水・油の界面にある単層の流体膜を考え，水中と油中の両親媒性分子の希薄溶液と膜とは平衡状態にあるとする．一般的に，界面に吸着した両親媒性分子と，バルクの溶液中の両親媒性分子間には平衡が成り立っている．両親媒性分子の体積分率が非常に小さい場合には，溶液との混合のエントロピーが大きくなるので，界面活性剤は溶液中に存在しようとする．界面は単位面積当たり比較的少量の吸着された両親媒性分子をもつであろう．しかし，極性基と炭化水素溶媒間，および炭化水素基と極性溶媒間の好ましくない相互作用のために，両親媒性分子がどちらかの溶液に非常に溶けにくい場合には，界面活性剤が溶液中に存在しにくくなる[3]．分子を溶液中に留めるために必要なエネルギーの大損失が混合のエントロピーを上回り，かなり小さな体積分率(実際にはかなり小さく，$\sim 10^{-4}$ またはそれ以下であり，この場合には強く界面を好む) でも，溶液中に存在するためのエネルギー損失は大き過ぎ，両親媒性分子は界面に集まろうとする．

　溶液中の両親媒性分子の体積分率を増加させると，より多くの分子が界面に集まり，界面での分子当りの面積 Σ は減少する．しかし，界面において，無限大の密度で分子をパッキングすることはできない．平らな界面において，パッキングエネルギーが $\Sigma = \Sigma_0$ という値で最小値をとる場合，Σ が Σ_0 近傍の値に減るまで両親媒性分子は平らな界面に集まり続ける．さらに分子を加えると，Σ を減らして自由エネルギーを「増加」させる代わりに (なぜならば，$\Sigma = \Sigma_0$ で最小だから)，両親媒性分子はパッキングを $\Sigma \approx \Sigma_0$ に保ったまま，「より多く」の界面を作ることによって，余分な分子を受け入れる (例えば平らな界面を波打たせたり，油を水の中に取り込むことで余分な界面を作り，そこに加えられた分子が集まる)．このような時，界面は飽和しているという．すなわちパッキング面積を変えずに，自

---
[3] 界面活性剤が溶液中にも存在し得る場合については，本章の補遺 A を参照せよ．

6.3. 流体膜の曲率弾性

由エネルギーを Σ について最小化するという条件のもとでより多くの界面を作ることによって，より多くの両親媒性分子を受け入れる．もちろん，界面は曲率をもつようになり，実際の Σ は曲率に依存するであろう (以下を見よ)．

一般には，分子が界面にある時と溶液中にある時の化学ポテンシャルを考えなければいけない．二つの化学ポテンシャルが等しいということが平衡の条件であり，界面上の分子当りの面積を決める．単一の水・油の界面のように，全体の界面の量が固定されている時には，Σ は決まってしまう (2 章の章末問題を見よ)．しかし，界面の量が自由エネルギーを最小化するように変化することができる時，Σ は分子当りの界面自由エネルギーを最小化するように決まる[2]．すると，化学ポテンシャルによって系に存在する界面の「数」や，界面に含まれない界面活性剤の (小さな) 体積分率が決まる．すなわち「各々」の界面の性質は，第一近似として，薄膜の局所的な自由エネルギーの最小化から決まる．

このようなプロセスの熱力学は，文献 2 で詳細に議論されている．それによると，界面活性剤の臨界体積分率 ϕ^* が存在し，それより上ではたくさんの界面ができる．界面に含まれない界面活性剤の量は少なく，全体の界面活性剤の量 ϕ を増やしても近似的にはほとんど一定のままである．この ϕ^* は臨界ミセル濃度と似ている (8 章を見よ)．従って，非常に界面活性の強い (非常にバルクに溶けにくい) 界面活性剤を考え，両親媒性分子の体積分率が非常に小さくても ($\phi^* \ll \phi \ll 1$)，平衡状態では系の中に「たくさん」の界面があるとする (例えばベシクルやマイクロエマルション)．この近似では，溶液中の界面活性剤の割合は非常に小さく，その体積分率はほぼ一定である．界面の性質に着目することで，系の特徴が理解できる．さらに，界面間の相互作用と並進のエントロピーが薄膜の局所的な変形エネルギーと比較して無視できる時には，まず局所的な変形エネルギーを最

小化して界面の大きさと形を求めることができる．その後で上の曲率エネルギーで決まる形状に対する高次の補正として，エントロピーと相互作用の効果を考慮することができる．

分子当りの面積で特徴付けられることに加えて，膜面はその厚さ λ によっても特徴付けられる．厚さも薄膜の変形にともなって変化する．話を簡単にするために，平らな膜の状態方程式から分子当りの面積の関数として厚さが決まるとしよう．(簡単な例として，非圧縮性分子の場合では，積 $\lambda\Sigma$ が分子体積に等しいという条件から $\lambda \sim 1/\Sigma$ となる．) 従って，平らな膜は分子当りの面積 Σ のみで特徴付けられ，曲がった界面は曲率と分子当りの面積の両方で特徴付けられることになる．

まず，局所的に平らな界面を考える．界面自由エネルギーが最小になる時に飽和が起こるとすると

$$\frac{\partial f_0}{\partial \Sigma} = 0 \tag{6.1}$$

である．ここで，f_0 は平らな膜の分子当りの自由エネルギーで，Σ は分子当りの面積である．分子当りの自由エネルギーは，$\Sigma = \Sigma_0$ の時に最小化される．分子当りの面積の最適値は，例えばエントロピーの項と界面張力の項や引力とのバランスから決まる．分子当りの面積が大きい方が重心の位置と鎖のコンフォーメーションの場合数が多いので，エントロピー的には好ましい．一方，界面張力の項 (例えば炭化水素鎖と水の接触) や引力は小さい Σ を好む．もちろん，分子当りの面積が最小値からずれることもあり，このような圧縮や膨張にともなうエネルギーの損失は

$$\Delta f_0 = \frac{1}{2} f_0''(\Sigma - \Sigma_0)^2 \tag{6.2}$$

であり，プライムは Σ についての微分を意味する．しかし，このような変形は通常，曲率変形よりも大きなエネルギーが必要である．膜は圧縮や膨張に必要な自由エネルギーよりも小さな自由エネルギーで形や大きさを変

6.3. 流体膜の曲率弾性

化させることができる.従って,溶解性が低い両親媒性分子の場合,界面の飽和と分子当りの面積についての最小化によって,通常の表面張力の項を無視することが許されるということを覚えておくことは重要である.すなわち微分が $\partial f/\partial \Sigma = 0$ となる.分子は自由エネルギーを最適化するように面積を調整し,膜の性質は主に曲率エネルギーによって決まるので,表面張力はもはや無関係となる.

曲率変形

次に曲面を考え,その主曲率が κ_1 と κ_2 で与えられるとする (1 章を見よ).平均曲率は

$$H = \frac{1}{2}(\kappa_1 + \kappa_2) \tag{6.3}$$

で,ガウス曲率は

$$K = \kappa_1 \kappa_2 \tag{6.4}$$

である.

今後,曲率を測る分割面を極性・非極性の界面に選ぶ.以下では,膨張や圧縮のモードが曲げ変形とは分離しているような「中立面」が存在することを示す.ただし,ここで扱うような一般の表面では,膨張や圧縮と曲げとのカップリングを考えなければならない.問題は多少複雑にはなるが,一般の表面を扱う方が便利である.なぜならば,中立面は数学的に便利な考え方であるのに対して,両親媒性の界面の微視的なモデルでは,分子の特定の場所を界面の位置と結びつけるからである (例えばブロックコポリマーの二本の高分子をつないでいる結合部や,界面活性剤の極性頭部).分子当りの自由エネルギーは,Σ と曲率の両方の関数である.この系で観察される大きなスケールの新しい構造を記述し,熱ゆらぎによって最も強く影響を受ける低エネルギーの変形を特徴付けるために,分子サイズよりも

遥かに大きな長さのスケールの曲率半径を考える．曲面の自由エネルギーを与える特定の分子モデルは，次の節で考察する．ここでは，非常に一般的な考察から，曲率の関数として自由エネルギーの表式が求まることを示す．

分子当りの自由エネルギー f の小さな曲率に対する展開を，κ_1 と κ_2 の二次までとる (実際の小さなパラメータは曲率と膜厚の積である)．1章で説明したように，曲率の二次までにおける曲面の二つの不変量は平均曲率とガウス曲率である．流体膜の自由エネルギーは座標系の回転に対して不変でなければいけないので，我々が考える次数までで，f は H，H^2，K の関数になっている．よって

$$f(\Sigma, H, K) = f_0(\Sigma) + f_1(\Sigma)H + f_2(\Sigma)H^2 + \bar{f}_2(\Sigma)K \tag{6.5}$$

となる．ここで，曲率の係数は一般に平衡の分子当りの面積の関数であり，それ自身も曲率に依存するであろう．平らな膜の自由エネルギーは f_0 で，f_1，f_2，$\bar{f}_2$ はそれぞれ自由エネルギーを H，H^2，K で微分したものである．平らな膜の自由エネルギーは $\Sigma = \Sigma_0$ の時に最小なので，曲率に「比例」した Σ の変化は曲率の「二乗」に比例する項を自由エネルギーにもたらす．$\partial f_0/\partial \Sigma_0 = 0$ なので，自由エネルギーに $\Sigma - \Sigma_0$ に比例する項は現れない．従って，f_0 を $\Sigma - \Sigma_0$ の二次まで，f_1 を $\Sigma - \Sigma_0$ の一次まで展開し

$$f(\Sigma, H, K) \approx f_0(\Sigma_0) + \frac{1}{2}f_0''(\Sigma_0)(\Sigma - \Sigma_0)^2 + f_1(\Sigma_0)H$$
$$+ f_1'(\Sigma_0)(\Sigma - \Sigma_0)H + f_2(\Sigma_0)H^2 + \bar{f}_2(\Sigma_0)K \tag{6.6}$$

を得る．ただし

$$f_0''(\Sigma_0) = \left(\frac{\partial^2 f_0}{\partial \Sigma^2}\right)_{\Sigma_0} \tag{6.7}$$

および

$$f_1'(\Sigma_0) = \left(\frac{\partial f_1}{\partial \Sigma}\right)_{\Sigma_0} \tag{6.8}$$

6.3. 流体膜の曲率弾性

である。H^2 と K に比例した項は，すでに微小量の二次のオーダーの展開になっている．その係数は Σ の展開で最低次までとればよく，従って $\Sigma = \Sigma_0$ を代入した f_2 と $\bar{f}_2$ で与えられる．「曲がった」界面の分子当りの平衡面積 Σ^* を求めるために式 (6.6) を Σ について最小化すると

$$\Sigma^* = \Sigma_0 - \left(\frac{f_1'}{f_0''}\right) H \tag{6.9}$$

を得る．

自由エネルギーを最適の分子当りの面積 Σ^* で見積もると，f は H と K だけに依ることになる．これによって**曲率自由エネルギー**

$$f(\Sigma^*, H, K) = g_0 + g_1 H + g_2 H^2 + \bar{g}_2 K \tag{6.10a}$$

が定義される．ただし，$g_0 = f_0(\Sigma_0)$，$g_1 = f_1(\Sigma_0)$，$\bar{g}_2 = \bar{f}_2(\Sigma_0)$ で

$$g_2 = f_2(\Sigma_0) - \frac{1}{2}\frac{{f_1'}^2}{f_0''} \tag{6.10b}$$

である．最小化の条件と，平らな膜面の安定性から $f_0'' > 0$ であるため，分子当りの面積が曲率に依存することによる補正項[4]は常に負である．これは，物理的には次のようなことを意味している．すなわち鎖が曲率に依存して分子当りの面積を調節できるならば，単層膜は曲げに対して分子当りの面積が固定されている時よりも柔らかく振舞うのである．よって，曲率に依存しない項 (飽和状態の平らな膜の自由エネルギー)，曲率に比例する項 (対称な二重膜ではゼロであるが，単層膜ではゼロではない)，そして曲率の二乗の項が残ることがわかる．

中立面

前節で見たように，分子当りの平衡面積 Σ^* には曲率に依存する補正項が存在する．これは，界面の膨張と曲率のカップリング，すなわち式 (6.6)

---

[4] (6.10b) の右辺第二項のことを指す．

の $(\Sigma - \Sigma_0)H$ に比例した項から生じるものである．曲率をもつ界面を法線方向に λ だけずらすことによってこのカップリングを消去することができて，λ の大きさは以下のようにして決められる．新しい界面の曲率は

$$H' \approx H(1 + 2\lambda H) - \lambda K \tag{6.11}$$

に従って変化する (1章の平行な曲面の説明を見よ)[5]．自由エネルギーにおいて曲率の二次までしか残さないのであれば，より高次の項やガウス曲率の変化は無視できる．新しい界面で定義される分子当りの面積 Σ' は，元々の界面で定義される分子当りの面積と

$$\Sigma' \approx \Sigma(1 - 2\lambda H) \tag{6.12}$$

のような関係がある[6]．ただし，式 (6.6) のエネルギーは平らな面における Σ の値からのずれの二次量に依存しているので，ここでは H に線形な項しか残さなかった．曲げのエネルギーを Σ' と曲率の両方の関数として書き換え (界面の位置のずれによってより高次の補正が現れるが，これは無視できる)，H^2, $(\Sigma - \Sigma_0)^2$, $(\Sigma - \Sigma_0)H$ のオーダーまでとると，式 (6.6) は

$$\begin{aligned}f(\Sigma', H', K') &\approx f_0(\Sigma_0) + \frac{1}{2}f_0''(\Sigma' - \Sigma_0)^2 + f_1(\Sigma_0)H' \\ &+ H'(\Sigma' - \Sigma_0)\left[f_1' + 2\Sigma_0\lambda f_0''\right] + \left[\bar{f}_2(\Sigma_0) + f_1(\Sigma_0)\lambda\right]K' \\ &+ \left[2f_0''\Sigma_0^2\lambda^2 + 2f'_1\Sigma_0\lambda + f_2(\Sigma_0) - 2f_1(\Sigma_0)\lambda\right]H'^2\end{aligned} \tag{6.13}$$

となる．ここで，余分な項は界面の位置の変化によって生じたものである．

界面位置のずれ λ を $f(\Sigma, H, K)$ の中で面積と曲率がカップルした項が現れないように選ぶことにより，中立面は定義される．式 (6.13) から，これは

$$\lambda = -\frac{f_1'}{2\Sigma_0 f_0''} \tag{6.14}$$

---

[5] 式 (1.129) を δ の一次まで展開し，$\delta = -\lambda$ とおけば良い．さらにこの次数まででは $K' \approx K$ として良い．

[6] 式 (1.128) を参照せよ．

6.3. 流体膜の曲率弾性

の時に成り立つことがわかる．自由エネルギーで唯一 Σ' に依存しているのは $(\Sigma' - \Sigma_0)^2$ の項であり，そのため，中立面において自由エネルギーが最小の状態は $\Sigma' = \Sigma_0$ で与えられることがわかる．つまり，平らな界面と比較して分子当りの面積の変化はない．自由エネルギーが最小になる時の Σ' で見積もると純粋な曲げの項だけが残り，式 (6.10a) の形の自由エネルギーを得る．その際，g_1 と $\bar{g}_2$ は以前と同じで，H'^2 の係数の g_2 には他の項が付け加わる (この章の章末問題を見よ)．

面積変化と曲率のカップリングが消えるような中立面の他に，実効的なサドル・スプレイ剛性率が消えるような特別な面を定義することができる[7]．そのような λ の値は，

$$\tilde{\lambda} = -\frac{\bar{f}_2(\Sigma_0)}{f_1(\Sigma_0)}$$

で与えられる．もちろん，この面は一般的に中立面とは異なる．また曲率の面の定義としては一種類しか選ぶことができない．従って，曲率の面として中立面か，あるいは実効的なサドル・スプレイ剛性率が消える面のいずれかを選ぶことができる．さらに，実効的なサドル・スプレイ剛性率が消える時の λ が，物理的に意味のあることを確認する必要がある．すなわち λ が膜の厚さよりも大き過ぎてはいけない．そうでないと，曲率の面が実際の膜よりも遠くに離れ過ぎてしまうことになる．次元解析から $\bar{f}_2/f_1$ は長さの次元をもち，曲率の自発半径 (次節参照) に比例していることが期待される．連続体理論は自発半径が分子サイズと比較して大きい時に最も適切であるため，$\tilde{\lambda}$ が膜の厚さと同程度になることは決してないと考えるかもしれない．しかし，サドル・スプレイ剛性率 (次節参照) 自身が自発半径に比例し，実際 $\tilde{\lambda}$ が膜の厚さと同程度に (あるいは小さく) なり，しかも物理的に意味があるような場合も存在する．これらの場合で $\lambda = \tilde{\lambda}$ と選び，実効的なサドル・スプレイ剛性率がゼロになると，曲げエネルギーの

---

[7] この段落は原著には含まれておらず，日本語版への補遺である．

膜全体のトポロジーに対する依存性がなくなるので興味深い．これによって，複雑な面のエネルギーやゆらぎの多くの計算が簡単化される．

曲率エネルギー

対称性の考察から曲率エネルギーを議論し，以前に解析したモデルと関係付けることができる．「単位面積当り」の曲率自由エネルギー f_c の最も一般的な表式は，式 (6.3), (6.4) で定義された平均曲率とガウス曲率を用いて表すことができる．二つの曲率 κ_1 と κ_2 の二次のオーダーまででは

$$f_c = 2k(H-c_0)^2 + \bar{k}K \tag{6.15a}$$

と書くことができ

$$f_c = \frac{1}{2}k(\kappa_1 + \kappa_2 - 2c_0)^2 + \bar{k}\,\kappa_1\kappa_2 \tag{6.15b}$$

と等しい．この単位面積当りの自由エネルギーはヘルフリッヒによって議論され[3]，自由エネルギーを最小化する平均曲率は c_0 であることを意味している．これは膜の**自発曲率**と呼ばれる．自発曲率からのずれによるエネルギーの損失は，**曲げ剛性率**または**曲率剛性率** k [8]で表される．パラメータ $\bar{k}$ は**サドル・スプレイ剛性率**として知られ，サドル型の変形に対するエネルギーの損失を表す．

自発曲率は，界面活性剤の膜が水 (慣習的に $c_0 < 0$ とする) または油 (慣習的に $c_0 > 0$ とする) の方向に曲がる傾向を示している．長距離相互作用が働かない場合，これは界面活性剤分子における極性頭部と炭化水素鎖の尾部のパッキング面積の競合から生じる．極性頭部間の (水や電解質を媒

---

[8] curvature moduli, curvature elastic moduli, curvature rigidities, bending rigidities, bending elastic moduli, bending moduli などの単語が用いられるが，これらは一般には式 (6.15) の中の k, $\bar{k}$ を指し，狭義には特に k だけを指す．訳語としては「曲率剛性率」，「曲率弾性率」，「曲げ剛性率」，「曲げ弾性率」などが当てられる．

6.3. 流体膜の曲率弾性

介とした)相互作用が,尾部・油・尾部の相互作用から決まるパッキング面積よりも小さい面積を好む時,界面活性剤の膜は頭部(と水)が界面の『内側』になるように曲がる傾向をもつ.曲げ剛性率 k と $\bar{k}$ は,頭部・頭部と尾部・尾部の相互作用から決まる弾性定数から生じる.これらの剛性率は界面活性剤の鎖長には敏感に依存するが,頭部・頭部の相互作用の強さにはあまり依存しないことが期待される.

ヘルフリッヒのパラメータ c_0, k, $\bar{k}$ は,式 (6.10) から導くことができる.式 (6.10), (6.15) を比較し,f が分子当りのエネルギーで f_c が単位面積当りのエネルギーであることに注意すると

$$k = \frac{g_2}{2\Sigma_0} \tag{6.16a}$$

$$\bar{k} = \frac{\bar{g}_2}{\Sigma_0} \tag{6.16b}$$

$$c_0 = -\frac{g_1}{2g_2} \tag{6.16c}$$

となる.これによって,分子当りの面積と曲率の変化の両方を取り入れた微視的モデルのパラメータから,曲率剛性率を求めることができる.安定な膜では常に $k > 0$ でなければならない.しかし,$\bar{k}$ の符号は正も負もとり得る.膜が球面や平面のように等方的な形(ガウス曲率が $K > 0$)になろうとする時には $\bar{k} < 0$ で,サドル形(ガウス曲率が $K < 0$)になろうとする時には $\bar{k} > 0$ である.二次の項が正定値であるということを要請すると,膜は $2k + \bar{k} > 0$ の時のみ安定であることがわかる[9].そうでなければ,系を安定化させるための高次の曲率項が必要である.

---

[9] 二次の項の係数行列は $\begin{pmatrix} k & k+\bar{k} \\ k+\bar{k} & k \end{pmatrix}$ である.この行列の行列式が正であるという条件から $2k + \bar{k} > 0$ が導かれる.ただし,この場合 $\bar{k} < 0$ とする.

簡単な微視的モデル

　曲率剛性率に対する物理的な意味付けを得るために，簡単な微視的モデルを考える．すなわち鎖の単層膜モデルを考え，鎖はばね定数が k_s，平衡の自然長が ℓ_s のばねであるとする (図 6.3 を見よ)．ばねの (伸びているか，あるいは縮んでいる) 実際の長さを ℓ と定義する．鎖は非圧縮な『メルト (熔融体)』を形成し，鎖中に溶媒が浸透しないと仮定する．鎖の自由エネルギーは，ばねの伸長だけに比例する．すなわちこのような描像は，非圧縮的にパッキングされていても界面近傍では分子が引き伸ばされるので，自由エネルギーが伸長だけに依存するような高分子に対して当てはまる．界面における分子当りの面積は Σ_0 に固定されていると仮定する．現実には，これは極性頭部に働く相互作用によって決まる．我々の近似では，この相互作用が鎖の伸長エネルギーよりも遥かに大きいと仮定しており，そのため最適な頭部面積 Σ_0 は極性部面内の相互作用によって決まり，鎖の影響を受けないとする．鎖当りのエネルギーは

$$f = \frac{1}{2} k_s (\ell - \ell_s)^2 \tag{6.17}$$

で，鎖の非圧縮性は膜によって占められる体積が一定であることを意味している．平らな膜の場合，これは $\Sigma_0 \ell = v_0$ と書ける．ただし，v_0 は分子体積である．曲がった膜の場合，鎖が占める体積は曲率に依存する．その場合，分子当りの体積は

$$v_0 = \Sigma_0 \ell \left(1 + \ell H + \frac{1}{3} \ell^2 K \right) \tag{6.18}$$

であり，H と K はそれぞれ平均曲率とガウス曲率である[10]．(この表式は，1 章で説明した平行な曲面の面積の表式を積分することで求まる．球状と円筒状の場合を考えても導ける．)

---
[10] 式 (1.128) を 0 から ℓ まで積分すれば良い．

6.3. 流体膜の曲率弾性

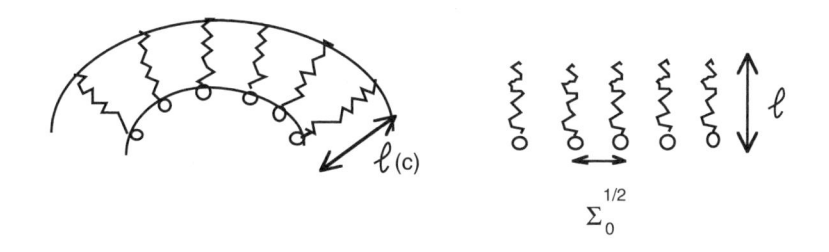

図 6.3: 厚さ $\ell(c)$ の界面活性剤の曲がった単層膜.

よって，非圧縮の条件により，膜の厚さ ℓ と分子当りの面積 Σ_0 が関係付けられる．Σ_0 が一定の時，式 (6.18) を ℓ について解き，これを式 (6.17) の ℓ に用いることで，自由エネルギーを曲率の関数として決めることができる．結果は

$$\ell = \ell_0 + \ell_1 H + \ell_2 H^2 + \ell_3 K \tag{6.19}$$

で，$\ell_0 = v_0/\Sigma_0$, $\ell_1 = -\ell_0^2$, $\ell_2 = 2\ell_0^3$, $\ell_3 = -\ell_0^3/3$ である[11]．平らな膜の場合，非圧縮の条件によって膜の厚さは v_0/Σ_0 となる．これは，鎖の伸長エネルギーを最小化する厚さ ℓ_s と一般には等しくない．一般に，平らな膜は必ずしもエネルギーが最低の状態ではない．このことは，単層膜が自発曲率をもつことを意味しており，自発曲率は強制される厚さ $\approx \ell_0$ と好ましい厚さ ℓ_s の差に関係している．この二つの長さが等しい時だけ，平らな膜は二つの長さ (ℓ_0 と ℓ_s) の不整合によって引き起こされるフラストレーションから解放される．

非圧縮の条件を使うと，$c_0 \ell_0 \ll 1$ の時，鎖当りのエネルギーは最低次ま

---

[11] 式 (6.19) を式 (6.18) に代入し，右辺の曲率の係数がゼロになるという条件からこれらの関係式が求まる．

でで

$$f = \frac{k_s \ell_0^4}{2}\left[(H-c_0)^2 - \frac{2c_0\ell_0}{3}K\right] \tag{6.20}$$

で与えられる．ただし，$c_0\ell_0 H^2$ の高次の項は無視した．自発曲率 c_0 は，頭部のパッキングから決まる最適な鎖当りの面積 Σ_0 と，鎖の伸長エネルギーから決まる面積 v_0/ℓ_s の差と関係していて

$$c_0 = \frac{v_0 - \ell_s \Sigma_0}{\Sigma_0 \ell_0^2} \tag{6.21}$$

で与えられる[12]．

　式 (6.20) は，簡単な変換によって曲率自由エネルギーの『ヘルフリッヒ』表式と等しくなる．曲げ剛性率 (H^2 の係数) とサドル・スプレイ剛性率 (K の係数) は，両方とも鎖長のべきに依存して増加する．もちろん，ばね定数 k_s も平衡のばね長 ℓ_s に依存する．すなわち高分子からの簡単な類推によると，小さな曲率の極限では $k_s \sim 1/\ell_s \approx 1/\ell_0$ となる[13]．その場合，曲げ剛性率は $k \sim \ell_s^3$ である．曲げ剛性率が厚さの三乗で変化することは，文献 4 でも議論されているように，固体弾性板の曲げにおいても特徴的なことである．それによると，等方的な固体の場合，曲げ剛性率の起源は物質のずり剛性率であることも示されている．

　c_0 は膜の自発曲率で，このモデルによって簡単な物理的意味を与えることができる．強制される面積 Σ_0 が鎖のパッキングから決まる最適な面積 v_0/ℓ_s より大きい場合，面がとろうとする曲率は負である．すると，分子は頭部を『外側』にして詰め合わさろうとする．曲がった界面の自由エネルギーは，平らな界面の自由エネルギーよりも低いことに注意されたい．すなわち頭部と鎖間の不釣り合いによって生じる歪みの一部を曲がることによって調節している．

---

[12] $c_0 \ell_0 = (\ell_0 - \ell_s)/\ell_0$ であることに注意せよ．
[13] 理想的な高分子鎖のバネ定数は $3k_B T/na^2$ で与えられる．ただし n は重合度，a はボンド長である．

最後に，二つの単層膜から成る対称な二重膜の場合には，(膜が互いに透過しなければ) 各々の単層膜の曲率エネルギーを加えることによって曲率自由エネルギーが求まる．しかし，各々の膜が有限の厚さをもつので，それぞれの単層膜の曲率の符号と，曲率を考える界面の位置については，ある程度注意を払う必要がある (この章の章末問題を見よ)．各々の単層膜の自発曲率がゼロの場合，すなわち両親媒性分子が頭部と尾部のパッキングに関してバランスしている時，二重膜の単位面積当りの曲げ自由エネルギーは

$$f_c = \frac{1}{2}k_b(\kappa_1 + \kappa_2)^2 + \bar{k}_b \kappa_1 \kappa_2 \tag{6.22}$$

のような簡単な形になる．ただし，$k_b = 2k$, $\bar{k}_b = 2\bar{k}$ である．この表式は曲率が小さいという近似のもとで正しい．また二枚の単層膜がもつ曲率の絶対値が等しく符号が反対であるということは厳密には成り立っていないが，この点を考慮した補正は f_c の高次の項になるため無視できる．

6.4 曲率剛性率

曲率が小さければ，薄膜の曲率エネルギーは三つのパラメータ k, $\bar{k}$, c_0 で特徴付けられるということを式 (6.15) は示している．例えば平衡の形，ゆらぎの大きさ，相転移などの性質を含む系の定性的な振舞いは，これらの定数の関数として計算することができる．系の物理は，物理的なパラメータに依存して本質的に変化する．例えば c_0 が変化すれば，形の変化を引き起こす．従って，曲げ剛性率と自発曲率を関心のある特定の系の物理と関連付けることは興味深い．この節では最初に，これらのパラメータが膜内の圧力分布とどのように関係しているかを示し，単純ではあるが教訓的な微視的モデルを用いて，k, $\bar{k}$, c_0 を分子的な性質と関連付ける．

圧力分布との関係

曲げ剛性率は，系の自由エネルギーの曲率依存性によって決まる．つまり，系には曲率に対する復元力が働く．この曲率依存性は，局所的な面積変化と結び付いている．つまり，曲率は局所的な面積要素を変化させる．等方的で一様な流体の場合，体積を変化させるのに必要な仕事は

$$\Delta F = -\int_{V_0}^{V} \Pi(V') \, dV' \tag{6.23}$$

という関係を用いて計算することができる．ここで，ΔF は体積を V_0 から V に増加させた時の自由エネルギーの変化で，$\Pi(V)$ は (圧縮性をもつ系の場合) 局所的な圧力であり，また (溶媒と溶質から成る系の場合) 浸透圧であり，これらに対して仕事がなされる．通常 Π は V の関数で，式 (6.23) は系の体積を V_0 から V に膨張させるのに必要な全仕事を表している．このためには，V_0 から V のすべての体積に対する Π を知る必要があり，$\Pi(V_0)$ だけでは不十分である．曲げに対して復元力が働くような薄い流体膜は非等方的であるので，膜の厚さの変化に抵抗する縦圧力 Π_ℓ と，薄膜の面積の変化に抵抗する横圧力 Π_t を分けて考える必要がある．5 章の静電相互作用の議論では，縦圧力と横圧力はそれぞれ Π_{zz} と Π_{xx} で定義された．一般にこれらの量は膜内で変化する．

固体薄膜 (つまりずり剛性率をもった薄膜) の場合には，ずり変形への抵抗から生じる曲げに対する付加的な復元力が存在する[4]．このため，バルクが弾性的には等方的であっても，曲率剛性率はゼロではなくなる．以下で示すように，ずり剛性率がゼロの系ではこのようにはならない．すなわち等方的な流体では曲げに対する復元力が働かない．

曲率エネルギーは，曲率による面積要素の変化と関係した膜の「局所的」な体積を変化させるのに必要な仕事である．たとえ「全体的」な体積の変化がなくても，この仕事は存在する．従って，我々は式 (6.23) の局所的な

6.4. 曲率剛性率

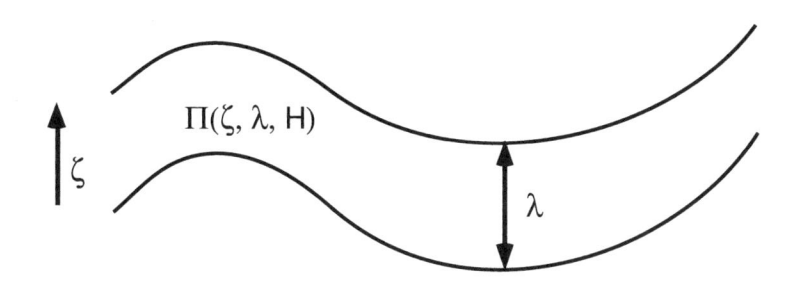

図 6.4: 厚さ λ の膜面. 垂直方向の座標は ζ である. 圧力は ζ 方向に変化し, 曲率の関数でもある.

場合を用いて曲率エネルギーを計算し, 曲率による体積変化を考える. 自由エネルギーを計算するこの方法は文献 5, 6 で導入され, そこでは面積の変化が考慮されている.

　厚さが λ で, (図 6.4 において, 膜の『下端』($\zeta = 0$) の面で定義された) 分子当りの面積が Σ で与えられる無限に広い膜を考える. そして, 膜全体の性質を特徴付けるこれらのパラメータの関数として, 曲率自由エネルギーを計算する. 実際には, Σ も λ も両方とも曲率の関数である. しかし, 最初にこれらのパラメータを固定して曲率エネルギーの展開を導くのが最も簡単であり, このためにはすべての Σ と λ に対して Π を知る必要がある. それから自由エネルギーをこれらのパラメータについて最小化することができる (状態方程式を決めることと同じである). あるいは体積一定の条件を使って, Σ と λ の一方または両方を制約することもできる. (分子当りの面積の平衡化が曲げ剛性率にどのような影響を与えるかという例については前節を見よ.) 例えば曲率エネルギーは純粋な曲率変形しか含ま

ない，すなわち膜の全体的な圧縮や膨張はないという要請から膜の厚さが決まる．ここではこの要請を選択し，系の全体積が一定に保たれるという要請をすること (全体にわたる非圧縮性の要請) で，曲がった膜の厚さ λ を決める．

曲率が一定またはゆっくりと変化する場合，曲率によって面積要素は変化する．平らな膜と曲がった膜の体積が等しいことは，次のように書ける (1 章を見よ) [14]．

$$\Sigma \int_0^\lambda d\zeta \, (1 + 2\zeta H + \zeta^2 K) = \Sigma_f \lambda_f \tag{6.24}$$

ここで，λ_f は平らな膜の厚さ，Σ_f は平らな膜の分子当りの面積である．座標 ζ は膜の下面からの法線方向の距離で，H と K はそれぞれ平均曲率とガウス曲率である．分子当りの面積の変化を考慮するために

$$\lambda_0 = \lambda_f \frac{\Sigma_f}{\Sigma} \tag{6.25}$$

を定義する．曲がった膜の分子当りの実際の面積 Σ に対するすべてのパラメータ依存性を，λ_0 の関数としてのパラメータの振舞いの中に取り込むものとして，式 (6.24) を

$$\int_0^\lambda d\zeta \, (1 + 2\zeta H + \zeta^2 K) = \lambda_0 \tag{6.26}$$

のように書き換える．前に述べたように，一旦 λ_0 を用いた曲率展開が得られれば，さらに Σ について最小化することができて，式 (6.5), (6.9), (6.10) で行ったような『面積で平衡化された』展開が導かれる．式 (6.26) は，体積一定の条件のもとで，曲がった膜の厚さ λ が平らな膜の厚さ λ_0 と

$$\lambda \left(1 + \lambda H + \frac{K\lambda^2}{3}\right) = \lambda_0 \tag{6.27}$$

---

[14] 式 (1.128) の δ を ζ と置き換え，dA'/dA を ζ について積分する．

6.4. 曲率剛性率

のように関係していることを表している.これから,曲率の二次までで

$$\lambda \approx \lambda_0 \left(1 - \lambda_0 H - \frac{K\lambda_0^2}{3} + 2\lambda_0^2 H^2\right) \tag{6.28}$$

と表される[15].

　膜面内で曲率はゆっくりと変化する (または円筒状や球状の曲率のように一定である) と仮定し,圧力も ζ のみに依存するとしよう.曲率を測る面としては,$\zeta = 0$ にある膜の下面を採用する.曲げる前の面積が A_0 (ここでは一定とする) である膜の,曲がった後の単位面積当りの曲率自由エネルギー f_c を,曲率 H' と K' による局所的な面積要素の変化 $A_0(2\zeta H' + \zeta^2 K')$ で生じる自由エネルギーの変化から計算する.自由エネルギーを計算するために仮想仕事の原理を用いると,仕事は選ぶ道筋に依らないことがわかる.従って,最初に厚さを λ_0 に固定し,曲率と釣り合うように面積要素を変化させる.曲率の二次のオーダーまでが必要なので,平均曲率を $H' = 0$ から $H' = H$,ガウス曲率を $K' = 0$ から $K' = K$ まで連続的に変化させるのに必要な仕事を考える.1 章で説明したように,平均曲率とガウス曲率は膜の二つの独立な自由度である.仕事の計算には,曲率の微小変化についての積分が必要である.変形の結果,厚さ λ_0 の曲がった膜を得る.局所的な面積変化の際には,「横圧力」Π_t が体積の微小変化に逆らって働く.H' を dH',K' を dK' だけ増加させると,最初の体積要素 $A_0(1 + 2H'\zeta + K'\zeta^2)d\zeta$ は面積要素の変化のために

$$dV = A_0 \left(2\zeta\, dH'\, d\zeta + \zeta^2\, d\zeta\, dK'\right) \tag{6.29}$$

だけ変化する.次に,曲がった膜の厚さを λ_0 から λ に変化させるのに必要な仕事を計算する.ここで,$\zeta = \lambda'$ にある膜面が厚さの変化に対して仕事をする.この仕事は,上の膜面における「縦圧力」Π_ℓ に体積 (線) 要素

---
[15] 式 (6.19) と同様に求めれば良い.

$d\lambda'$ 掛けて, λ' を λ_0 から λ まで積分すれば良い. 従って

$$f_c = -f_a - f_t \tag{6.30a}$$

と書くと

$$\begin{aligned}f_a = &\int_0^H dH' \int_0^{\lambda_0} d\zeta\, 2\zeta\, \Pi_t(\zeta, \lambda_0, H', K') \\ &+ \int_0^K dK' \int_0^{\lambda_0} d\zeta\, \zeta^2\, \Pi_t(\zeta, \lambda_0, H', K')\end{aligned} \tag{6.30b}$$

$$f_t = \int_{\lambda_0}^{\lambda} d\lambda'\, \Pi_\ell(\lambda', \lambda', H, K)\, (1 + 2H\lambda' + K\lambda'^2) \tag{6.30c}$$

である. $\Pi_t(\zeta, \lambda_0, H', K')$ は厚さ λ の膜内の ζ に依存した局所的な横圧力であり, 膜は平均曲率 H', ガウス曲率 K' で曲がっている. 縦圧力 Π_ℓ も厚さと曲率の関数である. f_a の項は面積要素の変化による仕事で ($\lambda = \lambda_0$ は一定), f_t の項はすでに曲がった膜の厚さの変化による仕事である. この f_c から平らな状態に対する曲率エネルギーを計算することになる. すなわちもしも $H = K = 0$ (よって, $\lambda = \lambda_0$) であれば, 曲率エネルギーはゼロになる. さらに重要なことは, 一定かつ等方的な圧力のいかなる項も曲率エネルギー f_c には寄与「しない」という性質を式 (6.30) がもっていることである. これは, 式 (6.30c) の λ に式 (6.28) を用い, $\Pi_t = \Pi_\ell$ を一定とおけば理解できる. 曲率エネルギーは, 膜の厚さ全体にわたる相互作用を必要とするというのがこの物理的な理由である. 一定の密度, すなわち一定の $\Pi_t = \Pi_\ell$ である理想気体や, 小さい分子の流体は, 容器に入れた時に容器と同じ形状になる. 式 (6.27) で保証されるように, 圧縮や膨張がない場合, 曲率エネルギーはゼロである.

曲率エネルギーを見積もるためには, 原理的にすべての曲率 H', K' での圧力を知らなければいけない. しかし, f_c を曲率の二次まで求めるので

6.4. 曲率剛性率

あれば，各々の圧力 $\Pi_i(i=t,\ell)$ を H の一次まで展開すれば十分で

$$\Pi_i(\zeta,\lambda,H',K') \approx \Pi_{i0}(\zeta,\lambda) + \left(\frac{\partial \Pi_i}{\partial H'}\right)_{H'=0} H' + \cdots \quad (6.31)$$

と書く．ただし，$\Pi_{i0}(\zeta,\lambda)$ は厚さ λ の平らな膜の，局所的な横圧力 $(i=t)$ または縦圧力 $(i=\ell)$ である．式 (6.31) から曲がった膜の自由エネルギーを求めることになる．つまり，我々はすべての問題を曲率の一次のオーダーまで計算し，圧力を求め，それから圧力の曲率に関する微分を行う．f_a と f_t の両方でこの展開を用い，f_a におけるダミーの曲率変数[16]についての積分を行う．f_t からの寄与は，積分を $\lambda-\lambda_0$ の微小量 (式 (6.28) を見よ) について二次のオーダーまで展開することで計算できる．曲率の二次のオーダーまで残すと

$$\begin{aligned}f_c = &-\int_0^{\lambda_0} d\zeta \left[\Pi_{t0}(\zeta,\lambda_0)(2\zeta H + \zeta^2 K) + \left(\frac{\partial \Pi_t}{\partial H'}\right)_{H'=0} H^2\zeta\right] \\ &+ \lambda_0\left(\lambda_0 H + \frac{K\lambda_0^2}{3}\right)\Pi_{\ell 0}(\lambda_0,\lambda_0) + \lambda_0^2 H^2\left(\frac{\partial \Pi_\ell(\lambda_0,\lambda_0)}{\partial H}\right)_{H=0} \\ &- \frac{1}{2}\lambda_0^4 H^2\left(\frac{\partial \Pi_\ell(\lambda',\lambda')}{\partial \lambda'}\right)_{\lambda'=\lambda_0}\end{aligned} \quad (6.32)$$

となる．式 (6.15), (6.27), (6.32) の H, H^2, K のべきの項と比べることによって，曲率剛性率を圧力分布のモーメントで表すことができる．よって

$$kc_0 = \frac{1}{2}\int_0^{\lambda_0} \tilde{\Pi}_0(\zeta,\lambda_0)\,\zeta\,d\zeta \quad (6.33\text{a})$$

$$\bar{k} = -\int_0^{\lambda_0} \tilde{\Pi}_0(\zeta,\lambda_0)\,\zeta^2\,d\zeta \quad (6.33\text{b})$$

$$k = -\frac{1}{2}\int_0^{\lambda_0}\left[\left(\frac{\partial \tilde{\Pi}_0}{\partial H}\right)_{H=0} - \left(\frac{\partial \Pi_\ell(\lambda_0,\lambda_0)}{\partial H}\right)_{H=0} \right.\\ \left. - \left(\frac{\partial \Pi_\ell(\lambda,\lambda)}{\partial(1/\lambda)}\right)_{\lambda=\lambda_0}\right]\zeta\,d\zeta \quad (6.33\text{c})$$

---

[16] H' と K' のことを指している．

となる.ここで,

$$\tilde{\Pi}_0(\zeta, \lambda_0) = \Pi_{t0}(\zeta, \lambda_0) - \Pi_{\ell 0}(\lambda_0, \lambda_0) \tag{6.33d}$$

である.

もしも圧力場が空間的に連続的であれば,λ_0 が無限大で $\Pi_{\ell 0}(\lambda_0, \lambda_0) = 0$ とおくことができる.これは,膜から十分離れた場所では圧力がゼロという境界条件に対応している.圧力がゼロでない領域が有限の範囲のみならば (例えば二つの壁に挟まれた有限の厚さの液体または気体),式 (6.33) の圧力差に対する依存性から,$\Pi_t = \Pi_\ell$ が一定であるような等方的な流体の系では曲率エネルギーはゼロになる (この場合,我々の表式は文献 5, 6 とは少し異なっている).しかしながら固体の場合には,等方的な弾性体であっても,系のずりに対する応答のために曲げ剛性率はゼロではなくなる[4].組合せ kc_0 とサドル・スプレイ剛性率 $\bar{k}$ は,平らな膜の圧力分布のモーメントと単純に結びついているのに対して,曲げ剛性率 k の計算には,曲率による圧力の変化を H の線形のオーダーまで知る必要があることに注目すべきである.そのためには,与えられた微視的モデルにおいて (例えば帯電膜や界面に吸着した高分子),曲がった形状に対する密度プロファイルの解とそれにともなう自由エネルギーおよび圧力が必要になる.しかし,k と $\bar{k}$ は通常,微視的なパラメータ (例えば電荷密度や膜の厚さ) に対して同様にスケールされる.従って,$\bar{k}$ を簡単に計算して,k も同様にスケールされると考えても良い.$\zeta = \lambda$ で応力が働かないという境界条件の膜の場合 (つまりすべての λ に対して $\Pi_\ell(\lambda, \lambda) = 0$),$k$ の表式は簡単化されることに注目せよ.

6.4. 曲率剛性率 243

例題：静電的圧力と曲率エネルギー

単位面積当り σ_0 の電荷密度をもつ帯電膜が周期的に積み重なった系において，エントロピーと電荷の静電エネルギーによる kc_0 と $\bar{k}$ を膜間の距離の関数として計算せよ．各々の固定電荷は溶液に対して対イオンを提供し，膜間の電解液に溶けているとする．また塩は加えないものとする (5 章を見よ)．積み重なった膜の間隔は $2D$ とする．(k を計算するのはさらに大変であるが，それは $\bar{k}$ と同様にスケールされ，正の値をとることが期待される．) すべての膜は一斉に曲がると仮定しなさい．

[解答] 周期的な積み重ねの場合，すべての膜が一斉に曲がるようなモードを考えるためには，単位胞中の曲げを考えるだけで良い．我々が考える単位胞では一枚の帯電面が $\zeta = 0$ にあり，距離 $\zeta = \pm D$ の範囲が対イオンの気体で囲まれている．従って，曲率の中心をこの面にとる．式 (6.33) の曲率剛性率の表式は圧力分布のモーメント，つまり ζ のべきの積分を含んでいる．よって，$\zeta = 0$ での $\Pi_i (i = t, \ell)$ は曲げ係数には寄与しないので，知る必要があるのは対イオンの圧力分布のみである．(曲率の中心をどこか他の場所にとれば，固定電荷をもつ膜による圧力を含めなければいけない．) 5 章では平らな膜に対して横圧力と縦圧力を計算した．その際，固定電荷は $z = \pm D$ にあり，中央面は $z = 0$ に選んだ．この座標系を曲げを計算するための座標系に変換するためには，$z = \zeta - D$ を膜の上の領域，$z = \zeta + D$ を膜の下の領域と見なせば良い．5 章において，圧力は電荷密度の簡単な関数で，電荷密度は空間的に

$$n = \frac{n_0}{\cos^2 k_0 z} \tag{6.34}$$

のように変化することを示した[17]．境界条件から

$$k_0^2 = 2\pi n_0 \ell \tag{6.35}$$

および

$$n_0 = \frac{k_0 \sigma_0}{2\tan k_0 D} \tag{6.36}$$

となる[18]．σ_0 は膜上の単位面積当りの固定電荷で (補イオンの電荷), $\ell = e^2/(\epsilon T)$ はビエルム長である．高電荷の極限では $k_0 D \approx \pi/2$ である一方，対イオンがほぼ一様な気体のように振舞う低電荷の極限では $k_0 D \ll 1$ である．

式 (6.33a) から曲げ係数の組合せ kc_0 を計算するに当たって，曲げ係数の組合せ kc_0 が式 (6.33d) で定義された $\tilde{\Pi}_0$ のみの関数であることに注意する．よって，$\tilde{\Pi}_0$ の中で ζ に依らない部分は，k, $\bar{k}$, c_0 に寄与しない．5章の $\Pi_{t0} = \Pi_{xx}$ と $\Pi_{\ell 0} = \Pi_{zz}$ の表式を使うと

$$\tilde{\Pi}_0 = 2T\left[n(z) - n(0)\right] \tag{6.37}$$

となる[19]．ただし，単位胞内では電気的に中性であることに注意する．式 (6.33a) から (座標 ζ について積分すると) $c_0 = 0$ となる．系の対称性から自発曲率はゼロとなる．サドル・スプレイ定数 $\bar{k}$ は式 (6.33b) で与えられ，対称性を考慮すると

$$\bar{k} = -4Tn_0 \int_0^D d\zeta\, \zeta^2 \left[\sec^2\left(k_0(\zeta - D)\right) - 1\right] \tag{6.38}$$

となる．電荷密度が高く，膜間距離が離れている場合には $k_0 D \approx \pi/2$ であり，積分は近似的に

$$\bar{k} = -4Tn_0 D^3 \int_0^1 dx\, x^2 \left[\csc^2\left(\frac{\pi x}{2}\right) - 1\right] \tag{6.39}$$

---

[17]式 (5.68) を参照せよ．
[18]式 (5.67), (5.70) を参照せよ．
[19]式 (5.96), (5.102) を参照せよ．

6.5. 流体膜のゆらぎ

と書ける．式 (6.36) の n_0 と $k_0 D \approx \pi/2$ から $n_0 \approx \pi/(8D^2\ell)$ となり，その結果

$$\bar{k} \approx -T \frac{\beta \pi D}{2\ell} \tag{6.40}$$

であり，$\beta \approx 0.23$ は式 (6.39) の積分で求まる無次元量である．よって，ガウス曲げ剛性率 $\bar{k}$ は負であり，等方的な曲率をとる傾向をもっている．$\bar{k}$ の大きさは膜間の距離に対して線形的に増加する．曲げ剛性率 k に対する同様なスケーリングは文献 7 で議論されている．そこでは，曲げ剛性率と圧力分布が関係しているために，計算はかなり簡単になる．この関係は，より複雑な系においても非常に有用である．

6.5　流体膜のゆらぎ

高さと法線の相関

　自発曲率がゼロの一枚の膜を考え，その単位面積当たりの曲げ自由エネルギーは式 (6.15a) で記述されるとする．曲げの全自由エネルギー F_c は，f_c を膜の全面積に関して積分することによって計算される．曲率が小さいという近似のもとでモンジュ・ゲージを使うと F_c は

$$F_c = \frac{1}{2} k \int dx\,dy\ (h_{xx} + h_{yy})^2 \tag{6.41}$$

と書ける[20]．ただし，$h(x,y)$ は膜の高さを表し，$h_x = \partial h/\partial x$ である．F_c はフーリエ空間 ($\vec{q} = (q_x, q_y)$) で

$$F_c = \frac{1}{2} k \sum_{\vec{q}} q^4 |h_{\vec{q}}|^2 \tag{6.42}$$

---

[20] 式 (1.122) を参照せよ．またここでは面積要素を $dA = dx\,dy\sqrt{1 + h_x^2 + h_y^2} \approx dx\,dy$ と近似している (式 (3.1) 参照)．さらにガウス曲率に比例した項は落してある．一般にガウス曲率を膜の全面積に関して積分した量は，膜面のトポロジーにしか依存しない定数を与える (微分幾何学における「ガウス・ボンネの定理」)．従って，膜のトポロジーが変化しない限り，ガウス曲率に比例した項を無視することができる．

となる．自由エネルギーはモード当り q^4 に比例しているので，表面張力のゆらぎの場合と比較すると (3 章で示したように，そのエネルギーは q^2 に比例している[21])，長波長においてより『柔らかい』ことに注意するべきである．従って，膜における熱的なゆらぎの効果は，表面張力が働く時の熱的なラフニングの問題の場合よりも重要になることが予想される．

厳密に言えば，自由エネルギーにはラグランジュの未定乗数の項を付け加えるべきで，それによって膜が一定数の両親媒性分子から構成されるという事実が考慮される．これは，近似的に全面積を一定とすることと等しい．従って，面積の保存を考慮した表面張力を含む付加項があるべきだと考えられるかもしれない．しかし，この場合のラグランジュの未定乗数または表面張力を含む項は，面積が無限大になるにつれてゼロになるはずなので，この制約は今考えている極限では重要でない (ただし，8 章のマイクロエマルションの説明を見よ．ここでは制約が重要になる)．さらに，有限の大きさの膜の場合，もしも膜が (次節で定義される) 不屈長[22] よりも小さければ，熱ゆらぎによって『くしゃくしゃ』になるために生じる余剰面積は小さい．2 章で議論した固体または流体の表面で界面を安定化させる両親媒性分子がない場合，分子がバルクにある時と表面にある時の自由エネルギーの差に関係した表面張力は物質の微視的性質であり，界面の大きさとは無関係である．今考えている例では界面活性剤はバルクより界面を好み，膨大な数の界面が存在する．以前に議論したように，両親媒性分子は自由エネルギーを最小にするように分子当りの面積を選ぶ．よって，実効的な表面張力はゼロとおくことができる．なぜならば，平らな界面では飽和しているということは，分子当りの面積の関数として，分子当りの自

---

[21] 式 (3.15) を参照せよ．
[22] persistence length

6.5. 流体膜のゆらぎ

由エネルギーの変化はゼロであるということを意味しているからである．

$$\frac{\partial F}{\partial A} \sim \frac{\partial F}{\partial \Sigma} \sim 0 \tag{6.43}$$

自由エネルギーに面積に比例した項を与えるのは，全体としての面積保存の弱い条件に過ぎない．この条件は面積が大きい場合には無視できるので，ここではほぼ平らで無限大の膜がもつゆらぎの熱力学的極限を考える．

等分配則により

$$\langle |h_{\vec{q}}|^2 \rangle = \frac{T}{kq^4} \tag{6.44}$$

である[23]．高さのゆらぎの二乗平均は，系の大きさとともに代数的に増加する[24]．

$$\langle h(\vec{r})^2 \rangle = \frac{1}{A} \sum_{\vec{q}} \langle |h_{\vec{q}}|^2 \rangle \sim \frac{T}{k} L^2 \tag{6.45}$$

表面張力に支配された界面の場合，上の量は対数的にしか発散しない[25]．膜の場合に興味があるのは次の法線・法線の相関関数である．

$$g_n(\vec{r}) = \left\langle [\hat{n}(\vec{r}) - \hat{n}(0)]^2 \right\rangle \tag{6.46}$$

曲率が小さい場合，高さと法線は

$$\hat{n} \approx \hat{z} - h_x \hat{x} - h_y \hat{y} \tag{6.47}$$

のように関係している．この相関関数こそが膜の曲率を定義する．なぜならば，それは膜に沿って距離 $\vec{r}$ だけ動いた時に，法線がどのように曲がるかを記述しているからである．相関関数は

$$g_n(\vec{r}) = \frac{2}{A} \sum_{\vec{q}} q^2 \langle |h_{\vec{q}}|^2 \rangle (1 - \cos \vec{q} \cdot \vec{r}) \tag{6.48}$$

---

[23] 式 (1.52b) を参照せよ．
[24] 式 (1.54) を参照せよ．二次元積分であることに注意すると，
 $(1/A) \sum_{\vec{q}} \langle |h_{\vec{q}}|^2 \rangle = (1/4\pi^2) \int_{q_{min}}^{q_{max}} dq\, 2\pi q (T/kq^4) = (T/2\pi k) \int_{q_{min}}^{q_{max}} dq/q^3$ より導かれる．ただし，$q_{min} = 2\pi/L$ および $q_{max} = 2\pi/a$ である．
[25] 式 (3.18) を参照せよ．

で与えられる．ただし，A は膜の面積である．積分は $r \to \infty$ で対数的に発散する．これは

$$\int_0^{2\pi} \cos(qr\cos\theta)\, d\theta = 2\pi J_0(qr) \tag{6.49}$$

という角度積分を用いて[26]，残りの積分を近似することで評価できる[27]．結果的に，長距離では

$$g_n(\vec{r}) \approx \frac{\alpha T}{4\pi k} \log \frac{r}{a} \tag{6.50}$$

となる[28]．ここで，a は微視的な長さで，α は 1 のオーダーの定数である．

不屈長と面積の繰り込み

　法線・法線の相関関数を用いると，熱的ゆらぎのために法線が互いに無相関になる距離として，不屈長を定義することができる[8]．すなわち $g_n(r)$ が 1 のオーダーになる距離 r のことである．不屈長 ξ_k は

$$\xi_k = a\exp\left[\frac{4\pi k}{\alpha T}\right] \tag{6.51}$$

で定義される．ξ_k が曲率剛性率の指数関数であることに注意しなさい．不屈長の別の解釈としては，ξ_k より小さな長さのスケールでは膜は局所的に平らであり，それより大きい長さのスケールでは膜は空間内でランダムウォークを行い，二次元的な高分子のように振舞う．不屈長のオーダーの長さのスケールでは，曲率エネルギーが膜の形態のエントロピーと競合する．この効果は，長さのスケールに依存した実効的な膜の曲げ剛性率として表される[9,10]．文献 9，10 の著者は，「実効的」な曲げ剛性率 k_e が膜の

---

[26] J_0 は第一種ベッセル関数である．
[27] $\sum_q \approx (A/4\pi^2)\int_0^{2\pi} d\theta \int q\, dq$ であることに注意せよ．
[28] $|z| \to \infty$ の時，$J_0(z) \sim \sqrt{2/\pi z}\,\cos(z-\pi/4)$ のように振舞う．

6.5. 流体膜のゆらぎ

大きさ L に

$$k_e(L) = k\left[1 - \frac{\alpha T}{4\pi k}\log(L/a) + \cdots\right] \tag{6.52a}$$

のように依存することを示した．ただし，α は 1 のオーダーの定数である[29]．$L \approx \xi_k$ では実効的な剛性率が小さくなる．この効果は，熱的な波打ちによって膜の面積がその射影面積よりも大きくなっている事実と関係している．同様な計算によって，射影面積が $A = L^2$ である膜の熱的波打ちによる余剰面積 ΔA は

$$\frac{\Delta A}{A} \approx \frac{T}{4\pi k}\log(L/a) \tag{6.52b}$$

となる[30]．

不屈長と外部ポテンシャル

膜が外部ポテンシャルに従っているような場合もある．ポテンシャルは大きさ V_0 で，膜の位置とカップルしている．これは外部ポテンシャルが膜間相互作用の実効的な『平均場』であるような多くの膜の系で見られる．別の例は重力である．この場合，以前に説明したゆらぎはもはや発散しない (3 章の重力下の乱れた界面の議論を見よ)．自由エネルギーには $(V_0/2)\int d\vec{r}\, h^2(\vec{r})$ の形の項が付け加わり，ゆらぎのスペクトルは

$$\langle |h_{\vec{q}}|^2\rangle = \frac{T}{k}\frac{1}{(q^4 + \xi_0^{-4})} \tag{6.53}$$

で与えられる．ここでは小さい q のゆらぎがカットオフされる長さは $\xi_0 \sim (k/V_0)^{1/4}$ である．

---

[29] 本章の補遺 B では $\alpha = 3$ であることが示されている．ただし，この数値に関しては様々な議論がある (例えば $\alpha = 1$)．一方では $\alpha = -1$ という説もある (Helfrich, *Eur. Phys. J.* **B1**, 481 (1998))．この場合，剛性率は L の増加とともに増加するという逆の結果を与える．

[30] 式 (3.1) より $\Delta A/A \approx (1/2)\langle(\nabla h)^2\rangle$ であり，$\langle(\nabla h)^2\rangle = (T/2\pi k)\log(L/a)$ である．式 (6.50) を参照せよ．

6.6 流体膜の相互作用

膨潤した膜

　ラメラ状態のリオトロピック液晶，例えば水中の二重膜の積み重ねは，共通の溶媒中に存在する流体膜の積み重ねとして記述できる．ある系では膜間の平均距離 d が大きく数千Åにもなるが，別の系では平均間隔が最大でも数十Åにしかならない．さらに膨潤させるために溶媒を加えても，膜の相と余剰溶媒相のとの相分離が起こってしまう．大きな距離まで膨潤できる『アンバインド』した系では明らかに引力相互作用はほとんど無視できるのに対して，しっかりとバインドされた系では $1/d^4$ で減少するファン・デル・ワールス相互作用の影響を受ける (5章を見よ)．低塩濃度の帯電系では，大きな d の相を安定化させる強い静電斥力が働く．一方これとは別に，膜が積み重なったすべての系ではエントロピー的な制約から生じる斥力相互作用が働く．この斥力は長距離的で，ある場合には『ヘルフリッヒ[31]』相互作用と呼ばれる [11]．

膜の立体斥力

　多くの膜が存在する系においてエントロピー的な制約の効果を計算するために，図 6.5 のように，膜の平均的な位置が格子間隔を d とする $\hat{z}$ 方向の一次元格子上に存在するような系を考える．膜の絶対的な高さは $Z_n = nd + h_n(x, y)$ である．ここで，n は格子の位置を示す整数で，$h_n(x, y)$ は膜の平均位置 $\langle Z_n \rangle = nd$ からの局所的な (つまり xy 平面で変化する) 変位である．もしも膜のゆらぎがなければ $h_n(x, y) = 0$ である．ゆらぎのために膜は互いに衝突し，これによってエントロピー的に損をする．これは，

---
[31] Helfrich

6.6. 流体膜の相互作用

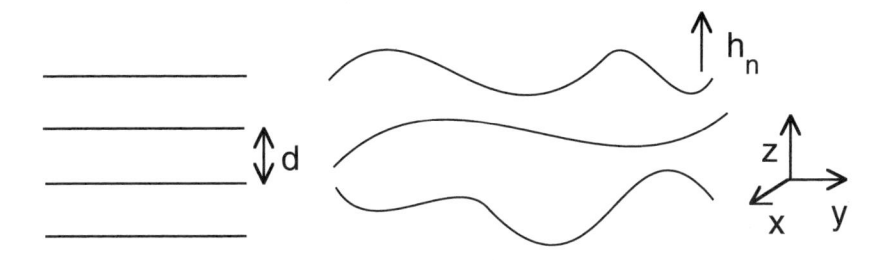

図 6.5: 平均間隔 d で積み重なった膜面. ただし, ゆらぎによる乱雑性が存在する.

膜間のハードコア的な斥力を考えれば理解できる. 隣接する膜の排除体積効果は各々の膜の形態に制約を与え, エントロピーは減少する. このエントロピー的な制約は, 積み重なった膜一枚当りの自由エネルギーが単一の自由な膜の自由エネルギーよりも大きくなることを意味している.

ヘルフリッヒの導出に従うと, 衝突による正味の結果として, 各々の膜と最近接の膜との間で実効的な相互作用が働くことになる[11]. この相互作用は

$$Z_{n+1} - Z_n = d \tag{6.54}$$

のような周期的な構造 (配置) の時に, 最も低い「エネルギー」状態をとる. 相互作用は $(Z_{n+1} - Z_n) - d$ のゼロからの変位, あるいは $h_{n+1}(x,y) - h_n(x,y)$ の二次形式で表される. さらに, 各々の膜の曲率エネルギーが加わる. すると, ハミルトニアン $\mathcal{H}$ は

$$\mathcal{H} = \int dx\,dy\ u(x,y) \tag{6.55a}$$

$$u = \frac{1}{2} B \sum_n (h_n - h_{n+1})^2 + \frac{1}{2} k \sum_n (h_{n_{xx}} + h_{n_{yy}})^2 \tag{6.55b}$$

となる．ここで，k は曲げ剛性率であり，添字 xx と yy は膜の位置変数による二階微分を表す．つまり，$(h_{n_{xx}} + h_{n_{yy}})/2$ が n 番目の膜の平均曲率である[32]．この表式は，膜の波打ちが小さい ($\nabla h \ll 1$) 時に正しい．そうでなければこの曲率の表式は不正確であり，面積の制約も考え直さなければいけない．圧縮弾性定数 B は膜間の実効的な反発を表し，後にセルフコンシステントに計算される．このハミルトニアンは，すべての膜の位置を一様にずらすだけの変換に対して不変であることに注意されたい．フーリエ変換を，$\hat{z}$ 方向 (フーリエ波数ベクトル Q は周期性により上限のカットオフ $\pm\pi/d$ をもつ) と xy 方向 (フーリエ波数ベクトルは $\vec{q} = (q_x, q_y)$) の両方について行うと

$$\mathcal{H} = \sum_{\vec{q}, Q} |h(\vec{q}, Q)|^2 \left[B(1 - \cos Qd) + \frac{1}{2} k q^4 \right] \tag{6.56}$$

を得る[33]．

波打ちの自由エネルギーと斥力相互作用

式 (6.56) のハミルトニアンに対応するボルツマン因子はガウス的なので，自由エネルギー F は

$$F = -T \log \left[\prod_{\vec{q}, Q} \int dh(\vec{q}, Q)\, e^{-\mathcal{H}/T} \right] \tag{6.57}$$

から容易に計算することができる．積分を実行すると，多数の膜が存在する系の単位体積当りの自由エネルギーと，膜が一枚しか存在しない系 ($d \to \infty$

---

[32] 式 (1.122) を参照せよ．
[33] $h(\vec{q}, Q) = \int d\vec{r} \sum_n h_n(x, y) \exp[i(\vec{q} \cdot \vec{r} + nQd)]$ とおけば良い．$\sum_n h_n^2 = \sum_n h_{n+1}^2$ に注意せよ．

6.6. 流体膜の相互作用

で $B \to 0$ を仮定する) の単位体積当りの自由エネルギーとの差 Δf は

$$\Delta f = \frac{T}{2(2\pi)^3} \int d\vec{q}\, dQ \, \log\left[\frac{B(Q) + kq^4}{kq^4}\right] \tag{6.58}$$

で与えられる. ただし, $B(Q) = 2B(1 - \cos Qd)$ である. 最初に $\vec{q}$ について積分し, 上端のカットオフを ∞ におくと

$$\Delta f = \frac{T}{16\pi} \int_{-\pi/d}^{\pi/d} dQ \, \sqrt{\frac{2B(1-\cos Qd)}{k}} \tag{6.59}$$

となる. この積分は

$$\Delta f = \frac{T}{2\pi d}\sqrt{\frac{B}{k}} \tag{6.60}$$

と書ける. ここで, 弾性定数 B は自由エネルギーを平均の膜間距離について二階微分したものと関係している. すなわち系を一様に膨張もしくは圧縮させた時の復元力こそ B の実効的な値であり, それは系の巨視的な圧縮率に比例している. これから, ヘルフリッヒの導出に従って, B を決めるセルフコンシステントな方程式

$$B = \frac{\partial^2(\Delta f d)}{\partial d^2} \tag{6.61}$$

を得る [11]. 式 (6.60) と式 (6.61) を使うと

$$B = \frac{9T^2}{\pi^2 k}\frac{1}{d^4} \tag{6.62}$$

となり[34], (投影された) 単位面積当りのエネルギー差 Δf_a は[35]

$$\Delta f_a = \frac{3T^2}{2\pi^2 k}\frac{1}{d^2} \tag{6.63}$$

のように実効的な斥力を表しており, d の増加に対してゆっくりと減衰する. 繰り返しになるが, このエントロピー的な長距離斥力はすべての多層

---

[34] B が d の関数であることに注意せよ. 式 (6.61) は B が満たす偏微分方程式になっている.
[35] $\Delta f_a = \Delta f d$ であることに注意せよ.

膜系に存在する．この斥力に加えて，電荷効果によるクーロン斥力やファン・デル・ワールス相互作用による引力の結果，実効的な引力の井戸ができて，膜を特定の距離に『バインド』する．このような引力がなければ，膜は大きな距離まで膨潤することができる．しかし，非常に大きく膨潤すると，一次元的な積み重ねの秩序は『メルト』し (崩れて)，膜は乱れた双連結のスポンジ状の相を形成する．

6.7　問題

1. 固体と液体の薄膜の曲げ

　固体薄膜でも曲げに対する復元力が働き，そのエネルギーは曲率についての展開の形で書ける．固体薄膜の曲率エネルギーを，圧縮弾性係数とずり弾性係数で表した表式については文献 4 を見なさい．

　ずり弾性定数がゼロになる極限で，曲率弾性定数がゼロになる理由を説明しなさい．小さな分子の液体 (つまり本文中で考えたような，ばねのような鎖を有する分子ではないもの) の k と $\bar{k}$ が非常に小さい理由についての考察を説明の中に含めなさい．

　文献 4 では，曲げ剛性率が固体薄膜の厚さの三乗に比例することが示されている．剛性率は横圧力プロファイルの二次モーメントの「積分」に比例しているので，本章の一般的な議論から同様な結果を得ることができる．しかし，固体薄膜の場合には各薄膜層がばらばら (独立) に曲がる可能性があり，その場合には膜の厚さ方向にわたって歪みが不連続的になる．この場合には，曲げ剛性率は薄膜の厚さに比例することが予想される．もしも固体薄膜がばらばら (独立) に曲がると，どのようなエネルギーが発生するか？固体薄膜が一斉に曲がる時と，ばらばら (独立) に曲がる時の極限的条件はそれぞれ何か？

6.7. 問題

固体薄膜の場合，どのような物理的な性質から自発曲率が生じるか？

2. 非等方的な固体薄膜の曲げ

面内の対称性が六方対称である『層状構造』から成る非等方的な固体薄膜の曲げ剛性率 k と $\bar{k}$ を，面内のずり弾性定数がゼロになるという極限で求めなさい (文献 4 における非等方的な媒質に対する圧縮およびずりエネルギーの展開の形を用いよ)．薄膜およびその弾性定数は，厚さの方向に対して一様であると仮定しなさい．ずり剛性率がゼロの極限の等方的な固体薄膜の場合と比較しなさい．

3. 中立面

本文中の議論をもとにして，中立面に対する変形について，曲げ剛性率 g_2 を別の面 (例えば極性・非極性の界面) において曲げを記述するパラメータ f_1, f'_1, f''_0 を用いて計算しなさい．

4. 二重膜の曲率エネルギー

単層膜の曲率弾性定数を用いて，二重膜の曲率弾性エネルギーの表式を導きなさい．二枚の単層膜は同等で互いに突き抜けないとし，それぞれの曲率エネルギーを足し合わせることができるものとする．しかし，各々の単層膜は有限の厚さをもつため，曲率は等しくないことに注意する必要がある．得られた表式をヘルフリッヒの表式と比較しなさい．また各々の単層膜がもつ自発曲率の関数としての実効的なサドル曲率について議論しなさい．

5. 帯電膜の曲げ

単位面積当りの表面電荷が σ である一枚の帯電膜を考える．電解質の濃度は高く，ポテンシャル勾配は常に小さいため，静電気の問題はデバイ・ヒュッケル近似で解けるとする (5 章の章末問題を見よ)．圧力分布の式を用いて，kc_0 とサドル・スプレイ曲率弾性定数を計算しなさい．これらの量が遮蔽長とともにどのようにスケールされるかを議論しなさい．

6. 高分子の不屈長

曲率弾性率をもつ高分子鎖 (三次元空間内の一次元の膜[36]) の，接線・接線の相関関数および不屈長を求めなさい．この結果は，熱ゆらぎを受けている柔軟な棒の物理に対して適用できる．これらの結果を二次元の膜の場合と比較しなさい．

7. 高分子ブラシの曲率弾性

多数の高分子鎖が，平均の面積密度 σ_0 で表面上に化学的にグラフト (化学吸着) されているとする (図 6.6 のグラフト高分子ブラシを参照)．溶媒は鎖の中には浸入しないような場合を考える (ドライブラシまたはメルトブラシ)．ブラシはその高さ L で記述され，モノマー密度が一定であるという条件によって，L は σ_0 と各々の高分子の重合度 N と関係付けられる．これから L と σ_0，N を関係付ける保存則を得る．溶媒が浸入しない時，鎖当りの自由エネルギー f は鎖の伸長エネルギーで決まり，簡単な平均場近似では

$$f = \frac{3T}{2}\frac{L^2}{L_0^2} \tag{6.64}$$

---

[36] 実際は鎖である．

6.7. 問題

[図: 表面にグラフトされた高分子ブラシ。高さ L、鎖間距離 $\sigma_0^{-1/2}$]

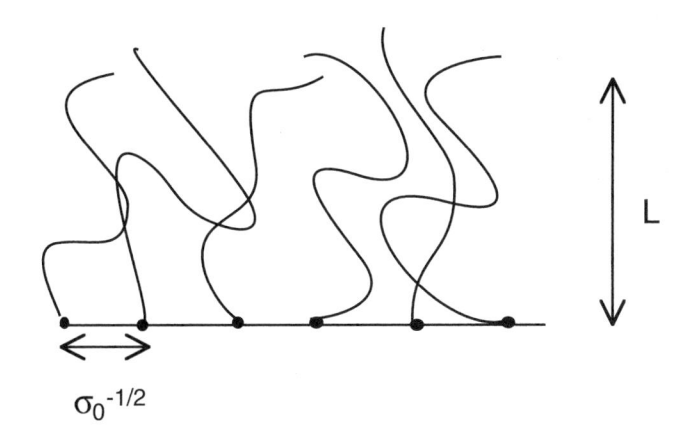

図 6.6: 鎖間の平均距離が $\sigma_0^{-1/2}$ に比例するように表面上にグラフトされた高分子．ブラシの高さは L である．

で与えられる．ここで，L_0 はバルクメルト (すなわち表面に固定されていない鎖) での鎖の慣性半径，つまり $L_0 = N^{1/2}a$ である．ただし，a は分子の大きさで，バルクメルトにおいて鎖は理想的なランダムウォークを行うとしている[12]．鎖が理想的な大きさよりも遥かに引き伸ばされていることの原因が保存の条件にあることを，少なくともグラフト密度が $1/N$ よりも相対的に大きい場合についてを示しなさい．

次に，グラフトする表面が曲がっている場合のグラフトされたメルトブラシについて考える．伸長エネルギーは同じ形であるが，保存の条件では曲がった形状を考慮しなければいけない．鎖当りの自由エネルギーを円筒状と球状の曲率について計算しなさい．これらの結果から，曲げ剛性率を分子量の関数として求めなさい．

8. 膜のアンバインディング

　平均間隔 d の積み重なった膜を考え，エントロピー的な (ヘルフリッヒ) 相互作用しか働かないとする．さらに溶媒を加えると何が起こるか？ 次に，同じ積み重ねではあるが，膜間に付加的な引力相互作用が働くとする．引力が十分に強いと何が起こると予想されるか？ また溶媒を加えて膜を希釈する時に起こることに対して，十分に強い引力はどのような影響を与えるか (総説は文献 13 を見よ)？

9. 壁の間の膜

　自発曲率が「ゼロ」である曲率エネルギーから成るハミルトニアンで記述される膜について考える．この膜は距離 D だけ離れた二つの剛体壁の間に挟まれているとする．膜の形状を，二つの壁の間の中央の $z=0$ 面からの高さ $h(x,y)$ で記述する．壁の効果によって，$\gamma h^2/2$ の形の実効的な調和ポテンシャルがハミルトニアンに付け加わると仮定しなさい．膜には曲率エネルギーに加えてこのポテンシャルが働くことになる (自発曲率はゼロ，またサドル・スプレイエネルギーは無視できると仮定しなさい)．

　xy 面上の任意の点において，膜のゆらぎの二乗平均が μD^2 になるように γ を決めなさい．ただし，μ は 1 のオーダーの数で，予めわかっているとする．$D \to \infty$ で γ はどうなるか？

　このハミルトニアンを使って，系の自由エネルギーを壁間距離の関数として計算しなさい．壁がある時の膜と，自由な膜との間の自由エネルギーの差はどうなるか？ 孤立した膜の自由エネルギーよりも高いかまたは低いか？ またそれはなぜか？

　これらの結果は次元解析からも予測できたであろうか？ それはなぜ予測できたのか？ あるいはなぜ予測できなかったのか？

6.8 補遺 A: 可溶性界面活性剤の曲率エネルギー

　本章の曲率弾性の取り扱いでは，力学的な視点を用いてきた．その際，薄膜中の物質の総量 (両親媒性分子の数) は一定とし，分子当たりの面積と曲率の変化のみが許された．実際の系では溶液中の界面活性剤モノマーとの共存や交換があるため，膜面を構成する分子数は一定ではない．以下では，このような場合であっても，界面活性剤膜の実効的な曲げエネルギーを導くことが可能であることを示す．膜中の活性剤分子と，それらが交換を行う溶液中の分子を含む全自由エネルギーを最小化することによって，曲率エネルギーが求まる．その結果，溶液中の活性剤分子の存在によって，膜がソフト化することがわかる．すなわち実効的な曲率剛性率は元の値よりも小さくなる．

　特別な場合として，水，油，界面活性剤から成るマイクロエマルションにおける活性剤の単層膜を考える．同様な結論が，二成分溶液中 (例えば水と界面活性剤の系) の二重膜についても当てはまる．互いに混ざらない水と油の体積分率をそれぞれ ϕ_w と ϕ_o，系の中の界面活性剤の総体積分率を ϕ_s とする．さらに活性剤分子は，水，油，単層膜のそれぞれに ϕ_s^w, ϕ_s^o, ϕ_s^f という体積分率で分配されているとする (後の式 (6.67) 参照)．ただし，これらの値は ϕ_w や ϕ_o と比較して十分に小さいと仮定する．水と油における活性剤の局所的な濃度をそれぞれ ψ_w と ψ_o とする．これらの局所的な活性剤濃度 ψ_w および ψ_o は，全体的な濃度 ϕ_s^w および ϕ_s^o と $\psi_w \approx \phi_s^w/\phi_w$, $\psi_o \approx \phi_s^o/\phi_o$ のように関係している．

　水と油の領域に存在する活性剤の量が少ない場合には理想気体モデルを用いることが可能で，水の領域における単位体積当たりの自由エネルギーは

$$f_w = \psi_w(\log \psi_w - 1 + \chi) \tag{6.65}$$

であり (式 (1.27) 参照)，同様の式が油の領域における自由エネルギー f_o

に対しても成り立つ．ここで，χ は平坦な薄膜中の分子と比較して，一個の分子を水または油に溶解させるのに必要な (k_BT を単位とする) エネルギーで，話を簡単にするため水と油に対して等しいとする．式 (6.65) において f_w は k_BT を単位としており，さらに分子当たりの体積を 1 とするような単位で表している．

活性剤の単層膜は分子当たりの自由エネルギー $f_f(\Sigma, H, K)$ で特徴付けられる．これは式 (6.6) で与えられるように，分子当たりの面積 Σ，平均曲率 H，ガウス曲率 K に依存する (式 (6.6) を f_f と定義し直す)．すると単位体積当たりの全自由エネルギー f_T は，希薄な極限で

$$f_T \approx \phi_w f_w + \phi_o f_o + \phi_s^f f_f \tag{6.66}$$

と書ける．

ここで，f_T をすべての他の自由度，すなわち各々の領域における活性剤濃度 ψ_w, ψ_o, ϕ_s^f および膜内の分子当たりの面積 Σ について最小化する．すると系は，その組成 (ϕ_w, ϕ_o, ϕ_s) および固定された曲率 H と K で定義される．この手順により，溶液中のモノマーの存在を考慮した実効的な曲率エネルギーを導くことができる．活性剤の総量が保存されるという制約

$$\phi_s^w + \phi_s^o + \phi_s^f = \phi_s \tag{6.67}$$

のもとで，自由エネルギー f_T を最小化する．活性剤の溶解度が低い場合，式 (6.67) の制約は $\phi_w \psi_w + \phi_o \psi_o + \phi_s^f = \phi_s$ と近似することができる．ψ_w と ψ_o, ϕ_s^f に関する制約付きの最小化は，ラグランジュの未定乗数法を使って計算することができる．この方法は物理的に，三つのすべての領域における活性剤の化学ポテンシャルが等しいということを意味している．この化学ポテンシャルは，膜内の活性剤当たりのエネルギー $f_f(\Sigma, H, K)$ に比例することになる．エネルギーが最小の時には

$$\psi_w = \psi_o = e^{-\Delta} \tag{6.68a}$$

6.8. 補遺 A: 可溶性界面活性剤の曲率エネルギー

$$\phi_s^f = \phi_s - \phi_w \psi_w - \phi_o \psi_o \tag{6.68b}$$

であることがわかる．ここで $\Delta = \chi - f_f$ である．これより活性剤について，それ以下の体積分率ではすべての活性剤モノマーが溶液中に存在するようなある臨界体積分率 ϕ_s^c が存在することがわかる．それは式 (6.68b) で $\phi_s^f = 0$ とおけば求まり

$$\phi_s^c = \phi_w \psi_w + \phi_o \psi_o \tag{6.69}$$

で与えられる．従って，$\phi_s > \phi_s^c$ のような大きな体積分率の時だけ膜が出現し始める．水と油の比 ϕ_w/ϕ_o が一定の時，体積分率は $\phi_s^f \approx \phi_s - \phi_s^c$ で関係付けられる．

最小化して得られる単位体積当たりの全自由エネルギーは

$$f_T \approx (\phi_w + \phi_o)(f_f - 1)\, e^{-\Delta} + \phi_s^f f_f \tag{6.70}$$

となる．ここで，活性剤分子当たりの実効的な曲率エネルギーを $f^* = f_T/\phi_s$ で定義することができる (f^* は $k_B T$ を単位とするエネルギー)．すると実効的な自由エネルギーは

$$f^* \approx f_f - \frac{e^{-\Delta}}{\phi_s} \tag{6.71}$$

のような単純な形になる．

活性剤の量が固定されている力学的モデルの場合と同様に，活性剤当たりの面積で最小化すると，自由エネルギーが最小化されるような $\Sigma = \Sigma^*$ が求まる．Σ^* を自由エネルギーに代入し直し，自由エネルギーの曲率に依存する部分を展開すると，$f_f - f_0 \ll f_f$ の場合には

$$f^* = f_0^* + f_1^* H + f_2^* H^2 + \bar{f}_2^* K \tag{6.72}$$

となり，係数は $f_0^* = f_0 + r - 1$, $f_1^* = f_1 r$,

$$f_2^* = \left(f_2 - \frac{1}{2}\frac{f_1'^{\,2}}{f_0''}\right) r \tag{6.73}$$

$\bar{f}_2^* = \bar{f}_2 r$ で与えられる．ただし

$$r \approx 1 - \frac{e^{-\Delta}}{\phi_s} \tag{6.74}$$

である．この結果を活性剤量固定の力学的モデルと比較すると，膜と溶液間の活性剤のゆらぎの効果を知ることができる．f^* の各項の係数を力学的モデルの自由エネルギーの係数と比較すると，r が実効的な曲率剛性率と元々の曲率剛性率の比であることがわかる．すなわち $r = k^*/k = \bar{k}^*/\bar{k}$ である．自発曲率は変化しないので，$c_0^* = c_0$ である．ϕ_s^c の定義を用いると，式 (6.74) は

$$r \approx 1 - \tilde{\phi}_s^c/\phi_s \tag{6.75}$$

の形に書き直すことができる．ここで，$\tilde{\phi}_s^c = \phi_s^c(H = K = 0)$ は平らな界面を形成する時の臨界体積分率である (一般に ϕ_s^c は曲率に依存する)．ϕ_s が小さくなると実効的な曲率剛性率も小さくなり，臨界体積分率 $\tilde{\phi}_s^c$ ではゼロになる．すなわち

$$k(\phi_s = \tilde{\phi}_s^c) = \bar{k}(\phi_s = \tilde{\phi}_s^c) = 0 \tag{6.76}$$

である．

　曲率剛性率のソフト化の基礎的なメカニズムは，膜内の活性剤分子が溶液中のモノマーと交換できることに起因する．もしも系の組成が臨界値の近く $\phi_s \sim \phi_s^c$ であれば，膜中の活性剤は少量しか存在せず，$\phi_s^f \ll \phi_s^c$ である．ここで，膜の曲率エネルギー f_f を少しだけ増加させると，溶解度 $\psi_w = \psi_o = e^{-\Delta}$ は増加し，活性剤は膜から溶液に移動するであろう．従って，分子当たりの平均自由エネルギー f^* は元々の曲率剛性率ではなく，小さくなった曲率剛性率に従って増加する．この際，溶液中での分子の再吸収を考慮してある．系の中に多数の界面が存在する場合は，両親媒性分子の溶解度が有限であるために，溶液に再吸収される活性剤の量はほとんど無

視できて，元々の曲率剛性率に対する補正は小さい．この場合 ($\phi_s \gg \tilde{\phi}_s^c$)，活性剤分子は水にも油にも全く溶けず，ほぼすべてが界面に存在する系としてマイクロエマルションを近似することができて，以前に述べた力学的モデルが妥当となる．

6.9 補遺B: 曲げ剛性率の繰り込み

話を簡単にするために，自発曲率がゼロの場合を考える．すると，全曲げエネルギーは曲率の二乗を表面全体で積分したもので与えられる．ここではモンジュ表示での曲率の表式を用いる (式 (1.84) 参照)．モンジュ表示では，基準面からの局所的な高さ $h(x, y)$ で表面が記述される．表面がほとんど平坦な場合，局所的な勾配に比例した $h_x = \partial h/\partial x$ と h_y の項は無視することができて，平均曲率は $h_{xx} + h_{yy}$ に比例している．同様にして，局所的な面積要素に含まれる h の微分項も無視することができる[37]．すると，曲げエネルギーは局所的な高さの二階微分の二乗に比例する (式 (6.41) 参照)．フーリエ成分の関数として計算すると，曲げエネルギーは調和的な関数になる (式 (6.42) 参照)．

一方，界面が基準面からどんどん離れてふらつき始めると，有限の傾きは無視できなくなる．この効果は，大きな長さのスケールで非常に重要になる．そこではすでに大きな距離にわたって曲がった状態になっているため，比較的大きな角度で曲げるために必要なエネルギーの損が減少する．エネルギーの損が減少するため，熱平衡状態でこのような曲げが起こる確率は増加し，h_x と h_y に比例した項を含めなければならない．単純な近似としては，式 (1.120) を使って完全な曲げエネルギーを書き下し，h_x^2, h_y^2,

---

[37] 式 (1.131) における面積要素を $dA = dx\,dy\,\sqrt{1 + h_x^2 + h_y^2} \approx dx\,dy$ と近似することを意味する．式 (6.80) ではこの面積要素からの高次項の寄与を考慮する．

$h_x h_y$ に比例した項を，ほとんど平坦な膜の場合で計算したそれらの平均値で置き換える．これによって，調和的なエネルギーに対する第一摂動が与えられる．従って，平均曲率は

$$H = \frac{(1+\eta)h_{yy} + (1+\eta)h_{xx}}{2(1+\eta+\eta)^{3/2}} \quad (6.77)$$

と近似することができる．ただし，$\eta = \langle h_x^2 \rangle = \langle h_y^2 \rangle$ および $\langle h_x h_y \rangle = 0$ である．調和近似の範囲では

$$\eta = \langle h_x^2 \rangle = \frac{T}{4\pi k} \int dq \frac{1}{q} = \frac{T}{4\pi k} \log\left(\frac{L}{a}\right) \quad (6.78)$$

であり[38]，高波数のカットオフは分子サイズ a の逆数に比例し，低波数のカットオフは系の大きさ L の逆数に比例する．

ここでは摂動的な方法を使っているので (η はほとんど平坦な膜の確率因子を用いて計算される)，矛盾がないように平均曲率を η の一次まで展開する．すると，平均曲率の二乗は

$$H^2 \approx \frac{1}{4}(h_{xx} + h_{yy})^2 (1 - 4\eta) \quad (6.79)$$

となる．全曲げエネルギーを求めるためには，局所的な面積要素を

$$\sqrt{1 + h_x^2 + h_y^2} \approx 1 + \eta \quad (6.80)$$

と近似し，H^2 を全表面積について積分する．すると，曲げエネルギーは最終的に

$$F_c \approx \frac{k}{2}\left[1 - 3\frac{T}{4\pi k}\log\left(\frac{L}{a}\right)\right] \int dx\,dy\,(h_{xx} + h_{yy})^2 \quad (6.81)$$

---

[38] $\langle h_x^2 \rangle = (1/2)\langle(\nabla h)^2\rangle = (1/2A)\sum_{\vec{q}} q^2 \langle |h_{\vec{q}}|^2 \rangle$ であり，ここで式 (1.45) および式 (6.44) を用いる．式 (6.78) の積分の上限および下限はそれぞれ $2\pi/a$ および $2\pi/L$ である．

と書ける[39]．これはほとんど平坦な膜の曲げエネルギーと同じ形をしているが，繰り込まれて柔らかくなった曲げ剛性率

$$k_e(L) = k\left[1 - 3\frac{T}{4\pi k}\log\left(\frac{L}{a}\right)\right] \tag{6.82}$$

をもつ．従って，界面の長波長のゆらぎは実効的に曲げエネルギーを小さくし，この効果は系の大きさとともに対数的に増加する．実効的な曲げ剛性率に対する近似から，曲げに対する復元力が消える ($k_e(\xi_k) = 0$) ような系の大きさを特定することができる．これから不屈長

$$\xi_k = a\exp\left[\frac{4\pi k}{3T}\right] \tag{6.83}$$

が決まる (式 (6.51) を見よ)．この長さではゆらぎのために界面が自発的に曲がる確率が相対的に大きくなる．

6.10　参考文献

1. 例えば Y. Kantor and D. Nelson, *Statistical Mechanics of Membranes and Surfaces*, eds. D. Nelson, T. Piran, and S. Weinberg (World Scientific, Teaneck, NJ, 1989) pp. 115 と 137 を見よ．自己排除体積効果を含む膜面のシミュレーションは F. F. Abraham and D. R. Nelson, *Science* **249**, 393 (1990) と *J. Phys. (France)* **51**, 2653 (1990) で議論されている．

2. Z. G. Wang and S. A. Safran, *J. Phys. (France)* **51**, 185 (1990).

3. W. Helfrich, *Z. Naturforsch.* **28c**, 693 (1973).

4. L. D. Landau and E. M. Lifshitz, *Theory of Elasticity*, 2nd ed., 改訂版 (Pergamon, New York, 1970). 邦訳：「弾性理論」，佐藤常三・石

---

[39] 全曲げエネルギーは $F_c = 2k\int dA\, H^2 = 2k\int dx\,dy\,\sqrt{1+h_x^2+h_y^2}\,H^2 \approx (k/2)(1-3\eta)\int dx\,dy\,(h_{xx}+h_{yy})^2$ と計算される．これに式 (6.78) で求めた η を代入する．

橋善弘 共訳 (東京図書)

5. W. Helfrich, *Physics of Defects*, Les Houches, Section XXXV, eds. R. Balian *et al.* (North Holland, Amsterdam, 1981).

6. I. Szleifer *et al.*, *J. Chem. Phys.* **92**, 6800 (1990).

7. P. G. Higgs and J. F. Joanny, *J. Phys. (France)* **51**, 2307 (1990).

8. P. G. de Gennes and C. Taupin, *J. Phys. Chem.* **86**, 2294 (1982).

9. W. Helfrich, *J. Phys. (France)* **46**, 1263 (1985).

10. L. Peliti and S. Leibler, *Phys. Rev. Lett.* **54**, 1690 (1985).

11. W. Helfrich, *Z. Naturforsch.* **33a**, 305 (1978).

12. P. G. de Gennes, *Scaling Concepts in Polymer Physics* (Cornell University Press, Ithaca, NY, 1979). 邦訳:「高分子の物理学」, 久保亮五監修, 高野宏・中西秀 共訳 (吉岡書店)

13. R. Lipowsky, *Nature* **349**, 475 (1991).

第7章　コロイド分散系

7.1　序論

　以前の二つの章では，平らな界面またはほぼ「平ら」な膜の性質と膜間の相互作用に着目した．この系の本質的な自由度は界面や膜間の距離と関係しており，相互作用エネルギーや自由エネルギーがこの距離にどのように依存するかを議論してきた．この章では，固体または液体の『粒子』が溶媒中に存在するコロイド分散系の熱統計力学について議論する．粒子の大きさは通常溶媒分子サイズよりも遥かに大きく，そのためこのような分散系はすべての成分がほぼ同じ大きさのスケールをもつ分子溶液とは異なっている．コロイド分散系には二つの重要な長さがある．それらは，(i) コロイド粒子間距離と，(ii) 粒子の大きさである．我々はコロイドの安定性の問題，また静電相互作用と立体相互作用が分散系をどのように安定化するかという点に着目する．この章ではコロイドとその応用の説明から始め，引き続きコロイドの凝集と不安定化を引き起こす引力の効果について述べる．次に剛体球間の引力相互作用による相分離について議論する．そこでは，相互作用エネルギーの粒子サイズ依存性が，コロイド溶液の安定性を決める重要な量であることが示される．また表面相互作用は平らな形状の場合に最も簡単に計算できるので，平らな界面間の相互作用と球面状の界面間の相互作用を関係付けるデルヤギン近似について説明する．それから，静電相互作用によるコロイド安定性を記述するDLVO理論を説明し，『高

分子ブラシ』の議論を通じて高分子の被覆が他の斥力の原因になることの概要を述べる．本章のほとんどではコロイド分散系の平衡状態に着目するが，分散系が不安定化した時のコロイド凝集体の構造のキネティックスを考えることは興味深い．これとの関連で，コロイド凝集体のフラクタル構造が示す興味深い (非平衡) 現象について議論する．

7.2 コロイド分散系

コロイド分散系の種類

　界面や膜の単純な物理的性質の多くは，一枚または一次元的に積み重なったほぼ平らな系の集まりに着目して調べることができるのに対して，有限サイズの『粒子』から成り巨視的な量の界面を含む系，つまり**コロイド**も非常に関心がもたれている．すでに 6 章の最後で議論した膜の一次元的な積み重ねはコロイドの一種であるが，ここでは流体中に分散した球状または円筒状の粒子から成る等方的な系に着目する．粒子が分子の大きさよりも遥かに大きければ，粒子間の相互作用はその表面の性質と関係している．分散相を特徴付ける長さのスケールが分子の大きさであるような，ある種類の粒子が別の種類の粒子中に存在する分散系は，分子溶液としてうまく説明できる．これに対してコロイドで関心のある点は，その超分子的な性質である．5 章で議論した平らな界面間の相互作用はこの系の理解の出発点となり，以下で述べるような変更を加えていくことになる．本節では変形しない系について議論する．すなわち粒子はその形を保つとし，粒子間の相互作用に着目する．相互作用は粒子間の相関をもたらし，相分離を引き起こすこともあるだろう．変形し得るコロイド分散系の重要な場合として，溶液中の高分子がある．巨大分子は溶媒の性質や高分子の濃度に応じてその形態を変える．次章ではミセル，ベシクル，マイクロエマルション

のような自己会合コロイドについて説明する．この場合，(大きさや形はもちろん)『粒子』を構成する分子数でさえ，濃度や化学的条件，温度に対応して変化することができる．

コロイドの応用

コロイドは自然界にも工業的にも存在し，液体または気体中に分散した固体または液体から成る．血液は血清中の赤血球 (自己会合コロイドと類似している) の分散系であり，エマルションやマイクロエマルションは水中の油または油中の水の分散系である (8章を見よ)．霧，もや，煙は気体中の微粒子の分散系で，汚染の制御では空気中の固体粒子の分散系を扱う．泡 (気体中の液体の分散系で，液体の体積分率が比較的大きい場合) は練り歯みがきやビールなど我々に馴染み深い．多くの工業的な過程では，液体中の固体粒子のコロイド分散系を用いて液体の流体力学的性質を調節したり，触媒への応用のために膨大な量の界面を含む系を作る．

コロイド安定性

水中の金やポリスチレン球または油中のシリカ球のコロイド分散系において最も注目され，しかも有用な性質はその安定性である．すなわち体積分率 ϕ がある範囲に含まれる場合，粒子は溶液中に分散している．粒子の濃度がより高くなると，乳濁度の増加 (光の散乱が増大するため) からもわかるように，粒子は集まろうとする．この集合のプロセスは**凝集**[1]と呼ばれる．粒子濃度の高い相が溶液から分離して，固体状の沈殿物となる[1]．電荷をもたない系で，粒子間に (例えば分散力により) 強い引力相互作用が働く場合，凝集体は『剛体球』から成る固体またはガラスになり，平均の

---

[1]flocculation.「凝結」とも訳される．

粒子間距離は粒子の直径に近くなっている．もしも相互作用が非常に『粘着的』であれば，凝集体の非平衡構造は拡散の効果によって支配され (拡散律速凝集[(2)])，フラクタル的性質をもつことがある[2,3]．なぜならば粒子は成長しつつあるクラスターの外側に接着し，『隙間』を埋めることはないからである．このフラクタル的なクラスターは密度が非常に低く，比較的大きい体積分率でも溶液中において分散している．一方，粒子間の斥力が引力を上回るような系では，粒子は「コロイド結晶」を形成する[4]．特に斥力が長距離的な場合，結晶の格子間隔は実際の粒子の直径よりも遥かに大きくなる．従って，この系における秩序・無秩序転移は比較的低い体積分率で起こる．対照的に純粋な剛体球の場合，秩序・無秩序転移は体積分率 $\phi = 50\%$ [(3)] で起こる[5]．コロイド粒子の大きさは数十オングストロームからミクロンの間なので，幾つかのコロイド結晶の格子間隔は光の波長と同程度となる．そのため，結晶によるブラッグ反射は可視光領域で起こり，試験管中の虹色の帯として肉眼で見える．粒子間の距離がとても大きいため，結晶は非常に『柔らかく』，小さなずり (例えば軽く振ること) によって長距離秩序と虹色現象は破壊される．

斥力相互作用によるコロイドの安定化

　コロイド分散系の興味深い基礎的な性質は，凝集しないで安定化していることである．ファン・デル・ワールス力によって液体分散媒中の同種粒子間には引力が働く．よって，粒子が十分に大きければ，ほんどのコロイド分散系は凝集してしまうように思われる．なぜならば，粒子当りの引力が粒子の大きさとともに増大するからである．粒子当りの正味の引力相互作用が分散のエントロピーによる自由エネルギー (つまり並進のエントロ

[(2)] diffusion-limited aggregation. 略して DLA と呼ばれる．
[(3)] この数字は非常に大きい．純粋な剛体球間には短距離的な斥力が働く．

ピーによるもので，大ざっぱに見積もって粒子当り $k_B T \log \phi$) よりも遥かに大きければ系は相分離を起こし，コロイド粒子が高濃度の相と，それと共存する低濃度のコロイド相の間で平衡が成り立つ．実際，粒子表面に何も処理を施さなければ，ほとんどの場合で相分離する．多くのコロイド分散系では，ファン・デル・ワールス力による引力相互作用は粒子当りの分散エントロピーによる自由エネルギー $k_B T \log \phi$ よりも遥かに大きく，このような分散系を意味のある濃度で安定化させるためには，粒子が斥力で相互作用するように粒子表面を処理する必要がある．このためには表面上に帯電分子 (例えばイオン性界面活性剤) を付着させればよく (図 7.1 を見よ)，するとその対イオンは溶媒中に溶解する．この場合には長距離的な静電斥力によって大きなエネルギー障壁が作られ，凝集が妨げられる．また斥力を導入する別の方法は，粒子の表面に高分子をグラフト (化学吸着) させることである．二つの粒子が近付くと高分子の層が互いに『ぶつかり』合い，鎖のエントロピーが減るため，圧縮に対する反発力が働く．これにより凝集が妨げられる．このような効果の定量的な見積りを以下で述べる．最初に，相互作用しているコロイドの熱力学的安定性を理解するために，一般的な描像について説明する．

7.3 相互作用している粒子の分散系

平衡の振舞い

コロイド安定性は一般的に非平衡かつ非可逆的な凝集として議論されるが，多くの基本的な物理は，相互作用粒子系の平衡統計集団の相挙動に着目することによって理解できる．引力相互作用の大きさが $k_B T$ と同程度であれば，これらの系は平衡の考察から理解できる．もしも引力相互作用が $k_B T$ よりも遥かに大きければ，二つの粒子が接触後に再び離れるために必

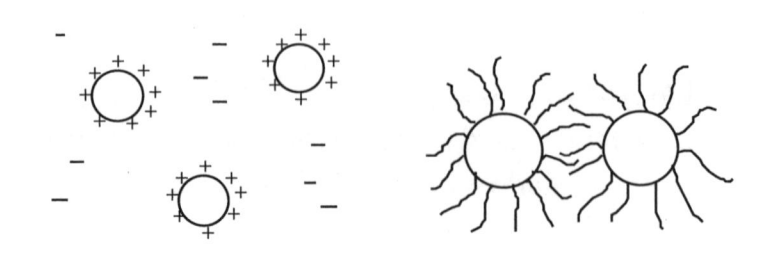

図 7.1: 静電斥力 (左) または表面上にグラフトされた高分子鎖の立体斥力 (右) によって安定化されたコロイド分散系.

要な時間は実験的な時間スケールよりも遥かに長くなり，系が平衡状態にあるとは見なせなくなる．斥力の場合にこの考え方は当てはまらず，熱的な平衡の観点から記述する方が一般的に正しい．

剛体球のサスペンション

最も単純なコロイド分散系は剛体球から成り，剛体球は次のようなポテンシャルで相互作用する．すなわち $r < d$ の時

$$V_d(\vec{r}) = \infty \tag{7.1a}$$

で，$r > d$ の時

$$V_d(\vec{r}) = 0 \tag{7.1b}$$

である．d は粒子の直径である．このような系の性質は希ガス分子系のモデルとして研究され，この系の統計力学を扱うために多くの近似法が開発されてきた[5]．体積分率 ϕ が小さい時，分子当りの自由エネルギー f_s のビ

7.3. 相互作用している粒子の分散系

リアル展開を用いることができる (1 章を見よ).

$$f_s = T\left[\phi(\log[nv_0] - 1) + 4\phi^2 + 5\phi^3 + v_4\phi^4 + v_5\phi^5\right] \quad (7.2)$$

ここで, 4 次と 5 次のビリアル係数の値はそれぞれ $v_4 = 6.12$ と $v_5 = 7.06$ である [5]. 濃度 n は粒子の直径および体積分率と $n = \pi d^3 \phi/6$ のように関係しており, v_0 は分子体積である. 体積分率が大きくなると, 系の正確な記述は分子動力学法とモンテカルロシミュレーションによって与えられる. それからの予測によると, 流体相の浸透圧 $\Pi = -\partial F/\partial V$ (F は全自由エネルギーで V は体積) は体積分率が $\phi \approx 0.64$ で発散する. これはちょうどランダムな最密充填の体積分率に対応している. しかし, この発散は, 乱れた液体から面心立方格子状の固体への $\phi = 0.50$ で起こる一次相転移によって先取りされてしまう[(4)]. $0.50 < \phi < 0.55$ の領域では液相と固相が共存する. 従って, 体積分率が十分に大きければ, 剛体球系においてもコロイド結晶は存在し得る. 帯電系では長距離的な斥力のために, $\phi \approx 10^{-3}$ のような低い体積分率でも結晶化が起こり得る.

引力相互作用

ビリアル展開の範囲内で長距離の斥力や引力を考慮するためには, 式 (7.2) の自由エネルギーに以下の項を付け加えれば良い[(5)].

$$f_a = -\frac{T}{2}\phi^2 \, b(d, T) \quad (7.3)$$

$$b(d, T) = n_0 \int d\vec{r} \left[e^{-\tilde{V}(\vec{r})/T} - 1\right] \quad (7.4)$$

ここで, $n_0 = (\pi d^3/6)^{-1}$ は粒子一個当りの体積の逆数, d は粒子の直径で, それは (ハードコア相互作用以外のすべての相互作用を含む) 相互作用ポテ

[(4)] 「アルダー (Alder) 転移」とも呼ばれる.
[(5)] 1 章の準理想気体の説明 (式 (1.23), (1.24) など) を参照せよ.

ンシャル $\tilde{V}$ の中にも含まれている．式 (7.4) の積分はハードコア斥力によって許されるすべての粒子間距離 $\vec{r}$ にわたって行う．一般に，$\tilde{V} < 0$ となる引力相互作用の結果，ϕ の高次項が現れる．しかし，もしも粒子の直径と比較して引力ポテンシャルの範囲が小さければ (あるいは同じことであるが，d よりも短い距離しか二粒子間が離れていない場合でさえも，引力の強さが $k_B T$ よりもはるかに小さければ)，この高次項は剛体球からの寄与と比べれば無視できる．ϕ^3 までで，粒子当りの全自由エネルギー $f = f_s + f_a$ を

$$f = T\left[\phi(\log[nv_0] - 1) + \frac{1}{2}a\phi^2 + 5\phi^3\right] \quad (7.5)$$

と書く．ただし，ビリアル係数

$$a(d, T) = 8 - b(d, T) \quad (7.6)$$

は弱い引力相互作用 ($b < 8$) の時に正の値 (結果として斥力)，強い引力の時 ($b > 8$) に負の値をとる．

　ビリアル係数の粒子直径に対する依存性は，相互作用 $\tilde{V}$ の d 依存性に起因することに注意しよう．一般的に，粒子のサイズが大きくなると，隣同士の分子間での『接触』数が大きくなると想像される．よって，例えば ($b > 0$ の) 引力相互作用の場合，$\tilde{V}(d)$ および $b(d, T)$ は d の増加関数になると期待される[6]．この引力相互作用の d 依存性とは対照的に，剛体球相互作用による全ビリアル係数 $a(d, T)$ に対する寄与 (式 (7.2) の ϕ^2 の係数で，式 (7.6) の因子 8 に対応するもの) は，粒子サイズに依存しない．これは，排除体積効果によるエントロピーの損失が粒子当り $k_B T$ であることによる．$b(d, T)$ で表される「粒子当り」の引力相互作用は，粒子サイズとともに増加する．この二つの効果の競争によって $a(d, T)$ 全体の符号が決まり，その結果相分離するか，あるいは一様相のままで留まるかが決まる．

---

[6] $\tilde{V} < 0$ であることに注意せよ．正確には $|\tilde{V}|$ が d の増加関数である．

7.3. 相互作用している粒子の分散系

従って，粒子のサイズが大きくなるにつれて，ある所で $a(d,T)$ が十分に負になり相分離 (凝集) が起こることが期待される．ある粒子サイズにおいて粒子間のファン・デル・ワールス引力が排除体積効果による斥力を上回るため，コロイド粒子が十分に大きければ必ず凝集が起こることになる．

従って，引力相互作用 $b(d,T)$ の粒子サイズに対する依存性を評価する必要がある．球間の短距離相互作用の場合，粒子当りの引力相互作用は近似的に二枚の平板間の相互作用から導かれる．以下で示すように，この近似によると，球間の実効的な引力は球の半径に対して「線形」に増加する．粒子一個当りの相互作用エネルギーがわかれば，ビリアル係数は式 (7.4) から計算することができて，相分離に対する安定性はこの係数の大きさと関係付けられる．よって一般的な方針は，(i) 二枚の平板間の実効的な相互作用を求め，(ii) この相互作用エネルギーをデルヤギン近似によって球間の相互作用と関係付け，(iii) 一相状態のコロイド分散系の安定性を評価するために，球のビリアル係数を計算することである．

球に対するデルヤギン近似

平板のエネルギーに基づいた相互作用は，コロイド安定性の理解のために有用であるが，その一方，球一個当りの相互作用エネルギーを知ることも興味深い．なぜならば，このエネルギーこそが，粒子当り $k_B T$ のエントロピーに対するコロイドの安定性を決める上で重要だからである．長距離的な相互作用の場合，関心のある長さのスケールは球の大きさよりも遥かに大きく点粒子の近似が使える．より短い範囲の相互作用の場合には幾何学的な効果の結果，相互作用エネルギーの球の大きさに対する依存性は最初にデルヤギンによって主張されたような一般的な形で与えられる．

実効的な相互作用は以下の点に注意することで計算できる．すなわち球

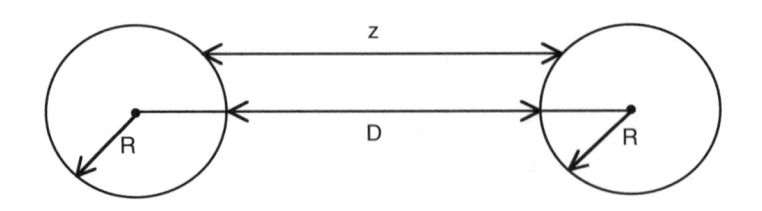

図 7.2: デルヤギン近似における配置と座標.

間の距離 D が相互作用の範囲よりも小さい場合 (配置の説明は図 7.2 を見よ)，相互作用ポテンシャルは平板に対するポテンシャルを球間のすきまの距離について積分することによって計算できる．円筒状の極座標で (座標 r は z に垂直[7])，表面間の距離は

$$z(r) = D + 2R\left[1 - \sqrt{1 - \frac{r^2}{R^2}}\right] \approx D + \frac{r^2}{R} + \cdots \tag{7.7}$$

である．ここでは，R を球の大きさとして，D/R のオーダーの項は無視した[8]．よって

$$dz = \frac{2r}{R}dr \tag{7.8}$$

である．面積 $2\pi r\,dr$ のラメラ間の実効的な相互作用 V_e は，単位面積当りの相互作用エネルギーを球の各「円盤」状の断面積の分布について積分することによって求まる．従って

$$V_e = 2\pi \int_0^\infty W(z)\,r\,dr \tag{7.9}$$

---
[7] z は二つの球の中心を結ぶ方向に平行な表面間距離である．
[8] 図 7.2 では $R < D$ のように描かれているが，デルヤギン近似が妥当なのは $D \ll R$ の場合である．r として D のオーダーの距離を考えれば，$r/R \sim D/R \ll 1$ が成り立つ．

7.3. 相互作用している粒子の分散系

となる．ここで，W は二枚の平板間の「単位面積当り」の相互作用エネルギーである．これは，局所的に z で与えられる板間距離の関数である．式 (7.8) と式 (7.9) から

$$V_e = \pi R \int_D^\infty W(z)\, dz \tag{7.10}$$

を得る．球一個当りの相互作用エネルギーは，球の半径に「比例」している．もしも平板の相互作用 W が特徴的な到達範囲 λ を持つとすれば，球一個当りの相互作用エネルギーは λRW のようにスケールする．このことから相互作用を球の大きさの関数として計算できることになる．さらに式 (7.10) によって，二つの球間の力 $\vec{F}$ を簡単に見積もることができる．力の大きさは

$$F = -\frac{\partial V_e}{\partial D} = \pi RW(D) \tag{7.11}$$

で与えられ，向きは二つの球の中心を結ぶ直線の方向である．以上の近似から，相互作用ポテンシャルの，球の大きさおよび距離に対する依存性を予測することができる．すなわちこの実効的なポテンシャルを式 (7.4) で用いることにより，ビリアル係数を計算できるのである．

気体・液体の相分離

式 (7.2) のハードコア系の自由エネルギーに式 (7.3)，(7.4) の短距離の引力項を加えた $f = f_s + f_a$ は不安定性を示し，低密度の相 (気相) と高密度の相 (液相) に相分離する．共存曲線 (密度 ϕ_1 と ϕ_2 の相が平衡であるような点から成る線) を決めるためには，平衡の条件として化学ポテンシャルが等しいこと

$$\mu = \left(\frac{\partial f}{\partial \phi}\right)_1 = \left(\frac{\partial f}{\partial \phi}\right)_2 \tag{7.12}$$

および浸透圧が等しいこと

$$f(\phi_1) - f'(\phi_1)\phi_1 = f(\phi_2) - f'(\phi_2)\phi_2 \tag{7.13}$$

の条件を解かなければいけない[9]．ただし $f' = \partial f/\partial \phi$ である．平均場近似の範囲内では，式 (7.12), (7.13) で $\phi_1 \to \phi_2$ の場合 (つまり二相の区別が消失する場合) を調べることによってビリアル係数の臨界値 b_c と体積分率の臨界値 ϕ_c が求まり，この点で最初に相分離が起こる．ϕ_c と b_c は

$$\frac{\partial^2 f}{\partial \phi^2} = 0 \qquad (7.14\text{a})$$

$$\frac{\partial^3 f}{\partial \phi^3} = 0 \qquad (7.14\text{b})$$

から決まることがわかる[10]．以前に説明したビリアル展開を用いると (ポテンシャルの剛体球の部分は 5 次のビリアル係数までとり，引力の部分は 2 次までしかとらない)，$b_c \approx 21$, $\phi_c \approx 13\%$ となる．相分離が起こることは凝集が起こることを示唆している．その際コロイドは不安定化を起こし，この二相領域ではもはや溶液中に分散した状態ではなくなる．

剛体球に長距離の斥力が加わる場合

球状粒子の系は通常，直径 d_0 のハードコアポテンシャルにより長距離の『より柔らかい』斥力 $V_r(\vec{r})$ を加えたもので記述できる．通常，このより柔らかいポテンシャルは，文献 5 の 6 章で詳述されている様々な摂動の方法で扱うことができる．このような方法の一つとして，2 章で説明した変分法を剛体球系について用いる．そこでは剛体球の「実効的」な直径 d を変分パラメータとする．

2 章で説明した変分原理を用いると，近似的な自由エネルギーは

$$F = F_d + \langle V(\vec{r}) - V_d(\vec{r}) \rangle_d \qquad (7.15)$$

---
[9] 式 (1.72), (1.73) を参照せよ．
[10] 式 (1.79a), (1.79b) を参照せよ．

7.3. 相互作用している粒子の分散系

で与えられる[11]．ここで，添字 d は粒子の直径が d である実効的な剛体球系を意味する．ポテンシャル $V_d(\vec{r})$ の性質は，様々な近似方法によって知られている．実際の斥力ポテンシャルは $V(\vec{r})$ で，$r < d_0$ ではハードコアとなっており，必ず $d_0 < d$ のように選ぶ．すなわち実効的なハードコアの直径は，純粋な斥力ポテンシャルを与える実際のハードコアの直径よりも常に大きいとする．摂動項は，剛体球系の確率分布についてのポテンシャルの熱平均を含んでいる．よって，直径 d の剛体球系の対相関関数 ($\vec{r} = 0$ に粒子があったとして，距離 $\vec{r}$ に粒子が存在する確率) を $g_d(\vec{r})$ とすると

$$\langle V(\vec{r}) - V_d(\vec{r}) \rangle_d = \int d\vec{r}\, g_d(\vec{r})\, [V(\vec{r}) - V_d(\vec{r})] \tag{7.16}$$

である．ハードコアの相互作用 (ポテンシャルが無限大になる) に対してこのような摂動理論が妥当であるかということに疑問をもつかも知れないが，$g_d(\vec{r})[V(\vec{r}) - V_d(\vec{r})]$ は以下の理由で決して発散しないことがわかる．(i) $d_0 < d$ なので，V 中の実際のハードコアによる発散は実効的なポテンシャル V_d のハードコアによって打ち消されてしまう．(ii) 対相関関数 g_d は $r < d$ でゼロになってしまう．

次に，自由エネルギー F を d について最小化し，実際の系を最もよく記述する剛体球の直径 d を求める．一次のオーダーでは，実際の系のすべての性質は実効的な直径が d の剛体球の場合の性質で与えられる．異なる近似法 (すべて剛体球ポテンシャルからの摂動) の詳細な比較は，文献 5 で議論されている．

この方法から，「実効的」な体積分率 $\phi^* = \phi(d/d_0)^3$ が定義される．ただし，d_0 は実際の系のハードコア直径である．ポテンシャルの柔らかい部分 (斥力) によって実効的な直径 $d > d_0$ が定義され，実効的な体積分率は実際の体積分率 ϕ よりもかなり大きくなる．よって，結晶化のような転移は

---

[11] 式 (2.9) を参照せよ．

$\phi^* = 0.50$ で起こる．従ってもしもソフトコアの斥力による d の増大があれば，実際の体積分率 ϕ は上の値よりもかなり小さくなる．このように実効的な体積分率は $(d/d_0)^3$ のようにスケールするので，この増大は非常に効果的である．

7.4　コロイド相互作用：DLVO 理論

相互作用のバランス

コロイド凝集[12]の標準的な理論は DLVO 理論[13]と呼ばれ，コロイド粒子間のファン・デル・ワールス引力と静電斥力のバランスを記述している．塩濃度が高い時，静電気力は十分に遮蔽され，引力的な分散力のために凝集が起こる．平衡状態の系に対しては相互作用のバランスを解析し，以前に説明した臨界ビリアル係数 b_c を求めることができる．しかし (分散力による) 強い短距離の相互作用と (遮蔽された静電相互作用による) 長距離の斥力がある場合，凝集は非平衡状態となる．全自由エネルギー最小の状態が完全に凝集したコロイドであることは間違いないが，粒子間距離の関数としての自由エネルギーには二つ目の極小が存在し (図 7.3 を見よ)，コロイドが凝集しない (つまり粒子が互いに有限の距離だけ離れている) ような準安定状態が長時間保たれる．この状態は凝集状態とエネルギー障壁によって分離されており，エネルギー障壁は全ポテンシャルエネルギーの最大値で決まる．もしも障壁エネルギーが $k_B T$ よりも遥かに大きければ，粒子のブラウン運動によって障壁が乗り越えられることはない．従って，粒子は近距離における極度に強いファン・デル・ワールス引力を決して感じ

---

[12] aggregation. ここでは flocculation という単語と区別せずに，ともに「凝集」(または「凝結」) という訳語を当てる．
[13] Derjaguin-Landau-Verwey-Overbeek (デルヤギン・ランダウ・フェルウェイ・オウベルベーク) の頭文字をとったものである．

7.4. コロイド相互作用：DLVO 理論

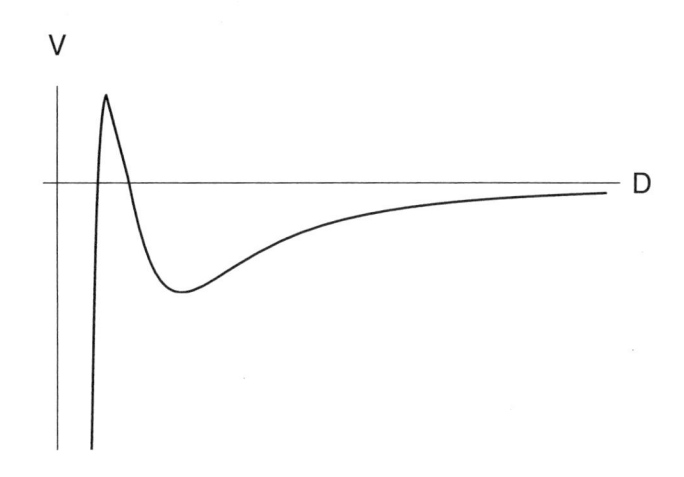

図 7.3: ファン・デル・ワールス引力と静電斥力を組合わせた DLVO ポテンシャルの概略図．小さな距離 D における急激な引力ポテンシャルと，この引力ポテンシャルに到達するための障壁から成る．二つ目の引力の極小も存在する．

ることはなく，この場合に凝集は起こらない．系にさらに塩を加えていくと斥力の範囲が短くなり，比較的小さな体積分率でも系は凝集する．

平板の相互作用

最初に，平板について相互作用のバランスを考える．この場合の相互作用がわかれば，二つの球間の相互作用はデルヤギン近似によって求まる．すると，ビリアル係数および相分離に対する系の安定性が決まる．

5 章より，間隔 D だけ離れた二枚の平板間の引力の分散力から，単位面

積当りのエネルギーは

$$v_a = -\frac{A}{12\pi D^2} \tag{7.17}$$

である[14]．ただし，A はハマカー定数である．短距離の斥力の場合（塩を加えた場合），平板間の遮蔽されたクーロン斥力から，距離 D の関数としての単位面積当りの自由エネルギーは

$$v_r = \frac{\beta T n_0}{\kappa} e^{-\kappa D} \tag{7.18}$$

の形で与えられる．ここで，遮蔽長 κ^{-1} は $\kappa^2 = 8\pi n_s \ell$ で定義され，n_s はバルクの塩濃度，$\ell = e^2/(\epsilon T)$ はビエルム長（5 章を見よ[15]），β は無次元で D に依らない．この表式は，塩濃度がバルクと平衡である場合に，ポアッソン・ボルツマン方程式を線形化することによって求まる．高塩濃度では $\kappa D \gg 1$ なので，この極限で二つの界面は短距離の斥力で相互作用する．(塩を加えない極限で相互作用関数はべき則に従い，容易にファン・デル・ワールス引力を上回ることができる．) 全ポテンシャルエネルギー $V = v_a + v_r$ は図 7.3 に示してある．グラフは短距離における深い極小，斥力の障壁，大きな距離における浅い極小で特徴付けられる．後者の極小は，以前に議論したように『気体・液体』の相転移を引き起こす．一方，斥力の障壁が粒子の近接を妨げるほど十分に高くなければ，深い最小によって凝集が起こる．

7.5 長距離の静電相互作用

帯電コロイド

帯電コロイドの実験で扱う粒子の大きさは，通常，ミクロンのオーダーであり，100 から 1000 の帯電基をもっている．塩をほとんど加えない場合

---
[14] 式 (5.13) 以下を参照せよ．
[15] 式 (5.57) を参照せよ．

7.5. 長距離の静電相互作用

(低イオン強度),静電斥力は十分に強くて,秩序構造が安定化される.この系は固体の古典的モデルのように振舞うことができる.例えばイオン強度に依存する溶解,構造相転移(面心立方格子・体心立方格子),ずりによる溶解など,結晶性を調べるための多くの実験が可能である.我々は,塩を加えない極限で球状コロイド粒子の相互作用を考える.なぜならば,長距離相互作用の劇的な効果が観察されるのはこの領域だからである.この場合には長距離の斥力により,コロイド粒子の体積分率が非常に小さくてもコロイド結晶は安定化される.塩を(対イオンの濃度と比較して)多く加えると,以前に説明したように,遮蔽されたクーロン相互作用が働く.

対イオンの電荷密度

帯電系では,たとえ周期的な配列であっても,静電相互作用を調べるためには,系の周期性を反映した単純な単位セル内でポアッソン・ボルツマン方程式を解かなければいけない.この『ウィグナー・サイツ・セル[16]』の境界において電場はゼロとなる.なぜならば,対称性により一つのセルは対イオン電荷分布が固定電荷と釣り合うだけの体積を包んでいるからである.このアプローチでは次の二つの困難な点がある.(i) 典型的なコロイド結晶の『ウィグナー・サイツ・セル』は複雑な形をしている.(ii) 球状の『ウィグナー・サイツ・セル』でさえも,塩がない極限で球対称なポアッソン・ボルツマン方程式の解析解は存在しない.粒子間の距離が大きい極限では(希薄結晶の場合に関心がある),ほぼ平らな界面であるという近似が破れる.

しかし,電荷密度に対する自由エネルギーの変分解を用いることで,多くの物理が理解できる[6,7].5章における帯電平板の配列での計算結果に基

---

[16] Wigner-Seitz cell

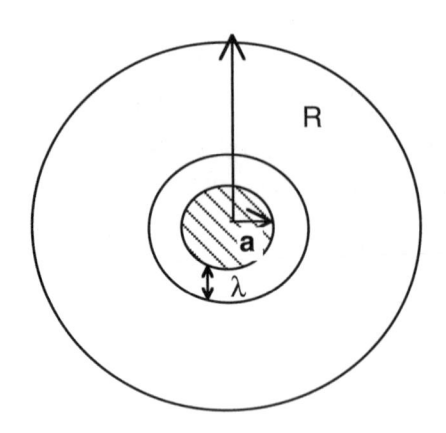

図 7.4: 球状の配置に対する変分近似で用いられる電荷分布の図.

づいて，ほんとんどの電荷は固定電荷の近く，すなわち球面のごく近傍の領域に局在化しており，(全電荷に対して小さな割合の) 残りは空間的に一様に分布しているとする．一次元の解 (球面近傍で正しい) から，ほとんどの電荷が局在している特徴的な距離は $\lambda = 1/(\pi\sigma_0 \ell)$ である (5 章を見よ). ただし，σ_0 は電荷密度，$\ell = e^2/(\epsilon T)$ である．粒子半径は $a \gg \lambda$ を満たすと仮定する．図 7.4 に示すように，半径 R の球状の『ウィグナー・サイツ・セル』中に含まれる変分電荷分布を以下のようにとる．すなわち内側の領域 $a < r < a+\lambda$ に電荷 $(Z - Z^*)$ が一様に分布し，「付加的」な電荷 Z^* が「全体」の領域 $a < r < R$ に一様に分布しているとする．よって，内側の領域 $a < r < a+\lambda$ に対して電荷密度は

$$n_i(r) = \frac{Z - Z^*}{V_i} + \frac{Z^*}{V} \tag{7.19}$$

7.5. 長距離の静電相互作用

であり，その体積は

$$V_i = \frac{4\pi}{3}\left[(a+\lambda)^3 - a^3\right] \tag{7.20}$$

である．$a < r < R$ の領域の体積は

$$V = \frac{4\pi}{3}\left[R^3 - a^3\right] \tag{7.21}$$

である．外側の領域 $(a+\lambda) < r < R$ において電荷密度は

$$n_0(r) = \frac{Z^*}{V} \tag{7.22}$$

である．実効的な自由電荷 Z^* が変分パラメータである[6]．より精密な取り扱いでは距離 λ も変えることができ，また一様な電荷分布という仮定も緩めることができる．

自由エネルギーの変分

球状粒子分散系の希薄な極限を考え，$R \gg a$ とする．さらに，高電荷密度の極限 $\lambda \ll a$ を考える．電荷密度に対する変分の仮説を用いると[7]，単位電荷当りの自由エネルギー $f = F/Z$ (5章を見よ) はこれらの極限で

$$\begin{aligned}f = f_0 &+ T\alpha\left[(1-\beta)^2 - 2(1-\beta)\right] + T\beta\log[\phi\beta] \\ &+ T(1-\beta)\log\left[\frac{(1-\beta)a}{3\lambda}\right]\end{aligned} \tag{7.23}$$

と書ける．式 (7.23) で，$\alpha = 2\pi\sigma_0 \ell a$ である．ここで，変分パラメータは $\beta = Z^*/Z$ で，小さい値をとると仮定する．ϕ は体積分率で，R と $\phi = (a/R)^3$ のように関係している．式 (7.23) の第一項は定数で，β に依存しない．次の項は内側の領域における対イオンのクーロン斥力を表し，$(1-\beta)$ に比例した項は対イオンと固定電荷間の引力である．最後の二項はそれぞれ外側の領域に存在する『自由』な (非束縛) 電荷のエントロピーと，内側

の領域に存在する電荷のエントロピーを表している．外側の領域にある束縛されていない電荷のクーロンエネルギーを表す項は体積分率 ϕ の高次項なので，$R \gg a$ の極限では無視した．自由エネルギーを $\beta = Z^*/Z \ll 1$ について変分すると

$$\beta = \frac{Z^*}{Z} \approx -\frac{1}{2\alpha} \log\left[\frac{3\lambda\phi\beta}{a}\right] \tag{7.24}$$

となる．

「非局在化」した電荷または自由な電荷の割合は近似的に一定で，球の体積が減少すると対数的に「増加」する．これは ϕ が小さくなると対イオンのエントロピーがより重要になるためであり，自由な電荷が安定化される．自由な(非束縛)電荷の割合は，一次元の場合よりも遥かに大きい．一次元の場合にエントロピーは遥かに押えられ，他の変分計算や厳密な結果(式 (5.72)) によると $\beta = Z^*/Z = 1/(\ell\sigma_0 D) \sim \phi$ であり，β は ϕ に比例して「減少」する．電荷の繰り込みのこの定性的な振舞いの違いは，球の場合にエントロピーが増加することに起因する．5章で議論したように，二枚の「平ら」な界面間の力は，単に $z=0$ の対称な境界における電荷密度と関係している．すなわち

$$\Pi_{zz} = Tn(0)$$

である[17]．この関係は球が規則的に配列している場合には厳密には成り立たない．しかし，希薄な配列の場合には二つの球間の単位面積当りの力が $Tn(\vec{r}_b)$ と関係していることが期待される．ただし，$\vec{r}_b$ はウィグナー・サイツ・セルの境界を表す．圧力のこの簡単な形は，境界で電場が消えることから導かれる．従って，対イオンの浸透圧のみが残されていることになる．以前の議論から $n(R) \sim Z^*/R^3 \sim \beta Z\phi/a^3$ であり，実効的な電荷は Z と比べると小さいが，結晶を安定化させるには十分である．

---

[17]式 (5.96) を参照せよ．

7.6　立体相互作用：高分子吸着

立体斥力

　コロイドを静電的に安定化させる以外に，吸着した高分子や界面活性剤による立体斥力が，コロイドを凝集させないための別の方法として使われている．このような溶質の平衡溶液では，溶質が壁と相互作用する際に壁の間には実効的に引力が働くが(5章を見よ[18])，非平衡系では斥力相互作用になり得る．なぜならば，平衡系の場合には壁の間の溶液と平衡にある溶液のリザーバーがあるため，壁間距離を変化させた時に溶質の濃度を調節することができるからである．壁間距離が溶質の相関距離(または分子の大きさや慣性半径)よりも小さくなれば，壁の近傍領域や壁の表面では溶質が減少する．すなわち溶質はリザーバーに逃げていく．しかし，これらの分子が強い化学結合で壁に付着している(つまり離脱の時間スケールが観察の時間スケールよりも遥かに長い)と，溶質分子は壁の近傍領域から抜け出すことができず，壁の間の実効的な力は斥力となる．このような効果は，以下の二つの場合で起こり得る．(i) 高分子を構成するすべてのモノマーが壁に付着している(高分子吸着)[8]．(ii) 高分子鎖の一端を化学的に変化させて，壁に強く付着させる(グラフト高分子鎖)．吸着の場合，各々のモノマーと壁との引力エネルギーは小さいが，「すべて」のモノマーが壁に付着しているので，鎖当りの吸着エネルギーは $k_B T$ の何倍にもなる．グラフト高分子の場合，通常末端モノマーと壁との間には強い化学結合があり，グラフトされた状態が保たれる．以下ではグラフト高分子の場合を扱う．吸着の場合は文献8, 9で議論されている．

　高分子鎖が表面にグラフトされている場合，このように処理された二つの表面間の斥力は密度と高分子の伸長の変化と関係している．これらは，

---
[18] 5.6節を参照せよ．

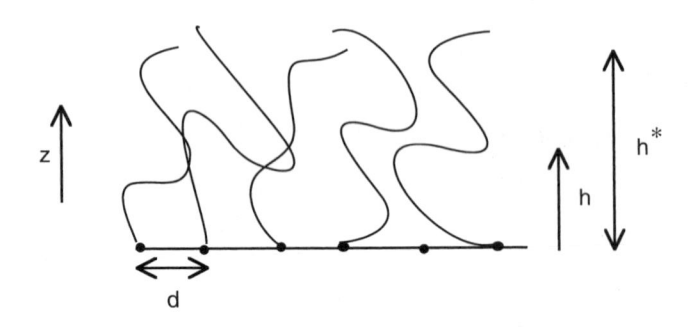

図 7.5: 平均間隔 d, 高さ h^* で表面上にグラフトされた高分子.

各々のコロイド粒子表面上の高分子層の圧縮によって引き起こされる．話を簡単にするために，長い高分子鎖が平らな表面上の固定された場所に吸着している場合を考える (いわゆるグラフト高分子ブラシ)．平衡の高さよりも低い高さまでブラシを圧縮するために必要なエネルギーの計算から，ブラシ間の斥力相互作用を評価する．この圧縮は隣接するコロイド粒子の存在によって生じ，コロイド粒子は固体障壁として振舞うと仮定する．すなわち二つの近接表面上の高分子が互いに『絡み合う』こと[19]は無視される．

以前と同様に，グラフト高分子層で覆われた二枚の平板間の相互作用を考える．二枚の平らな表面間の相互作用がわかれば，以前に説明したように，デルヤギン近似とビリアル展開を用いて球状コロイド分散系の安定性を決めることができる．

---

[19] interdigitation

高分子ブラシ

　高分子ブラシ (図 7.5 を見よ) の物理は様々な近似で扱われている．最も簡単なアプローチでは，高分子の末端はすべて同じ界面 $z = h^*$ に位置すると仮定する[10]．一方より厳密な記述では，グラフトしている表面とブラシ上端間の領域で末端分布をセルフコンシステントに扱う[11]．話を簡単にするために，我々は中間的なアプローチをとり，高分子末端の存在確率が密度 $c(z)$ に比例すると考える[12]．ここでは良溶媒中に存在する高分子を考える．**良溶媒**[20] とはモノマー・モノマー相互作用 (自由エネルギーで c^2 に比例する項) を特徴付ける二次のビリアル係数が正ということで定義される．**貧溶媒**[21] は二次のビリアル係数が負ということで特徴付けられ，鎖は縮もうとする (つまり局所的に大きな c の値をとろうとする)．この効果は高次の正のビリアル係数によって安定化される．**テータ溶媒**[22] は二次のビリアル係数がゼロになることで特徴付けられる．

　従って良溶媒の場合，高分子層を記述する自由エネルギーは二つの高分子セグメント間の排除体積相互作用からの寄与による．これは単にセグメント密度 $c(z)$ に比例しており，単位体積当りの相互作用の強さはビリアル展開から導かれるように $Tv > 0$ である[23]．ただし，v はセグメントの排除体積である．高分子を高さ z まで引き伸ばすのに必要なエネルギーは，$kz^2/2$ に末端の高さ z での存在確率 $P(z)$ を掛け合わせたものである．T を単位とすれば，『ばね定数』は $k \approx 1/(Na^2)$ である[24]．ただし Na は完全に引き伸ばされた高分子鎖の長さである．この伸長自由エネルギーは，引き伸ばされた高分子のエントロピーが減ることによって生じる．ランダム

---

[20] good solvent
[21] poor solvent
[22] theta solvent
[23] v は式 (1.24) で与えられるビリアル係数に対応する．
[24] 曲率剛性率の k と混同しないこと．

ウォークを行う鎖は末端間距離 R_G が $R_G \sim N^{1/2}$ のようにスケールされ，良溶媒中では $R_G \sim N^{3/5}$ となる．一方，ブラシの場合，R_G は N に比例する．これらの項のより厳密な取り扱いについては，文献 10, 11 を見よ．

ブラシの密度

ブラシの単位面積当りの自由エネルギー γ は

$$\gamma = T \int_0^h dz \left[\frac{1}{2}vc(z)^2 + \frac{1}{2}kz^2 P(z)\right] \tag{7.25}$$

と書ける．末端の分布に対する粗い近似として $P(z) = c(z)/N$ とおく．すなわち末端は $0 < z < h$ の間に一様に分布していると仮定する．これはブラシの外側に近い所では正しいが，表面の近くでは良い近似ではない．しかし，高分子で覆われた表面間の相互作用は主に外側の高分子層に敏感なので，この近似は有用である．さらに，伸びのエネルギーは z^2 のようにスケールするので，ブラシの外側部分からの寄与の重みが最も大きく，$P(z) = c(z)/N$ という近似がさらに良くなる．各々の鎖が N 個のモノマーをもつという条件のもとで自由エネルギーを最小化するために，$\partial g/\partial c(z) = 0$ を考える．ただし

$$g = \gamma - T\mu \int_0^h c(z)\, dz \tag{7.26}$$

である．ラグランジュの未定乗数 μ は，$d^2 \int c(z)\, dz = N$ であるように決められる．ただし，d^2 は表面上の高分子当りの面積である．すると

$$c(z) = \frac{1}{v}\left[\mu - \frac{1}{2}\left(\frac{z}{Na}\right)^2\right] \tag{7.27}$$

7.6. 立体相互作用：高分子吸着

となる[25]．また $\mu = [(3/2\sqrt{2})(v/d^2a)]^{2/3}$ である．平衡のブラシの高さ h^* は，γ を h について最小化することで

$$h^* = Na \left(\frac{3v}{d^2a}\right)^{1/3} \tag{7.28}$$

となる[26]．もしも $d^2a \gg v$ であれば（つまり鎖当りの面積が大きければ），高分子は完全には引き伸ばされてはいない（つまり式 (7.28) で示されているように，$h^* \sim Na$ であっても $d^2a \gg v$ の極限では h^* は Na よりも遥かに小さい）が，溶液中での高分子の広がり（大きさは $N^{3/5}$ のようにスケールする）と比べると，鎖は非常に強く引き伸ばされている（すなわち $h^* \sim Na$）．

高分子で覆われた表面間の斥力を見積もるためには，一方の表面が他方を押し，h を平衡の値 h^* から変化させると仮定すれば良い．圧縮が小さい場合，自由エネルギーの変化は分子量と圧縮の割合のべきに比例する．N が大きければ，斥力エネルギーはファン・デル・ワールス相互作用による引力を上回り，コロイド分散系は安定化される．ここで説明した単純化されたモデルでは，鎖当りの自由エネルギーの変化 Δf は $\Delta = (h^* - h)/h^*$ の関数として

$$\Delta f \sim TN \left(\frac{v}{d^2a}\right)^{2/3} \Delta^2 \tag{7.29}$$

のようにスケールされる[27]．末端の分布をより正確に扱うと同様な結果を得るが[11]，自由エネルギーの変化は Δ^3 に比例し，『より柔らかい』ポテンシャルであることを示している．

---

[25] $k \approx 1/(Na^2)$ であることに注意せよ．
[26] 式 (7.27) を $d^2 \int c(z)\,dz = N$ に代入すると，$\mu h - h^3/(6N^2a^2) = Nv/d^2$ となる．一方，$\partial g/\partial h = 0$ より $\mu = h^2/(2N^2a^2)$ である．これらを連立させて解くと μ と h^* が求まる．
[27] $f \sim Tk(h^* - h)^2$ のように振舞う．

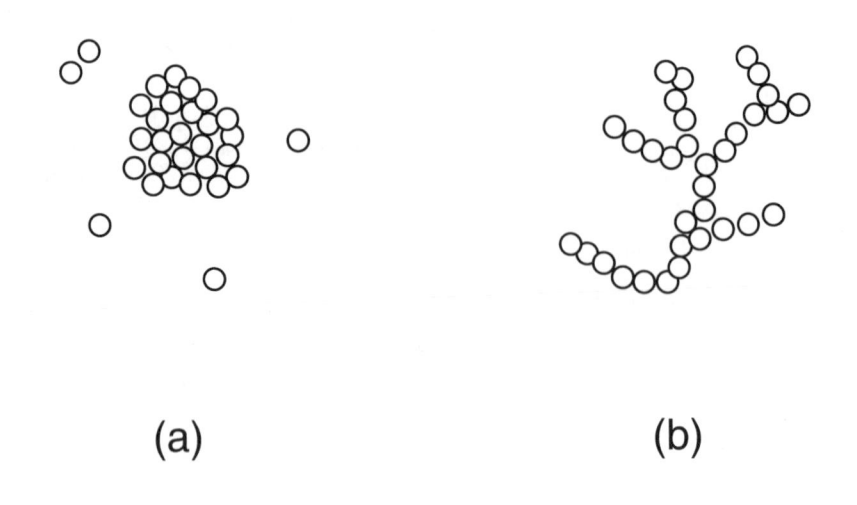

図 7.6: (a) 希薄なコロイド分散系と平衡状態にあるコンパンクトな凝集体. 時間が経過すると凝集体は成長し，平衡状態では低密度相と高密度相間のマクロ相分離が起こる. (b) フラクタル凝集体の概略図.

7.7 コロイド凝集体の構造

密なクラスターと希薄なクラスター

　一般に静電的および立体的な斥力は，コロイド粒子間に働くファン・デル・ワールス引力の短距離部分によってコロイド分散系が凝集するのを妨げることができる，常にそうなるというわけではない．例えば静電的に安定化されたコロイドは塩を加えることによって斥力が遮蔽され，そのため凝集が進行し不安定化を起こす．同様に，高分子鎖が短か過ぎると立体的な安定化の効果がなくなる．よって，粒子間に強い短距離の引力が働く極限でコロイド凝集体が作る構造のタイプを考察することは興味深い．図 7.6 に示したような次の二種類の凝集体を考える．(i) 系が運動論的に平衡に到

7.7. コロイド凝集体の構造

達できる場合に形成される密な凝集体．(ii) クラスターの形が運動論的に決まる場合に形成される希薄またはフラクタル[2,3,13]な凝集体．密な凝集体は各々の粒子の最近接粒子数が多いこと (例えば立方格子のパッキングでは 6，面心立方格子のパッキングでは 12) で特徴付けられる．これらの構造は，強い引力相互作用がある系において最もエネルギーが低い状態である．希薄またはフラクタルな凝集体は，各々の粒子の最近接粒子数が少ないこと (例えば 2)，また局所的な構造が『ひも』の性質をもっていることによって特徴付けられる．より定量的には，フラクタル構造はスケール不変性によって特徴付けられる．すなわち大きさ R の領域中の粒子数 $N(R)$ は，べき則の関係 $N(R) \sim R^{d_f}$ でスケールする．ここで，d_f はフラクタル次元として知られ，d を空間次元とすると $d_f < d$ である．密な構造であればもちろん $N(R) \sim R^d$ であり，領域中の粒子の密度 $n \sim N/R^d$ は一定となる．フラクタルの場合には，大きさ R の領域内の粒子密度が $1/R^{d-d_f}$ で「減少」することが特徴的である．もしも (コロイド粒子一個の大きさを除いて) 特徴的な長さのスケールが存在すれば，この長さのスケールが $N(R)$ と R の間の関係に入り，単純なべき則はもはや成り立たない．

凝集の運動論

最初に引力相互作用が働く分散系を考える．系はある臨界温度 T_c より高温では一相状態で，温度 $T < T_c$ では共存する二相に相分離する．この際，一方の相ではコロイド粒子の濃度が高く，他の相では粒子の濃度が低い．まず $T > T_c$ で一様な一相状態の系を用意し，温度を急に $T \ll T_c$ に下げると粒子は凝集し始め，高濃度の領域が形成され，時間とともに成長する．この凝集体はコロイド粒子のクラスターから成る．二つの粒子が接着してから再び離れるための時間スケールが実験の時間スケールよりも短か

ければ，クラスターは平衡の高濃度相と類似しており，粒子の濃度が高く，密な領域から成る．平衡状態でクラスターが密である理由は，温度 $T \ll T_c$ ではクラスターのエントロピーが引力相互作用と比較して無視できるからである．この引力相互作用は，各々の粒子が多数の最近接粒子と相互作用することによって最大化される．これは気液の相転移を示す系と似ており，高濃度のクラスターは液体・気体の二相平衡状態に向かうにつれて気体中に生成される『液滴』と類似している．

しかし，引力相互作用が $k_B T$ よりも遥かに大きければ，二つの粒子が離れるために必要な時間は接着のエネルギーの指数関数であるため，非常に長くなる．この場合，クラスターは平衡状態の密な形はとらない．なぜならば，凝集体を形成する粒子は動けないため，最もエネルギーの低い密なクラスターを作るための場所の移動が不可能だからである．粒子はぶつかった場所にはどこでも『接着』してしまう．その結果できる凝集体の構造は，このプロセスを反映して糸のような見かけになる．これは，ランダムに接着する過程と，粒子にとっては他の粒子をクラスターの周辺で発見する可能性が最も高いという事実から生じる．これによって粒子はクラスター中にはほとんど侵入せず，クラスターは平衡状態の密な形にはならない．実験と計算機シミュレーションの両方によって，このような凝集体がフラクタル的な性質をもっていることが示されている[2,3]．フラクタル次元の厳密な値は，凝集の運動論に依存する．粒子が最初の衝突ですぐに，しかも不可逆的に接着する場合，クラスターの成長の割合はクラスターの拡散のみによって支配される．これは拡散律速凝集として知られ (DLA[28])，$d_f \approx 1.8$ である．別の種類の凝集は反応律速凝集として知られ (RLA[29])，この場合に粒子は不可逆的に接着する．しかしこの場合には相互作用して

---

[28] diffusion-limited aggregation
[29] reaction-limited aggregation

いない状態と強い引力が働く状態を分け隔てる運動学的な障壁があり，これは k_BT よりも十分に大きいとする．従って，律速段階は『反応』である．つまり，二つの粒子は非常に近くまで互いに接近するが，この障壁のために結合はしない．驚くことではないが，フラクタル指数はこの場合大きくなる．粒子は近くにきた時に必ずしも接着しないので，粒子は凝集体の隙間を『埋める』可能性があり，DLA によって形成されるものより密になる．

7.8 問題

1. 帯電コロイド粒子間の力

周期的に配置された帯電コロイド粒子間の力が，ウィグナー・サイツ・セルの境界における電荷密度と近似的にしか関係していない理由を説明しなさい．5 章の帯電平板におけるこの関係が，球の配置の場合ではどのように成り立たなくなるかを示しなさい．どのような時に，特に良いまたは悪い近似となるか？

2. 円筒状の棒における電荷の繰り込み

厚さ a の固くてまっすぐな棒 (単位長さ当りの電荷が λ_0) が周期的に配置している場合に，動径極座標 r の関数として，ポテンシャルと電荷密度はどうなるか？数学的に簡単にするために，ウィグナー・サイツ・セルの中に一本の棒があり，セルを半径 D の円柱と近似する．D は棒間の平均の距離と関係している．[ヒント：微分方程式を解くために，変換 $v = -\ell V + \log r^2$ と $u = \log r$ を用いて，微分方程式を dv/du と v の関数で表せば，その微分方程式は解ける．] 問題をできるだけ解析的に解きなさい．少なくとも

極限について議論しなさい. $D \gg a$ の極限で, 棒から非常に離れた距離にある電荷が感じる棒上の実効的な電荷の D 依存性を議論しなさい. すなわち電荷の繰り込み (関数 Z^*/Z) を D の関数として求め, 本文中で議論した平らな場合と比較しなさい. このモデルは高分子電解質のモデルとして使われる.

3. フラクタル凝集体

$N(R) \sim R^{d_f}$ で特徴付けられる凝集体の密度はいくらか? ただし, $N(R)$ は大きさ R の領域内の粒子数である. このような凝集体の, 実空間の密度・密度相関関数 $c(\vec{r})$ ($\vec{r} = 0$ に粒子があるとして, $\vec{r}$ に粒子が存在する確率) はどうなるか? その結果, (密度・密度相関関数のフーリエ変換に比例している) 散乱構造因子の波数依存性はどのようになるか?

文献 14 では有限の広がり L をもつフラクタルの実空間相関関数が, 現象論的に

$$c(\vec{r}) = \delta(\vec{r}) + A r^{-\alpha} e^{-r/L} \tag{7.30}$$

で表されると提案している. 最初の項は粒子の自己相関を表している. 第二項の由来を議論し, α を d_f (フラクタル次元) と d (空間次元) と関係付けなさい. この物体からの散乱の構造因子はどうなるか? そして低波数と中間波数, 高波数の極限での振舞いを議論しなさい.

4. テータ溶媒中の高分子ブラシ

テータ溶媒とは, ハードコア斥力と高分子・高分子間の引力がバランスして, 第二ビリアル係数 (式 (7.25) の係数 v) がゼロとなるものである. これは多くの溶媒に対して, 特定の温度でしか起こらない. (第二ビリアル係数が負になると, 溶液は相分離に対して不安定になり, やがて各々の鎖が

密な物体につぶれてしまう．）従って，テータ溶媒中のブラシの単位面積当りの自由エネルギーには濃度の二乗項がなく

$$\gamma = T \int_0^h dz \left[\frac{1}{3} v_3\, c(z)^3 + \frac{1}{2} k z^2 P(z) \right] \tag{7.31}$$

と書ける．ただし，第三ビリアル係数 v_3 は正である．

テータ溶媒中の高分子ブラシの特徴，すなわち濃度プロファイルと自由エネルギーを求めなさい．第二ビリアル係数が正である良溶媒中の場合とどのように違うか？

7.9 参考文献

1. 1章の文献 9, 10 と R. J. Hunter, *Foundations of Colloid Science* (Oxford University Press, Oxford, 1986) を見よ．
2. T. A. Witten and L. M. Sander, *Phys. Rev. Lett.* **47**, 1400 (1981).
3. D. A. Weitz, M. Y. Lin, and J. S. Huang, *Complex and Supramolecular Fluids*, eds. S. A. Safran and N. A. Clark (Wiley, New York, 1987), p. 509.
4. C. G. de Kruif, J. W. Jansen, and A. Vrij, *Physics of Complex and Supermolecular Fluids*, eds. S. A. Safran and N. A. Clark (Wiley, New York, 1987), p. 315.
5. J. P. Hansen and I. R. McDonald, *Theory of Simple Liquids* (Academic Press, New York, 1990), p. 95.
6. S. Alexander, P. M. Chaikin, P. Grant, G. J. Morales, P. Pincus, and D. Hone, *J. Chem. Phys.* **80**, 5776 (1984).
7. S. A. Safran, P. Pincus, M. E. Cates, and F. C. MacKintosh, *J. Phys. (France)* **51**, 503 (1990).
8. P. Pincus, *Lectures on Thermodynamics and Statistical Mechanics,*

XVII, Winter Meeting on Statistical Physics, eds. A. E. Gonzalez and C. Varea (World Publishing, Singapore, 1988) によるレビューを見よ.

9. P. G. de Gennes, *Macromolecules* **15**, 492 (1982).
10. S. Alexander, *J. Phys. (France)* **38**, 983 (1977).
11. S. T. Milner, T. Witten, and M. E. Cates, *Macromolecules* **21**, 2610 (1988); A. M. Skvortsov *et al.*, *Vysokomol. Soedin. Ser.* **A30**, 1615 (1988).
12. P. Pincus, *Phase Transitions in Soft Condensed Matter*, eds. T. Riste and D. Sherrington (Plenum, New York, 1989).
13. B. B. Mandelbrot, *The Fractal Geometry of Nature* (Freeman, San Francisco, 1982). 邦訳:「フラクタル幾何学」, 広中平祐 監訳 (日経サイエンス社)
14. S. K. Sinha, T. Freltoft, and J. Kjems, *Kinetic Aggregation and Gelation*, eds. F. Family and D. P. Landau (Elsevier, Amsterdam, 1984), p. 87.

第8章 自己会合する界面

8.1 序論

　ミセル，ベシクル，マイクロエマルションのような自己会合分散系を調べることは，固いコロイド粒子の研究よりも複雑である．自己会合分散系は，通常，溶液中で両親媒性分子が凝集して形成され，濃度や温度のような系の物理的性質の変化に対応して，大きさや形を変えることができる．従って，濃度の変化は(剛体粒子のコロイド系のように)溶液中の凝集体の数だけではなく，その大きさや形までも変える．通常，自己会合凝集体や膜間の相互作用のエネルギースケールは，一つの凝集体の構造を決めているエネルギースケールと同程度である．これによって様々な構造や相が現れ，例えば分散，洗浄，マイクロカプセル化などの様々な応用でこれらの物質は用いられる．固体や液晶，高分子の相転移を調べるために用いられた概念と実験的方法を自己会合する界面活性剤の分散系に適用することにより，近年，この分野で爆発的な研究の進展があった[1]．本章では，これらの系における自己会合と凝集体の大きさと形の問題に着目する．最初にミセル，ベシクル，マイクロエマルションの希薄溶液を考える．この場合には凝集体間の相互作用は無視できる．本章の最後では，ランダムなマイクロエマルションとそれに関連するスポンジ状の相について議論する．この場合には両親媒性薄膜間の排除体積相互作用が考慮される．より複雑な相互作用と凝集体の間の関係は，現在研究されている課題である[1]．

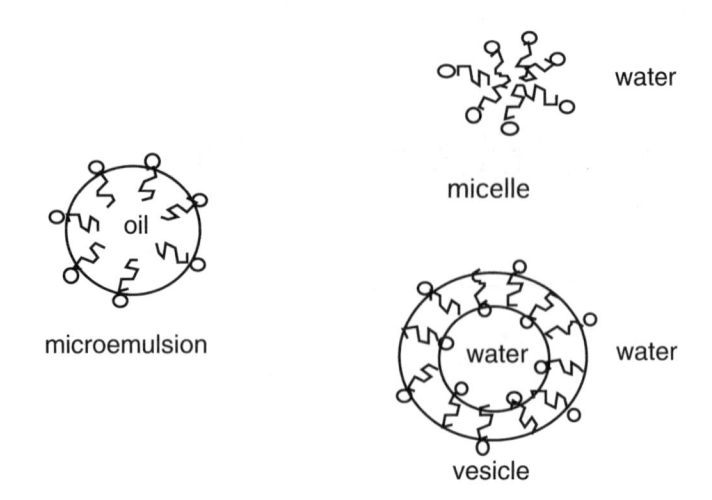

図 8.1: ミセル (micelle)：界面活性剤が単一の溶液中で凝集する．マイクロエマルション (microemulsion)：油中の水 (または水中の油) の領域が界面活性剤の単層膜で覆われている．ベシクル (vesicle)：水中の水 (または油中の油) の領域が界面活性剤の二重膜で覆われている．

8.2 ミセル

自己会合

両親媒性分子を水のような単一の溶液中に分散させると，炭化水素鎖の疎水性相互作用によって分子は自己会合する．その際，疎水的な尾部は，親水性の極性頭部によって極性溶媒との不利な相互作用から保護されるような構造をとる．この構造は通常一個の分子よりも遥かに大きなサイズをとる (図 8.1 を見よ)．この構造は共有結合で結び付いているわけではなく，弱い疎水性相互作用によって安定化されている．そのため温度や塩濃度，

8.2. ミセル

界面活性剤の濃度で，大きさと形は変化する．界面活性剤から成る界面の自発曲率が両親媒子の大きさの逆数のオーダーであれば (6 章の曲率弾性の議論を参照)，ミセル状の凝集体が好まれる．自発曲率が小さい場合，平らな二重膜またはベシクルがミセルよりも安定である．非常に希薄な系では，二重膜は必ずしも一次元のラメラ的秩序をもたず，スポンジ状のランダムな双連結構造が好ましくなる．

ミセル

ラメラやベシクル，マイクロエマルションのように，曲げ自由エネルギーで適切に記述できる大きなスケールの構造を考える前に，我々はまずミセルに着目する．ミセルは「単一」の溶媒中に存在する界面活性剤の分散系で，凝集体の少なくとも一次元方向 (例えば円柱の半径や円盤の厚さ) は分子の大きさと同程度である．ミセル一個当り N 個の界面活性剤分子から成る凝集体の系を考えよう (N は凝集数)．一般に凝集数 N の凝集体エネルギーは $E_N = TN\epsilon_N$ と表せる．ここで，ϵ_N は $k_B T$ を単位とした界面活性剤一個当りのエネルギーである．疎水性相互作用によって凝集するため，ϵ_N が $N = 1$ 付近で N の単調「減少」関数である場合を考える．$N > 1$ のある大きな値で，ϵ_N は最小値をとり得る．希薄な極限 (すなわち界面活性剤の総体積分率が $\phi_s \ll 1$) で凝集体の集団を扱い，水と界面活性剤分子当りの自由エネルギーを考える．(もしも水分子と界面活性剤分子が同じ分子体積であれば，これは単位体積当りの自由エネルギーに比例している．) この分子当たりの自由エネルギーを f と定義すると，f は各々の『種類』のエネルギーと理想気体エントロピーの和である (N が異なる凝集体は区別できる).

$$f = \sum_N \frac{P_N}{N} \left[T \left(\log \frac{P_N}{N} - 1 \right) + E_N \right] \tag{8.1}$$

ここで, P_N は凝集数 N のミセルに取り込まれた界面活性剤分子の割合 (つまり界面活性剤/(界面活性剤+水)) である. 従って, 大きさ N の凝集体の数密度は P_N/N に比例している. 話を簡単にするために, 界面活性剤と溶媒の分子体積が等しい場合を考える. その時, 系に含まれる界面活性剤分子の割合 $\sum_N P_N$ は

$$\sum_N P_N = \phi_s \tag{8.2}$$

とも書ける. あるいは, ϕ_s を単に数分率 (または界面活性剤分子のモル分率) と考えても良い. 式 (8.2) の制約のもとで, 自由エネルギーを P_N について最小化すると

$$\epsilon_N + \frac{1}{N} \log \frac{P_N}{N} = \mu \tag{8.3}$$

となる[1]. ただし, μ は「$k_B T$ を単位とした」化学ポテンシャルであり, 保存の条件を課している. 平均のミセルサイズ $\bar{N}$ は

$$\bar{N} = \frac{\sum N P_N}{\sum P_N} \tag{8.4}$$

で与えられ, 和は $N = 1, \cdots, \infty$ についてとる. 多分散性 σ は

$$\sigma^2 = \frac{\langle (N - \bar{N})^2 \rangle}{\bar{N}^2} \tag{8.5}$$

で定義される. ただし

$$\langle N^2 \rangle = \frac{\sum N^2 P_N}{\sum P_N} \tag{8.6}$$

である.

---

[1] $f - T\mu \left(\sum_N P_N - \phi_s \right)$ を P_N について最小化すれば良い.

臨界ミセル(凝集)濃度

ϵ_N と化学ポテンシャルの両方が無次元であることに注意すると, 式(8.3)は凝集数 N のミセルに含まれる両親媒子の割合が

$$P_N = N e^{N(\mu - \epsilon_N)} \tag{8.7}$$

で与えられることを示している. $\mu < \min\{\epsilon_N\}$ の場合 (ϕ_s が小さい場合に対応する), P_N は大きい N に対して指数関数的に小さくなる. 最も形成されやすいのは $N = 1$ の大きさのモノマーである. しかし, μ が大きくなると, 保存の条件によってモノマーの数は無限に大きくなることはできない. 差 $\mu - \epsilon_N$ が小さくなると, 大きな凝集体がよりできやすくなる. これは, 小さな凝集体を好む効果をもつ混合エントロピーが重要でなくなるからである. この **臨界ミセル濃度** (CMC[2]) (または臨界体積分率 ϕ_c) は, (多少任意性はあるが) 条件

$$\phi_c - P_1 = P_1 \tag{8.8}$$

で定義される. つまり, $N > 1$ のミセル中の両親媒子の割合がモノマーの両親媒子の割合と等しいとする. ϕ_s が ϕ_c よりも大きい場合, モノマーの数はほとんど一定で, 凝集体の数が増加する. この過程の詳細は, エネルギー ϵ_N の凝集数依存性による.

同様な考察がマイクロエマルション, ラメラ, ベシクルのような他の凝集体の自己会合についても当てはまる. 界面活性剤の体積分率が小さい場合, これらの凝集体が形成される確率は小さい. ほとんどの界面活性剤は小さな物体(例えば孤立した界面活性剤分子や小さなミセル)に取り込まれてしまう. 臨界凝集濃度 (CAC[3]) より上では, 大きな凝集体ができる確

---

[2] critical micelle concentration
[3] critical aggregation concentration

率は1のオーダーである．界面活性剤の量が増加しても小さな物体の体積分率は一定に留まるのに対して，大きな凝集体の数 (例えばラメラ，ベシクル，マイクロエマルションの数) は増加する．6章で議論した近似では，大きなスケールの凝集体の局所的な界面エネルギーしか考えなかったが，これは小さな物体が無視できるような高濃度領域で正しい．

球状ミセル

簡単な例として，疎水性相互作用のためにすべての $N > 1$ に対して $\epsilon_N < \epsilon_1$ であるが，鎖と頭部のパッキングの制約から有限の $N = M$ でエネルギーが最小になるとする (つまり $N \neq M$ に対して $\epsilon_M < \epsilon_N$)．(以下では曲率エネルギーモデルを議論する．このモデルでもミセルの大きさと形を調べることはできるが，厳密には計算できない．) もしもこの極小が非常に深ければ (すなわち ϵ_N が $N = M$ のあたりで $k_B T$ と比較して急激に増加すれば)，ミセルの分布はほぼ単分散である．この近似では，モノマーと凝集数 M のミセルだけを考えれば良い．ϕ_s が小さければ (あるいは同じことであるが μ が小さければ)，$P_1 \gg P_M(M > 1)$ である．すなわちほとんどすべての界面活性剤はモノマーとして存在し，ミセルの数は指数関数的に小さい．平衡状態ではすべての両親媒子の化学ポテンシャルが等しいという条件によって，式 (8.2) と CMC の定義 ($P_1 = P_{1c}$, $P_M = P_{Mc}$, $\mu = \mu_c$, $\phi = \phi_c$) から，CMC におけるミセルとモノマーの割合を計算することができて

$$P_{1_c} = e^{\mu_c - \epsilon_1} = \frac{1}{2}\phi_c \tag{8.9}$$

となる．同様に

$$P_{Mc} = M\, e^{M(\mu_c - \epsilon_M)} = \frac{1}{2}\phi_c \tag{8.10}$$

8.2. ミセル

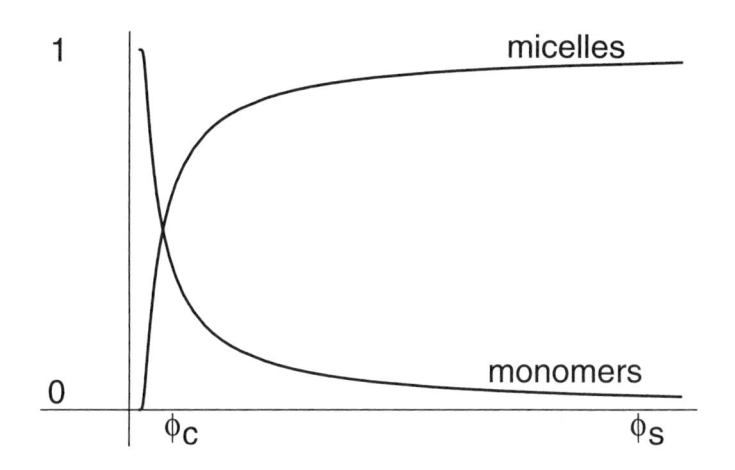

図 8.2: 唯一の好ましいサイズ $\epsilon_M \ll \epsilon_N$ $(N \neq M)$ しか存在しないモデルにおけるモノマー (monomer) とミセル (micelle) 中に含まれる界面活性剤の割合 (それぞれ P_1/ϕ_s と P_M/ϕ_s で与えられる). 臨界ミセル濃度は ϕ_c で表され, ϕ_s は界面活性剤の体積分率である.

である. これらの式から化学ポテンシャルを消去すると, CMC に対する次の表式が求まる.

$$\phi_c = 2M^{1/(1-M)} \left[e^{\epsilon_1 - \epsilon_M}\right]^{M/(1-M)} \sim e^{\epsilon_M - \epsilon_1} \tag{8.11}$$

従ってもしもパッキングとして $M \gg 1$ が好ましければ, CMC はモノマーと凝集体における両親媒子一個当りのエネルギーの差で本質的に決まる. 疎水性の強い系ではCMC は非常に小さく, 典型的な体積分率は $10^{-8} \sim 10^{-4}$ 程度である. 図 8.2 に示すように, $\phi_s > \phi_c$ の場合 (あるいは同じことであるが $\mu > \mu_c$ の場合), ϕ_s が増加するにつれてミセル数が増加するのに対して, モノマー数はほぼ一定のままである.

円筒状ミセル

球状の凝集体を好む分子は幾何学的なパッキングによって一定数 $N \approx M$ のミセルに会合するように制約されているが (パッキングの制約から, ϵ_N は $N \approx M$ で深い極小をもつ), 円筒状の凝集体を好む両親媒子では大きさの分布が広くなる. なぜならば, エネルギーは円筒の末端の蓋 (エンドキャップ) のような末端効果にしか依存しないからである. 円筒の内側にある両親媒子当りのエネルギーは N に依存しない. 円筒状ミセルの簡単なモデルでは, 次の形の両親媒子当りのエネルギーを考える.

$$\epsilon_N = \epsilon_\infty + \alpha/N \tag{8.12}$$

ここで, α は $k_B T$ を単位とした界面活性剤当りの末端エネルギーである. 円筒の形成が「エネルギー的」に好ましい場合を考えるので, $\alpha > 0$ は末端の蓋 (エンドキャップ) に存在する物質の付加的なエネルギーを表す. この形がすべての N について成り立つと仮定し, P_1 (式 (8.7) を見よ) を求めるために化学ポテンシャルを消去すると

$$\phi_s = \sum_N P_N = \sum_N N \left(P_1 e^\alpha\right)^N e^{-\alpha} \tag{8.13}$$

となる.

$$\sum_N N x^N = \frac{x}{(1-x)^2} \tag{8.14}$$

という関係を使うと

$$P_1 = \frac{1 + 2\phi_s e^\alpha - \sqrt{1 + 4\phi_s e^\alpha}}{2\phi_s e^{2\alpha}} \tag{8.15}$$

となる. 体積分率が小さい $\phi_s e^\alpha \ll 1$ ではほとんどすべての界面活性剤がモノマーの状態であり, $P_1 \approx \phi_s$ である[4]. 従って, CMC は $\phi_c \approx e^{-\alpha}$ で定義される[5]. 濃度が ϕ_c よりも遥かに大きければ $P_1 \approx e^{-\alpha} \approx \phi_c$ であり,

---
[4] 式 (8.15) において $\sqrt{1 + 4\phi_s e^\alpha} \approx 1 + 2\phi_s e^\alpha - 2\phi_s^2 e^{2\alpha}$ と展開すれば良い.
[5] $\phi_s e^\alpha \approx 1$ となるような ϕ_s という意味である.

8.2. ミセル

凝集体の分布は

$$P_N = N\left(1 - \phi_s^{-1/2} e^{-\alpha/2}\right)^N e^{-\alpha} \tag{8.16}$$

で決まる．最も実現しやすい ($\partial P_N/\partial N = 0$ で決まる) 凝集数は

$$M = \sqrt{\phi_s e^\alpha} \tag{8.17}$$

で定義される[6]．N が大きい場合に分布は

$$P_N \sim N e^{-N/M} \tag{8.18}$$

と近似できる[7]．分布は多分散で，$N \leq M \gg 1$ の非常に様々な種類の凝集体が含まれ，球状の場合と対照的である．球状の場合，m を典型的に1のオーダーとして，$N = M \pm m$ で存在確率はゼロに落ちる．この多分散性や，最も実現しやすい大きさが濃度の平方根に比例することは，式 (8.12) の凝集体の一次元性と関連している．もしも有限サイズ効果が $1/N$ よりもゆっくりとゼロに近付くならば (円盤状の場合は $1/\sqrt{N}$)，N が大きい凝集体は非常に少なくなる．この場合，多分散の分布をもつ大きな円盤の代わりに，系はモノマーと無限大の平らな二重膜に分離する．もちろん，特定の大きさの円盤を好む特別なパッキングの制約があれば (文献 2 を見よ)，球状の場合と同様に，分布はこの大きさでピークをもつ．

---

[6] 一般に $f(x) = a^x$ の時 $f'(x) = a^x \log a$ に注意すると，$\partial P_N/\partial N = [1 + N \log(1-\phi_s^{-1/2} e^{-\alpha/2})](1-\phi_s^{-1/2} e^{-\alpha/2})^N e^{-\alpha}$ であり，これから条件 $1 + N \log(1-\phi_s^{-1/2} e^{-\alpha/2}) = 0$ が導かれる．$\phi e^\alpha \gg 1$ の極限では式 (8.17) となる．

[7] 式 (8.17) の結果を用いると，式 (8.16) は $P_N = N(1-M^{-1})^N e^{-\alpha}$ である．$\phi e^\alpha \gg 1$ (すなわち $M \gg 1$) では因子 $e^{-\alpha}$ を無視して，式 (8.18) のように近似できる．

8.3 ベシクル

平衡のベシクル

単一ラメラのベシクルは界面活性剤の二重膜から成り，膜の内側の流体の領域 (通常は水) と同じ流体の連続相とを分け隔てている．洗浄，触媒，薬物伝送のためのマイクロカプセル化などの工業的，生物的な応用は，決められた平均サイズのベシクルをいかに簡単かつ制御された方法で生成できるかにかかっている．さらに，ベシクルは多くの場合に生体膜のモデルとして研究されている．ベシクルは生体内では自発的に形成されるが，単なる界面活性剤・水の系では平衡構造として形成されることはほとんどない．ベシクルの準安定相を得るためには，ラメラ液晶相の超音波処理などの非平衡的な方法が通常必要であるが，やがては平衡状態である多層ラメラの液晶相に逆戻りしてしまう．しかし最近，制御されたサイズをもつベシクルの平衡相を生成する一般的な方法が報告されている[3,4,5]．正と負に帯電した頭部や異なった鎖長をもつ二種類の界面活性剤を混ぜることで，ベシクルが自発的に形成される．しかしここでは，「単一」種類の界面活性剤から成るベシクルの安定性について議論する．ベシクルは「エントロピー的」に安定化されることがわかり，最も曲率エネルギー (6 章を見よ) が低い状態は平らなラメラの二重膜である．界面活性剤の混合系によって生成されるベシクルの例外的な安定性については，文献 6 で理論的に議論されている．

ベシクルの曲率エネルギーとフラストレーション

球状ベシクルの曲率エネルギーを考える．第一近似として，ベシクルの二重膜を構成する二枚の単層膜において，分子当りの面積が等しいとする．

8.3. ベシクル

従って，各々の単層膜の曲率エネルギーを単に加えるだけで良い．二重膜を構成する二枚の単層膜間の中央面における単位面積当りの全曲率エネルギーは式 (6.15) から求まる．球状の場合には二つの曲率が $\kappa_1 = \kappa_2 = c$ であることに注意して

$$f_c = 2k\left[(c-c_0)^2 + (c'-c'_0)^2\right] + \bar{k}\left[c^2 + c'^2\right] \tag{8.19}$$

と書く．ここで，c_0 と c'_0 はそれぞれ内側と外側の単層膜の自発曲率で，c と c' はそれぞれ内側と外側の単層膜の実際の曲率である．ここではベシクルの内側の単層膜が正の曲率をもち，外側の単層膜が負の曲率をもつという定義を用いる．妥当な近似として (1 章の平行な曲面の議論を見よ)，$c \approx -c'$ が成り立つ．ただし，$c\delta$ のオーダーの項は無視する (δ は単層膜の厚さである)．一種類の界面活性剤で曲率が小さい場合，二つの単層膜の化学的性質は同じなので，内側と外側の自発曲率は等しい ($c_0 = c'_0$)．この場合，式 (8.19) で曲率に比例する項は消え，f_c を c について最小化すると $c = 0$ となる．すなわち平らな二重膜が最も曲率エネルギーの低い状態である．ベシクルが平らな二重膜に対して不安定になる物理的な原因は，球の状態における曲率エネルギーのフラストレーションによるものである．例えば外側の膜が自発曲率で曲がろうとすると，内側の膜はフラストレートする．逆の場合には逆のことが起こる．従って，系にとって曲率エネルギーを最小化するための唯一の方法は，平らな二重膜を形成することである．

もちろん，二重膜におけるそれぞれの膜の分子当りの面積は厳密に等しいわけではなく，またそれらの曲率の大きさが等しくて符号が反対というわけではない．つまり平衡状態では面積を自分自身で調節する[7]．これによって，ベシクルは平らなラメラ状の二重膜よりも安定になる．なぜならば，好ましい曲率で曲がった膜 (例えば外側の膜) の方が分子当りの面積が小さく，従って内側の膜よりも多くの分子が含まれるからである．しか

し，このような補正が重要になるのは自発曲率が大きい場合で[7]，それによって形成されるベシクルの大きさは，分子サイズと同程度である．すると，ミセルの方がベシクルやラメラよりも安定であることになる．以下では，界面活性剤のサイズよりも遥かに大きなサイズのベシクルの自発的形成を考えるので，このような効果は無視する．

エントロピー的に安定化されたベシクルの安定性限界

単一の界面活性剤から成る「大きな」ベシクルの場合，ラメラ相の方がベシクルよりも曲率エネルギーが低くなることがわかった．しかし，ベシクルは有限の大きさをもっているため，混合エントロピーをともなう．そしてその混合エントロピーは，ラメラ相の混合エントロピーよりも遥かに大きい．ベシクル相の安定性限界として，ベシクルの排除体積効果が無視できるような希薄な極限を考える．並進のエントロピーを含めた上で，単位体積当りの全自由エネルギー f，すなわち

$$f = T \sum_N (n_N [\log[n_N v] - 1] + n_N k_t + n_N N \mu) \tag{8.20a}$$

を最小化することによってベシクルの大きさの分布を計算する．ここで，v は界面活性剤の分子体積，n_N は凝集数 N ($N \sim c^{-2}$) のベシクルの単位体積当りの数，$k_t = 8\pi(2k + \bar{k})/T$ は $k_B T$ を単位としたベシクル当りのエネルギー[8]，μ は界面活性剤の保存を考慮したラグランジュの未定乗数で

$$\sum_N v n_N N = \phi_s \tag{8.20b}$$

から決まる．ただし，ϕ_s は界面活性剤の体積分率である．

---

[8] 式 (8.19) より，半径 $1/c$ の球状ベシクルの単位面積当たりのエネルギーは $2(2k+\bar{k})c^2$ である．ただし $c_0 = c'_0 = 0$ とする．これに表面積 $4\pi/c^2$ を掛けると k_t が求まる．

ベシクルの分布

式 (8.20a) の自由エネルギーを n_N について最小化すると，ベシクルの分布が得られて，

$$n_N = \frac{1}{v} e^{-k_t - \mu N} \tag{8.21}$$

となる．ここでラグランジュの未定乗数 μ は保存の制約から計算できて，$[\phi_s e^{k_t}]^{-1/2}$ に比例している[9]．この分布は (通常エネルギー的に決まる) ある平均のまわりのガウス分布というわけでは「ない」．なぜならば，エネルギーが最小の状態は曲率 $c = 0$ のベシクルで，無限大の凝集数をもつ平らな二重膜であるからである．ベシクルの平均の大きさ $\bar{R} \sim \sum N^{1/2} n_N / \sum n_N$ は $\mu^{-1/2}$ に比例し[10]，曲げ剛性率が増加するとともに指数関数的に発散する．もちろん，有限の界面活性剤濃度では平均の大きさは有限である．しかし，これらのベシクルが希薄のままで存在できるような ϕ_s の値は指数関数的に小さい．このことを見るために，ベシクルによって囲まれた領域の体積分率 Φ を考えると，それは

$$\Phi \sim \sum_N N^{3/2} n_N \sim \phi_s \bar{R} \tag{8.22}$$

のようにスケールする[11]．

$\bar{R} \sim [\phi_s e^{k_t}]^{1/4}$ なので[12]，ϕ_s が指数関数的に小さくない限り，ベシクルが過剰にパッキングされてしまう (つまり $\Phi > 1$) ことになる．$k_t \gg 1$ であるような固い膜の場合，界面活性剤の体積分率が $\phi_s \ll e^{-k_t}$ の時だけ希薄な溶液として存在できることを意味している．界面活性剤の体積分率

---

[9] 式 (8.21) を式 (8.20b) に代入して μ が求められる．すなわち $e^{-k_t} \int_0^\infty dN\, N\, e^{-\mu N} = \phi_s$ であり，積分 $\int_0^\infty dN\, N\, e^{-\mu N} = \mu^{-2}$ を用いる．
[10] $\int_0^\infty dN\, N^{1/2} e^{-\mu N} \sim \mu^{-3/2}$ および $\int_0^\infty dN\, e^{-\mu N} \sim \mu^{-1}$ より示せる．
[11] $\int_0^\infty dN\, N^{3/2} e^{-\mu N} \sim \mu^{-5/2}$ である．一方，$\phi_s \sim \mu^{-2}$ および $\bar{R} \sim \mu^{-1/2}$ なので，つじつまが合っている．
[12] $\bar{R} \sim \mu^{-1/2}$ および $\mu \sim [\phi_s e^{k_t}]^{-1/2}$ であることに注意せよ．

がさらに大きい場合，最もエネルギーの低い状態はラメラである．長波長のゆらぎによる曲げ剛性率の繰り込みの効果を含めることで，曲げ剛性率の値が小さくなると (6.5 節を見よ)，式 (8.21) の分布は単純な指数関数から N のべき関数と指数関数の積に変わる[8]．

従って，単一の界面活性剤の場合，通常ラメラ相の方が球状のベシクル相よりも安定であると結論付けられる．この振舞いに対する例外は以下のような場合で起こる．(i) 界面活性剤の大きさと同程度の小さなベシクルの場合で，この時，詳細なエネルギー論によって系の安定化が決まる．もっとも，最終的にはミセル相がより安定でり得る．(ii) 界面活性剤の体積分率が非常に小さいか，あるいは曲率エネルギーの値が k_BT と比較して小さく，混合のエントロピーによって大きなベシクルの多分散的な分布が安定化されるような場合．単一の界面活性剤のもつ傾向とは対照的に，界面活性剤の混合系では特定の平均サイズをもつ大きなベシクル相を作ることが可能であり，その大きさは相互作用系の曲率エネルギーで決まる[6]．混合系では，二種類の界面活性剤の相互作用の結果，混合膜はある自発曲率をもち，それは各々の界面活性剤だけの自発曲率とは大きく異なる．二重膜を構成する二つの単層膜において混合の仕方が異なれば，この二つの単層膜の自発曲率の差は十分に大きくて，単一の界面活性剤から成るベシクルで存在する曲率フラストレーションを解放することができる．

8.4 マイクロエマルション

マイクロエマルションと溶液

両親媒子，水，油の混合物は，成分間に微視的な相関しかない構造 (例えば三成分溶液) や長距離秩序をもつ構造 (例えばリオトロピック液晶) を形成する[9,10,11]．マイクロエマルションという言葉は，最も一般的な使われ

8.4. マイクロエマルション

方として，熱力学的に安定な油・水・界面活性剤の混合液体を意味する．実際には，マイクロエマルションは中間的な距離の相関をもつ構造から成る．油と水の領域は，組織化された界面活性剤の単層膜によってかなりはっきりと分離されている[12]．油分子と水分子は数百オングストロームオーダーの長さのスケールで分離しているという意味で，長距離の相関が存在し得る．さらに，界面活性剤分子間には長距離の相関があり，水・油間の内的な界面の集合において単層膜として自己会合する．この点において，マイクロエマルションは単なる三成分溶液とは異なる．しかし，マイクロエマルションを構成する界面の集合は，リオトロピック液晶で見られるような長距離秩序をもたない．

まさにこれらの理由によってマイクロエマルションの理解は興味深くもあり，また同時に難しくもある．すなわち界面の集合として構造が理想化されるために興味深く，これらの界面に長距離秩序がないために難しい．多くの研究者は暗に『現象論的』方法を用いて，小球体 (ほとんどの場合は球) のマイクロエマルションを調べてきたが[1,13,14]，乱雑な界面の物理をマイクロエマルションに対して適用する研究はごく最近発展を遂げたばかりである[15,16,17]．界面活性剤膜の熱ゆらぎは[18,19]，双連結なマイクロエマルション[20]の熱力学と空間相関をモデル化する上で考慮された．水と油は連続的な液体と見なされ，界面活性剤層は柔らかい膜として扱われる．界面活性剤が凝縮された液体状態にパッキングされると，単層膜の曲げエネルギーまたは曲率エネルギーが支配的なエネルギーとなる．このエネルギーは，与えられた曲率をもつ液滴やドメインによって最小化されるが (曲率は界面における界面活性剤のパッキングの分子的な詳細によって決まる)，エントロピーは構造を乱そうとする．

微視的な格子モデル

　別のアプローチは微視的な格子モデルを構築することに基づいている．格子モデルでは一つのセルには少数個の分子しか含まないとする[14,21]．この視点では，水，油，界面活性剤分子間の微視的相互作用に着目するので，三成分溶液とそのマイクロエマルションとの関係を記述するのに適している．微視的なアプローチには基礎的な興味はあるが，それを実行するのは現象論的なアプローチよりも難しい．特にマイクロエマルションの微視的な格子モデルでは，分子（または格子）のサイズよりも遥かに大きな長さのスケールの構造的な秩序を作り出す必要がある．対照的に，ここで述べる界面的な視点では，微視的構造とマイクロエマルションの相挙動の関係に着目するように出来ている．なぜならば，界面活性剤が水にも油にも非常に溶けにくいマイクロエマルションの場合，微視的構造と散乱の問題で興味のある長さのスケールは，数十から数百オングストロームの領域にあるからである．この長さのスケールは，これから述べる連続理論で最も適切に扱える．ところが微視的な格子モデルでは，この長さのスケールの界面を正確にモデル化するために，数千個の分子間の相関を取り入れなければならない．対照的に，これから述べる界面モデルでは，界面活性剤分子が水・油の界面に自己会合するために必要な強い相関は常に存在すると仮定する．

異なる構造間の競合

　主曲率が κ_1 と κ_2 の水・油の界面に存在する曲がった界面活性剤単分子膜の単位面積当りの曲率エネルギー

$$f_c = \frac{1}{2}k(2H - 2c_0)^2 + \bar{k}K \tag{8.23}$$

8.4. マイクロエマルション

を考えることから始める．ここで，平均曲率は $H = (\kappa_1 + \kappa_2)/2$，ガウス曲率は $K = \kappa_1\kappa_2$，c_0 は自発曲率，k は曲げ剛性率，$\bar{k}$ はサドル・スプレイ剛性率である．曲率エネルギー最小の状態を求め，これによってマイクロエマルション領域の形が決まる．これは曲率エネルギーが $k \gg k_B T$ で，界面のゆらぎが無視できるような系の場合に正しい．

負の $\bar{k}$ に対して，曲率エネルギーが最小になるような形は半径 $\tilde{c}_0^{-1}$ の単分散の球である．ただし

$$\tilde{c}_0 = c_0 \left[1 + (\bar{k}/2k)\right]^{-1} \tag{8.24}$$

である[13]．しかし，以前に説明した非圧縮の仮定により，このような形状は水，油，界面活性剤の特定の濃度値に対してのみ可能である．これらの制約は，界面活性剤の濃度によって（一相状態の系において）系の中に存在する全界面の全表面積が一定であることを要求する．同様に，界面活性剤膜の極性頭部側によって包まれる全体積は水の濃度で決まる．簡単な幾何学的考察から，球の場合の理想的な曲率 $c = \tilde{c}_0$ は，界面活性剤/水の比（水が内側になる球体の場合）が $\phi_s/\phi_w = 3\delta\tilde{c}_0$ を満たす時に可能となる[14]．ただし，δ は界面活性剤の分子サイズである．他の任意の濃度比でも単分散の球の系になるが，曲率は $\tilde{c}_0$ と等しくはない．従って熱ゆらぎがない場合でも，曲率エネルギーを最小化しようとする傾向と非圧縮条件を満たす必要性の間の競合のために，非常に様々な構造が可能となる．

自由エネルギーで f_c が支配的な時，曲率エネルギーと非圧縮性の競合による形の転移は簡単に計算することができる．小球体[15] の単分散の集合を仮定すると，非圧縮の条件は

$$nA\delta = \phi_s \tag{8.25a}$$

---
[13] 式 (8.23) において $c_1 = c_2 = \tilde{c}_0$ とし，曲率 $\tilde{c}_0$ に関して最小化すれば良い．
[14] $\phi_s = n 4\pi\delta/\tilde{c}_0^2$ および $\phi_w = n(4\pi/3)/\tilde{c}_0^3$ であることから導かれる．ただし，n は後に定義される小球体の密度である．
[15] globule

と
$$nV = \phi_w \qquad (8.25b)$$

で与えられる．ここで，n は小球体の密度，δ は界面活性剤の大きさ，A と V はそれぞれ小球体の表面積と体積である．異なる形状の小球体の曲率エネルギーは計算できて，それらを比較することによってマイクロエマルションの形を決めることができる．式 (8.25) で与えられる制約を単位面積当りの曲率エネルギーの表式 f_c に用いると，以下のような単位面積当りの相対曲率エネルギーの表式を，球 (Δf^s)，無限に長い円柱 (Δf^c)，ラメラ構造 (Δf^l) に対して得る．

$$\Delta f^s = 2\tilde{k}\,\tilde{c}_0^2 \left[(1 - 1/r)^2 - 1\right] \qquad (8.26a)$$

$$\Delta f^c = 2\tilde{k}\,\tilde{c}_0^2 \left[\frac{9}{16r^2}(1 + \bar{k}/2k)^{-1} - \frac{3}{2r}\right] \qquad (8.26b)$$

$$\Delta f^l = 0 \qquad (8.26c)$$

式 (8.26) において，球の大きさまたは濃度に依存しない定数部分は各エネルギーから差し引いており，その結果，ラメラの曲率エネルギーがゼロになるようにしてある．構造の体積と面積の比は $\rho = 3\delta\phi_w/\phi_s$ に比例しており，これは上の制約から決められる．二つの特徴的な長さの比を $r = \tilde{c}_0\rho$ と定義する．ここで二つの長さとは，(濃度によって決まる) 体積と面積の比 ρ と，(曲率エネルギーの形によって決まる) 自発曲率半径 $\tilde{\rho}_0 = \tilde{c}_0^{-1}$ である．剛性率 $\tilde{k}$ は

$$\tilde{k} = k + \bar{k}/2 \qquad (8.27)$$

で定義される．

$r > 1$ に対しては，$\rho = \tilde{\rho}_0$ の球状の相がエマルションの内側を占める成分の余剰相と共存するか (エマルション化失敗[16])，または希薄なラメラ

---
[16] emulsification failure

8.4. マイクロエマルション

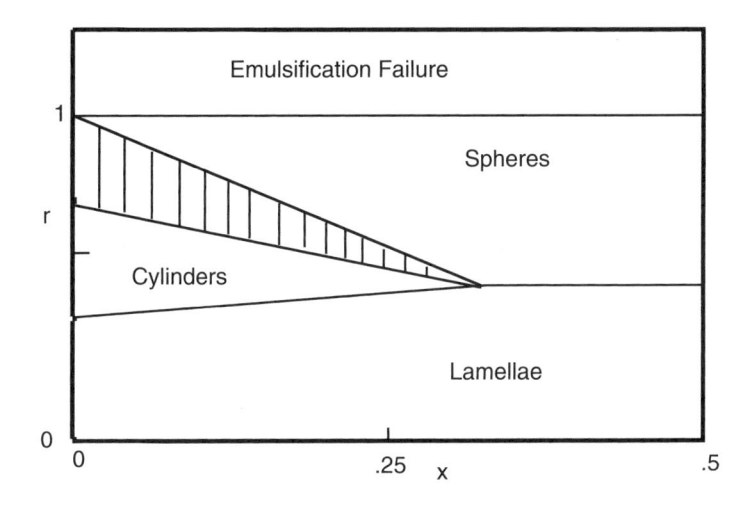

図8.3: 球状相 (spheres)，円筒状相 (cylinders)，ラメラ相 (lamellae) の相安定性．話を簡単にするために，ラメラ相の自由エネルギーとの境界のみを示した．斜線部分は球と円筒の二相共存領域である．$r > 1$ ではエマルション化失敗 (emulsification failure) が起こる．パラメータは $r = 3\tilde{c}_0 \delta \phi_w / \phi_s$ および $x = -\bar{k}/2\tilde{k}$ である．ここで，δ は界面活性剤のサイズ，$\tilde{c}_0$ は本文中で定義されている自発曲率，ϕ_s (ϕ_w) は油中に水が分散している系での界面活性剤 (水) の体積分率である．

相と共存することによってエネルギーが最小化される．これは，系の最もエネルギーの低い状態が半径 $\rho = \tilde{\rho}_0$ の球であり，もしも過剰な水が加えられると，単に別の相に排除されてしまうからである．この不安定性に対する混合エントロピーの効果は，以下のようにして簡単に考慮することができる[13,14]．すなわち球状液滴の希薄『ガス』のエントロピーを表す項を自由エネルギーに付け加え，自由エネルギーが最小になる ρ の値を探せば良

い．その結果，「エマルション化失敗」の相境界に沿っての $\rho/\tilde{\rho}_0$ の表式が

$$\rho/\tilde{\rho}_0 = 1 + \frac{T}{8\pi\tilde{k}}\log(nv_0) \tag{8.28}$$

のように得られ，これは液滴の体積分率に依存する[17]．ここで，v_0 は分子体積，n は液滴の数密度である．比 ϕ_w/ϕ_s (水が内側の場合) か c_0 を小さくすると r も小さくなり，それにともなって一次転移の境界で分け隔てられた異なった形状の領域が現われる．それぞれの異なる形状 (球，円柱，ラメラ) が最小エネルギーになる領域を，図 8.3 に比 $x = -\bar{k}/2\tilde{k}$ と $r = \rho/\tilde{\rho}_0$ の関数として示してある[18]．この単純な安定性の相図は，マイクロエマルションの液滴間の相互作用が無視できるような希薄な極限での構造を表していることに再度注意されたい．この相互作用が重要な系は，濃度や温度などのパラメータが変化した時に形状の変化がない限り，コロイド分散系として扱うことができる．

　形状安定性の計算結果は図 8.3 に示してあるが，これによると例えば球と円柱の二相共存領域が含まれることがわかる．この共存領域の詳細は，自由エネルギーに対するエントロピー的な寄与に依存するはずである．しかし，球と円柱の曲率エネルギーを比較すると，$\bar{k} = 0$ の場合に二つの形状の r の値は異なるがエネルギーが縮退していることに注意するのは重要である[19]．これは $\bar{k} = 0$ の時，球の一相状態ではなく，球と円柱が平衡の二相状態で共存することを意味している (図 8.3 を見よ)．従って，球の一相状態が安定なのは，$\bar{k}$ が負でゼロでない時である．この一相領域の大きさは $\bar{k}$ の値と関係している．円柱相は，体積と表面の制約を最も適切に

---

[17] 最近の研究によると，式 (8.28) の v_0 は分子体積ではなく，表面積のゆらぎと関係した量であることがわかっている．文献 8 を参照せよ．

[18] これらの量を用いると $\Delta f^c = 2\tilde{k}\tilde{c}_0^2\left[(9/16r^2)(1+x) - 3/2r\right]$ となる．

[19] $\bar{k} = 0$ $(x = 0)$ の場合，Δf^s と Δf^c はそれぞれ $r = 1$ と $r = 3/4$ で同じ最小値をとり，これらの二つの状態が共存する．共存を考えずにエネルギーの比較を行うと，球と円筒の境界線は $r = -(9x/8) + (7/8)$ で与えられる．相図上のこの直線は球，円筒，ラメラの三相のエネルギーが等しくなる点 $(x, r) = (1/3, 1/2)$ を通る．

8.4. マイクロエマルション

調節し，なおかつ平均の曲率半径が $\tilde{\rho}_0$ の近くに保たれているような r と $\bar{k}$ の領域で安定である．サドル・スプレイ剛性率 $\bar{k}$ が小さい場合には異方的な構造を形成してもさほどエネルギー的に損はしない．

サドル・スプレイ剛性率が大きい場合 ($x > 1/3$)，同じ値でかつ直交する曲率半径をもつ形状 (球とラメラ) のみが存在する．最後に，$\tilde{c}_0$ が小さい場合，すべての x に対して安定な形はラメラである．なぜならば，油または水に対して曲がるようなエネルギー的傾向がないので，好ましい小球体の形は存在しないからである．エントロピーの効果は一般的に小さな物体を安定化させるので，混合のエントロピーを含めれば，球状の液滴が安定な領域は円柱やラメラ構造に比べて大きくなることに注目すべきである．

マイクロエマルションのゆらぎ

曲率エネルギーが $k_B T$ と同程度の系では，熱ゆらぎによって平衡のマイクロエマルション領域の形は変化し得る．熱平衡状態において小球体の任意の変形が起こる確率 P は，ボルツマン因子

$$P \sim \exp(-F_b/T) \tag{8.29}$$

に比例している．ここで，F_b は変形による全曲率エネルギーの変化である．すると，サイズ (多分散性) と形状の熱ゆらぎの大きさを計算することができる．球状の小球体の場合，球状液滴の集団に対するゆらぎの主な効果は，サイズと形の多分散性を引き起こすことである[22,23,24]．しかし，近似的に単分散の球として系を記述しても差し支えない．これは，円柱[25,26]やラメラ構造[16]に対しては成り立たない．これらの構造は少なくとも一つの非常に大きい長さのスケールをもっており，これが界面活性剤膜の長波長の波打ちを担う．この波打ちに対する曲率エネルギーは小さいので，ボルツマン因子は大きくなる．十分に柔らかく ($k/k_B T$ があまり大きくなく)

かつ希薄な系では，無限長の固い円柱や液晶的なラメラ秩序のゼロ次の描像は，ゆらぎによって大きく変わる．円柱構造の場合にはこの結果として『毛虫』のような[20]柔らかいチューブで特徴付けられる乱れた相になり，溶液中の高分子と非常によく似た性質をもつ[25,26]．ラメラ構造の場合，エントロピー的なゆらぎのために層構造が『メルト』して，乱れたスポンジ状の相をとる．

8.5　スポンジ相と双連結相

　界面活性剤・水または界面活性剤・油の系における**スポンジ相**(いわゆるL3相と呼ばれるもので，界面活性剤が二重膜を形成し，スポンジの『内側』と『外側』を分け隔てている)や，マイクロエマルションにおける**双連結相**(界面活性剤の単層膜が油と水の領域を分け隔てている)は，多くの場合に相図中でラメラ相の近くに現れる．従って，このようなマイクロエマルションでは，単層膜の自発曲率 c_0 がゼロに近いと仮定することができる．なぜならば，c_0 の値が大きいと球状または円柱状の構造が期待されるからである．一種類の界面活性剤から成る二重膜の場合，対称性から二重膜の自発曲率はゼロになる(以前のベシクルについての議論を見よ)．よって，これらの相の理解では，自発曲率がゼロの両親媒性界面の性質に着目する．単一溶液のL3相と双連結マイクロエマルション($c_0 = 0$ の場合)の構造は非常に類似しているので，スポンジの内側と外側が水と油の領域であるマイクロエマルションの場合に着目する．大ざっぱな図は図8.4に示してある．

　これらの系における構造と相の理解は，現在，研究が進められており，三つの重要な理論的アプローチが提案されている．一番目のアプローチ

---

[20] wormlike

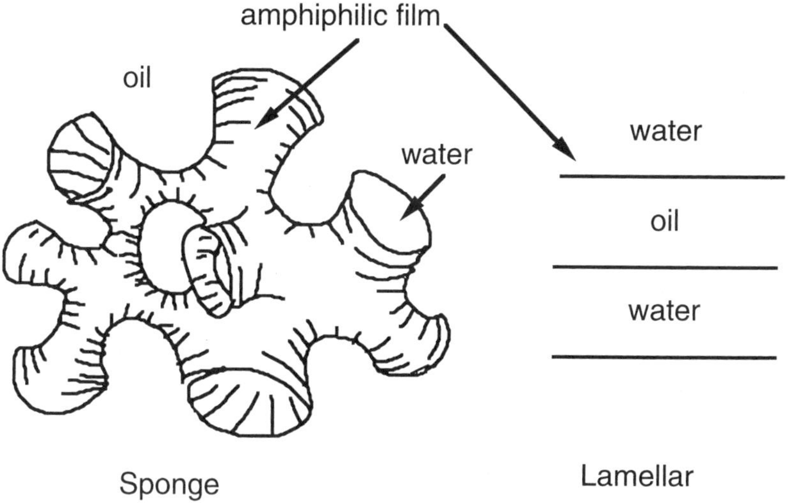
amphiphilic film
oil
water
water
oil
water
Sponge
Lamellar

図 8.4: 水・油のマイクロエマルションにおけるスポンジ (sponge) 状の双連結構造の概略図．周期的な秩序をもつラメラ (lamellar) 構造と比較している．単一溶媒の場合 (L3 相) でも,『内側』と『外側』の水 (または油) の領域を分け隔てる両親媒性の二重膜に対して同様な描像が当てはまる．

[14,18,19,27] では相図中でスポンジ相がラメラ相の近くに存在することに着目し，双連結構造における水と油の混合エントロピーの役割を強調する．これによって双連結構造の自由エネルギーは秩序をもつラメラ相と比較して小さくなり，スポンジ構造が安定化される．ラメラ相における界面活性剤の保存則により，ほぼ平らな界面活性剤の膜間距離 d は界面活性剤の体積分率 ϕ_s が減少すると増加し，$d \sim 1/\phi_s$ の関係がある．この間隔が広がって単層膜の不屈長の大きさになると (6 章を見よ)，ラメラ構造は『メ

ルト』して乱れたスポンジ状の双連結構造をとる．スポンジ構造の曲率エネルギーはほぼ平らなラメラ構造の曲率エネルギーよりも高いが，熱ゆらぎによる曲率エネルギーの繰り込み効果により (6 章を見よ)，界面活性剤の体積分率が小さい時には曲げ剛性率が実効的に小さくなる．スポンジ (またはラメラ相) の長さのスケールが不屈長に近い時に，繰り込まれた曲率剛性率はちょうど $k_B T$ のオーダーになる．まさにこの低界面活性剤濃度の領域において，スポンジ構造は秩序あるラメラ構造よりも安定になるのだ．乱れたスポンジ相の混合エントロピーは，この極限において，$k_B T$ のオーダーしかない曲率エネルギーに打ち勝つことができる．この考え方を定量化するための理論は平均場のアプローチに基づいており，その場合マイクロエマルションは界面活性剤の保存の制約から決まる一つの長さで特徴付けられる[21]．この理論では，実験と定性的に一致した相図を予測している．マイクロエマルションは，その長さのスケールが弱く波打った膜の不屈長と同程度である時に安定である．この不屈長は

$$\xi_k = a \exp\left[\frac{4\pi k}{\alpha T}\right] \tag{8.30}$$

のようにスケールする．ここで，a は分子サイズ，k は曲げ剛性率，α は 1 のオーダーの定数である．マイクロエマルションにおける界面活性剤の保存は，$\phi_s \sim 1/\xi_k$ を意味している[22]．

関連したアプローチでは[28]，ガウス確率に従うランダム表面の性質を使い[29]，曲げエネルギーとエントロピーの両方を考慮することにより，以前の理論を連続的な長さのスケールの場合にも使えるように一般化している．マイクロエマルションは平均長のスケールで特徴付けられるが，平均からのゆらぎが重要になることもあり，図 8.5 に示したように局所的に非等方

---

[21] この長さはおよそ $\xi \approx \delta\phi_w\phi_o/\phi_s$ (δ は界面活性剤の分子サイズ，ϕ_w は油の体積分率) で与えられる．文献 18 を参照せよ．

[22] マイクロエマルションでは，前の訳注で定義した ξ と式 (8.30) の不屈長 ξ_k がほぼ等しくなっている．それから $\phi_s \sim 1/\xi_k$ が示せる．

8.5. スポンジ相と双連結相

図 8.5: 界面活性剤の単層膜によって分け隔てられた水 (白) と油 (黒) から成る双連結マイクロエマルションの二次元断面図．いわゆる L3 相 (スポンジ相) の『内側』と『外側』も同様の図で表される．L3 相の場合には界面活性剤の二重膜が単一の溶媒を内側と外側に分け隔てる．この図を作成するために用いられたモデルの詳細は文献 28 で議論されている．

的なドメインが形成される．曲率エネルギーがこのモデルの長さの分布を支配している．このモデルにおいて構造を支配しているのはラメラの不屈長ではなく，k/ϕ_s (k は曲げ剛性率) でスケールされる長さであることに注意するのは重要である[28]．この描像は散乱構造因子を非常にうまく説明し，もっともらしい実空間構造を与えるが，相図や界面張力を予測することに対する有用性については現在研究が進められている．

スポンジ相を理解する三番目のアプローチでは[30,31]，乱れた構造のエン

トロピーに着目するのではなく，サドル・スプレイ曲率剛性率 $\bar{k}$ によるスポンジの安定化に着目する (式 (8.23) を見よ)．6 章の幾つかの例で見たように，$\bar{k}$ は通常負の値をとる (それによって，例えば球やラメラに特徴的である等方的な曲率が好まれる)．その値は，界面活性剤膜の化学的性質を変化させることで調節することができる．$\bar{k}$ が十分に大きな正の値をもてば，二つの主曲率が逆符号をもつようなサドル形の領域が好まれ[32]，スポンジ構造が安定化される．もちろん，界面活性剤の体積分率が大きい場合や温度が低い場合には，このアプローチによって秩序をもった周期的なサドル形構造が予測される[32]．この描像では，曲げ剛性率 k よりもむしろサドル・スプレイ剛性率 $\bar{k}$ が構造と相挙動を支配している．この考え方に曲率エネルギーとゆらぎを取り入れたより定量的な理論は，実験と比較する上で有用であろう．

例題：ランダムな表面

陰関数的に $\psi(\vec{r}) = \alpha$，すなわち場 $\psi(\vec{r})$ のある等値面 (レベル・カット) で定義される表面を考える．$\psi - \alpha$ が負の値をとる場所をマイクロエマルションの水の領域とし (あるいは対称な二重膜から成るスポンジ的な L3 相の内側)，$\psi - \alpha$ が正の値をとる場所をマイクロエマルションの油の領域とすることができる (あるいは対称な二重膜から成るスポンジ状の L3 相の外側)[28,29]．水と油の体積が等しいマイクロエマルションでは $\alpha = 0$ となる．

『ランダム』な場のフーリエ変換 $\psi(\vec{q})$ がガウス型の確率分布 $P[\{\psi(\vec{q})\}]$ で記述されるとして，表面について平均した平均曲率 H，曲率の二乗平均 H^2，ガウス曲率 K などの熱力学的平均を計算しなさい．異なる波数ベクトル $\vec{q}$ 同士はカップルしない場合で，一つのモードに対する確率分布が

$$P[\psi(\vec{q})] \sim \exp\left[-G(\vec{q})|\psi(\vec{q})|^2\right] \qquad (8.31)$$

8.5. スポンジ相と双連結相

と書ける場合について計算しなさい[23]．ただし，比例係数は規格化条件から決まる．熱力学的かつ構造的に一貫した理論を前述の相に対して展開するためには，これをどのように用いたら良いか議論しなさい．

[解答] 表面の陰関数的な表示において，局所的な平均曲率とガウス曲率は式 (1.105), (1.107) で与えられる．ただし，今の問題の場合，$F(x, y, z)$ は $\psi(\vec{r})$ に対応する．統計的な平均を調べるためには，任意の点における場 ψ とその一階微分および二階微分の確率分布関数を知る必要がある．なぜならば，曲率はこれらの量の「局所的」な関数だからである．長距離秩序のない系の場合，これらの平均は空間内の場所 $\vec{r}$ には依存せず，$\vec{r} = 0$ でそれらを計算すれば十分である．場とその微分の確率分布関数は，式 (8.31) から次の関係式を使って求められる．

$$P\left[A\left[\psi(\vec{r})\right] = A_0\right] = \prod_{\vec{q}} \int d\psi(\vec{q})\, \delta\left(A\left[\psi(\vec{r})\right] - A_0\right) P\left[\psi(\vec{q})\right] \quad (8.32)$$

ここで，$A[\psi(\vec{r})]$ は ψ とその微分の任意の関数で，式 (8.32) はこの関数が与えられた値 A_0 をとる確率である．今の場合には場とその一階および二階微分 ($\vec{r} = (x, y, z)$ として $\psi_i = \partial\psi/\partial r_i$, $\psi_{ij} = \partial^2\psi/\partial r_i \partial r_j$) の結合分布を，$\psi = \alpha$ で定義される表面上で計算したものが必要である．

$$P\left[\alpha, \vec{v}, \beta_{ij}\right] = P\left[\psi = \alpha, \nabla\psi = \vec{v}, \psi_{ij} = \beta_{ij}\right] \quad (8.33)$$

ここで，ベクトル $\vec{v}$ と行列 β_{ij} は微分の値である．

確率分布は式 (8.32) を使って評価できる．またフーリエモードと実空間関数の間の関係は，式 (8.32) のデルタ関数の引数の中に含まれている．例

---

[23] $G(\vec{q})$ は式 (1.41), (1.43) で定義されるような $\psi(\vec{r})$ と $\psi(\vec{r}')$ の相互作用 $G(\vec{r} - \vec{r}')$ のフーリエ変換である．

えば

$$\delta(\psi(\vec{r})) = \delta\left(\frac{1}{\sqrt{L^3}} \sum_{\vec{q}} \psi(\vec{q})\, e^{i\vec{q}\cdot\vec{r}}\right) \tag{8.34}$$

である．ここで，L は系の大きさである．同様な表式が微分項に対しても用いられる．式 (8.32) の積分はデルタ関数の指数関数表示

$$\delta(x) = \frac{1}{2\pi} \int_{-\infty}^{\infty} d\omega\, e^{i\omega x} \tag{8.35}$$

を用いて行う．デルタ関数の引数は常に $\psi(\vec{q})$ に関して線形なので，確率分布 $G(\vec{q})$ を含む積分はガウス的であり，積分を実行することができる．これは $\vec{r} = 0$ で行うのが最も簡単である．結果は行列表示で

$$P[\alpha, \vec{v}, \beta_{ij}] = P_0 \exp\left[-\frac{v^2}{2\sigma_v^2} - \sum_{i<j} \frac{\beta_{ij}^2}{2\sigma_{ij}^2} - U\right] \tag{8.36}$$

のように簡潔に表すことができる．ただし，P_0 は規格化因子である．共分散行列要素[24]は

$$\sigma_v^2 = \frac{1}{3L^3} \sum_{\vec{q}} \frac{q^2}{G(\vec{q})} \tag{8.37}$$

$$\sigma_{ij}^2 = \frac{1}{L^3} \sum_{\vec{q}} \frac{q_i^2 q_j^2}{G(\vec{q})} \tag{8.38}$$

で与えられる．式 (8.36) 中の U は二階微分 ψ_{ij} と関数 ψ のカップリングに起因する．それは

$$U = \frac{1}{2} \sum_{i=1, j=1}^{i=4, j=4} \left[\mathbf{B}^{-1}\right]_{ij} t_i\, t_j \tag{8.39}$$

で与えられる．ただし

$$\vec{t} = (\alpha, \beta_{11}, \beta_{22}, \beta_{33}) \tag{8.40}$$

---
[24] covariance matrix elements

8.5. スポンジ相と双連結相

である．また $\mathbf{B}^{-1}$ は対称行列 $\mathbf{B}$ の逆行列で，その成分は

$$B_{11} = \frac{1}{L^3} \sum_{\vec{q}} \frac{1}{G(\vec{q})} \tag{8.41}$$

$$B_{1\ell} = \frac{1}{L^3} \sum_{\vec{q}} \frac{q_\ell^2}{G(\vec{q})}, \quad \ell = 2, 3, 4 \tag{8.42}$$

$$B_{kk} = \frac{1}{L^3} \sum_{\vec{q}} \frac{q_k^4}{G(\vec{q})}, \quad k = 2, 3, 4 \tag{8.43}$$

$$B_{k\ell} = \sigma_{k\ell}^2, \quad k \neq \ell, \quad k, \ell \neq 1 \tag{8.44}$$

で与えられる．行列 $\mathbf{B}$ は系の対称性によって少し簡単な形になっている．つまり，$G(\vec{q})$ が等方的であるために，q_x, q_y, q_z の奇数べきが消える．

これで場 ψ の局所的な微分と二階微分の確率分布が得られたので，曲率を計算することができる．これには次のような積分が含まれる．

$$\langle A|\vec{v}|\rangle = \tilde{P} \prod_{ij} \int d\alpha \, d\vec{v} \, d\beta_{ij} \, P[\alpha, \vec{v}, \beta_{ij}] \, A[\psi] \, |\vec{v}| \tag{8.45}$$

ここで，$A[\psi]$ は曲率の表式に含まれている ψ やその微分項を表している．$|\vec{v}|$ の項は表面平均から出る項である．$\tilde{P} \sim 1/\langle|\vec{v}|\rangle$ は上の表式を平均の表面積で割るための規格化因子である．曲率の表式は，例えば $|\nabla \psi|$ のような項を含み，それは球座標で積分を実行することによって求まる．問題の対称性から $\langle H \rangle = 0$ である[25]．ガウス型の相関をもつこの『ランダム』な表面の平均曲率はゼロになる（これはあらわな計算によって証明できる）．ガウス曲率の平均と曲率の二乗平均は

$$\langle K \rangle = \frac{1}{2} \sigma_v^2 \left(\alpha^2 - 1 \right) \tag{8.46}$$

$$\langle H^2 \rangle = \langle K \rangle + \frac{1}{9\sigma_v^2} [\text{Tr}[\mathbf{B}] - B_{11}] \tag{8.47}$$

---

[25] これは $\alpha = 0$ の対称な場合にのみ正しい．

である．ここで，Tr[**B**] は上で定義した行列 **B** のトレースである．

$\alpha = 0$ の対称な場合には (例えばマイクロエマルションで水と油の体積が等しい場合に対応する)，ガウス曲率は負であり，平均的にはサドル形の構造になっていることに対応する．一方，$\alpha^2 > 1$ の場合，ガウス曲率は正である．これは，例えば水の体積が油の体積よりも遥かに大きい時に期待されるような，非連結的な液滴の状態となっている．パラメータ α は以下のことを保証することで決められる．すなわち水の体積分率 ϕ_w は，場 ψ が負の値をとる確率の和

$$\phi_w = \int_{-\infty}^{\alpha} d\alpha' \, P[\psi = \alpha'] \tag{8.48}$$

で与えられる．従って，このモデルは体積分率を変化させた時のトポロジー変化を予測する．曲率の平均値を用いて，この『ランダム』な表面の曲率エネルギーを相関関数 $G(\vec{q})$ の関数として計算することができる．$G(\vec{q})$ は変分的に決められる．すなわち系のエントロピーと曲率エネルギーの両方を計算し，3章のラフニング転移の議論で行ったように，$G(\vec{q})$ について最小化すれば良い．(文献 28 では水，油，界面活性剤の量が保存されることと，エントロピーを多く勘定し過ぎないことを考慮した付加的な制約があることを示している．) 従って，(相関関数によって) 系の構造，自由エネルギー，相挙動を，濃度の関数として矛盾なく決めることができる[28]．例えば油または水からの散乱の構造因子は $G(\vec{q})$ の逆数に比例しており，$[q^4 + bq^2 + c]^{-1}$ の形をしている．ここで，b と c は濃度と曲げ剛性率の関数として計算される．$b < 0$ であるような広い濃度範囲が存在し，構造因子ははっきりと定義されたドメインサイズをもつマイクロエマルションで観察される特徴的なピークを示す．

8.6 問題

1. 円筒状ミセルの成長

ミセル間の相互作用がミセルの成長に及ぼす効果を，界面活性剤の体積分率の関数として議論しなさい．水中に一定量の両親媒子が存在する時に(極性頭部間の斥力を遮蔽する)塩を加えると，平衡状態では長い円筒になるか？あるいは短い円筒になるか？

2. エマルション化失敗における界面張力

W/O [26] マイクロエマルション液滴の分散系が過剰な水相と共存するとして，二相間の界面張力を液滴の曲げ剛性率と自発曲率の関数として計算しなさい．その際，以下の事実を用いなさい．すなわち界面では界面活性剤の単層膜が存在し強制的に平坦になっているが，自発曲率があるので曲がった界面が最もエネルギーの低い状態である．

3. 引力相互作用とマイクロエマルション

W/O マイクロエマルションを考え，自発曲率が $c_0 = R_0^{-1}$ であるとする．また系は半径 R の球状液滴のほぼ単分散な集合として扱えるとする．もしも液滴が十分に大きくて，例えば $R > R^*$ であるとすると，液滴間のファン・デル・ワールス相互作用によって，高濃度と低濃度の液滴を含むような共存する二相に分離するはずである (7 章のコロイドにおける引力の議論を見よ)．水と界面活性剤の濃度の関数としてこの相図がどうなるかについて，おおまかな図を書きなさい．$R^* < R_0$ の場合に何が起こるか議論しなさい．系は最初に気体・液体型の相転移を示し，半径が大きい時だ

---
[26] water-in-oil の略である．

けエマルション化失敗が起こる．逆の場合にはどうなるか？

4. 円盤状のミセル

単一の界面活性剤から成る円盤状ミセルの集団を考える．円筒状ミセルの計算からの類推によって，与えられた大きさの円盤を見出す確率分布を界面活性剤の体積分率の関数として計算しなさい．円盤状ミセルに対する確率分布を円筒状ミセルの (サイズの広い分布が存在する) 確率分布と比較し，その違いの理由についてコメントしなさい．

別の種類の界面活性剤が存在すると，大きい (しかし無限大ではない) 円盤の相は安定化されるか？

5. 曲げ定数の繰り込みとベシクルの分布

6章での繰り込まれた曲げ定数の表式を本章で導いたベシクルの平衡分布の表式で用い，曲げ剛性率が柔らかくなることでベシクルの分布がどのように変化するか示しなさい．

8.7 参考文献

1. この分野の状況を説明した統一的な論文集としては以下を見よ．*Micelles, Membranes, Microemulsions, and Monolayers*, eds. W. M. Gelbart, A. Ben-Shaul, and D. Roux (Springer-Verlag, New York, 1994).

2. J. Israelachvili, D. J. Mitchell, and B. W. Ninham, *J. Chem. Soc. Faraday Trans. I* **72**, 1525 (1976).

3. E. W. Kaler, A. K. Murthy, B. E. Rodriguez, and J. A. N. Zasadzin-

ski, *Science* **245**, 1371 (1989).

4. N. E. Gabriel and M. F. Roberts, *Biochemistry* **23**, 4011 (1984); W. R. Hargreaves and D. W. Deamer, *Biochemistry* **17**, 3759 (1978).
5. D. D. Miller, J. R. Bellare, T. Kaneko, and D. F. Evans, *Langmuir* **4**, 1363 (1988).
6. S. A. Safran, P. Pincus, and D. Andelman, *Science* **248**, 354 (1990); S. A. Safran, P. Pincus, D. Andelman, and F. MacKintosh, *Phys. Rev. A* **43**, 1071 (1991).
7. Z. G. Wang, *Macromolecules* **25**, 3702 (1992).
8. W. Helfrich, *J. Phys. (France)* **47**, 321 (1986); D. Morse and S. T. Milner, *Europhys. Letts.* **26**, 565 (1994).
9. M. Kahlweit, R. Strey, P. Firman, and D. Haase, *Langmuir* **1**, 281 (1985); *Ang. Chem. Int. Ed. Engl.* **24**, 654 (1985); *J. Phys. Chem.* **91**, 1553 (1987).
10. 一般的な概観のためには以下を見よ．(a) *Surfactants in Solution*, eds. K. Mittal and B. Lindman (Plenum, New York, 1984), and *ibid.* 1987; (b) *Physics of Complex and Supermolecular Fluids*, eds. S. A. Safran and N. A. Clark (Wiley, New York, 1987).
11. 両親媒系の物理の概観には以下を見よ．*Physics of Amphiphilic Layers*, eds. J. Meunier, D. Langevin, and N. Boccara, (Springer-Verlag, New York, 1987).
12. J. Meunier, *J. Phys. Lett. (France)* **46**, 1005 (1985).
13. 小球状の凝集体のレビューは以下で見られる．
 Micellar Solutions and Microemulsions, Structure, Dynamics, and Statistical Thermodynamics, eds. S. Chen and R. Rajagopalan (Springer-Verlag, New York, 1990).

14. マイクロエマルションのコロイド的側面は以下で議論されている.
    Structure and Dynamics of Strongly Interacting Colloids and Supramolecular Aggregates in Solution, eds. S. H. Chen, J. S. Huang, and P. Tartaglia, NATO ASI series, Volume 369 (Kluwer, Boston, 1991).
15. Y. Talmon and S. Prager, *J. Chem. Phys.* **69**, 2984 (1978).
16. P. G. de Gennes and C. Taupin, *J. Phys. Chem.* **86**, 2294 (1982).
17. B. Widom, *J. Chem. Phys.* **81**, 1030 (1984).
18. D. Andelman, M. E. Cates, D. Roux, and S. A. Safran, *J. Chem. Phys.* **87**, 7229 (1987); M. E. Cates, D. Andelman, S. A. Safran, and D. Roux, *Langmuir* **4**, 802 (1988).
19. L. Golubovic and T. C. Lubensky, *Phys. Rev. A* **41**, 43 (1990).
20. D. Huse and S. Leibler, *J. Phys. (France)* **49**, 605 (1988).
21. 文献 14 中の K. Dawson のレビューを見よ. S. Alexander, *J. Phys. Lett. (France)* **39** 1 (1978); B. Widom, *J. Chem. Phys.* **84**, 6943 (1986); G. Gompper and M. Schick, *Phys. Rev. Lett.* **62**, 1647 (1989).
22. S. A. Safran, *J. Chem. Phys.* **78**, 2073 (1983); *Phys. Rev. A* **43**, 2903 (1991).
23. S. T. Milner and S. A. Safran, *Phys. Rev. A* **36**, 4371 (1987).
24. B. Farago, D. Richter, J. Huang, S. A. Safran, and S. T. Milner, *Phys. Rev. Lett.* **65**, 3348 (1990).
25. S. A. Safran, L. A. Turkevich, and P. Pincus, *J. Phys. Lett. (France)* **45**, L69 (1984).
26. G. Porte, J. Appell, Y. Poggi, *J. Phys. Chem.* **84**, 3105 (1980); J. Appell, G. Porte, *J. Phys. Lett. (France)* **44**, L689 (1983); S.

8.7. 参考文献

J. Candau, E. Hirsch, and R. Zana, *J. Colloid Int. Sci.* **105**, 521 (1985). 最近のレビューは以下で見られる. M. E. Cates and S. J. Candau, *J. Phys. Cond. Mat.* **2**, 6869 (1990).

27. M. E. Cates *et al.*, *Europhys. Letts.* **5**, 733 (1988).
28. P. Pieruschka and S. A. Safran, *Europhys. Lett.* **22**, 625 (1993).
29. N. F. Berk, *Phys. Rev. Lett.* **58**, 2718 (1987); M. Teubner, *Europhys. Lett.* **14**, 403 (1991).
30. G. Porte *et al.*, *J. Phys. II (France)* **1**, 1101 (1991).
31. H. Wennerström and U. Olsson, *Langmuir* **9**, 365 (1993).
32. L. E. Scriven, *Nature* **263**, 123 (1976).

訳者あとがき

本書は Samuel A. Safran 著，"Statistical Thermodynamics of Surfaces, Interfaces, and Membranes" の翻訳である．従って，本来は「表面，界面，膜面の熱統計力学」を本書のメインタイトルにするべきであろうが，なぜこれをサブタイトルに回して，敢えてメインタイトルを「コロイドの物理学」としたかについて少しばかり説明を加えたいと思う．

「コロイド」という言葉は，100年以上前にイギリスの Graham によって「クリスタロイド」(結晶質) と区別するために作られた．すなわち固体でも液体でもない，あるいははその両方の性質を兼ね備えたような物質の総称として使われたわけである．これまで，コロイドの研究は主に化学の一分野として発展してきたため，必ずしも物理学の重要な分野として認識されてこなかった．しかし，歴史的には Brown に始まり，Faraday や Rayleigh，Helmholtz，Einstein，Gibbs，Debye などのそうそうたる物理学者がコロイドに関する重要な研究を積み上げてきたのである．

近年，物理学において，高分子やゲル，液晶，膜などの物質は「複雑流体」または「ソフトマテリアル (ソフトマター)」などと総称され，非線形や非平衡の統計物理学に関連する様々な新しい問題を提供してくれるため，盛んに研究されている．原著書はこのような学問的な流れの中で執筆されたものであり，著者の意図は序文で明確に述べられている．私は複雑流体やソフトマテリアルを扱う物理学を敢えて「コロイド物理学」と呼ぶこと

にしている．なぜならば，歴史的に見ると，複雑流体が対象とする物質は古典的な意味でまさにコロイドのことであるからだ．例えば高分子物理学も，元は「分子コロイド」と呼ばれる分野が独立に発展した「高分子化学」が基礎になっており，そこに物理学の新しい視点（スケーリングや普遍性などの概念）を導入することによって，物理学においても重要な分野として確立した経緯がある．物理学者の間では，コロイドという言葉がともすれば剛体球サスペンションだけを意味するように誤解されているのは残念なことである．本書によって日本国内でコロイドに対する新しい認識が生まれるとすれば，この翻訳の重要な目的は達成されたことになる．吉岡書店から既刊のド・ジャン著「高分子の物理学」(久保亮五監修，高野宏・中西秀 共訳)，およびチャンドラセカール著「液晶の物理学」(木村初男，山下護 共訳) と並んで，本書を「ソフトマテリアル三部作」の一つと位置付けていただければ幸いである．また最近同じく吉岡書店から刊行されたばかりのチェイキン・ルベンスキー著「現代の凝縮系物理学 (上・下)」(松原武生・東辻千枝子・東辻浩夫・家富洋・鶴田健二 共訳) では，ソフトマテリアルを扱う物理学的手法が網羅されているので，是非そちらも併読していただきたい．

　話題は少し変わって，訳者は1999年5月から2000年2月までの10ヵ月間，文部省在外研究員としてイスラエルのヴァイツマン科学研究所に滞在し，著者のSafran先生の研究室において研究活動を行う機会を得た．大まかな翻訳作業を終えた段階でイスラエルに渡航し，滞在中に内容に関する問題点や疑問点などをSafran先生と共に洗いざらい整理した．Graduate Schoolの学部長という多忙を極める立場であるにもかかわらず，毎週決まった時間を確保して議論や質問にお付き合い下さった．それにより本書の内容が原書よりもさらに洗練されたばかりでなく，私自身も学問的に多くのことを学んだ．

さらに好運であったのでは，Safran 先生御自身による "Physics of Soft Matter" という大学院生向けの講義が，たまたま私の滞在中に開講されたことである．内容は基本的に本書に沿ったものであり，この教科書を元にしてどのような講義が行われるかを実際に体験し吸収することができた．また私自身も Safran 先生の講義と並行して，レシテイションという形式の授業を担当し，演習などを通じて Safran 先生の講義内容を補足することが任された．幸い講義とレシテイションが相補的にうまく噛み合って進行し，学生からも好評であった上に，私自身もこの経験を通して啓発される所が大いにあった．全体を通じてソフトマテリアルを研究するスピリットが終始強調され，学生も新しい学問に触れる興奮で目を輝かせていたことは記憶に新しい．この講義を受けた学生の中から将来この分野を担う研究者が輩出することは間違いないだろう．私はこのような教育環境を非常に羨ましく思うと同時に，日本国内にもソフトマテリアルを対象とする新しい学問の感動や興奮が持ち込まれることを心から望んでいる．本書がささやかでもそのようなきっかけになれば，訳者としては望外の喜びである．

ここで Safran 先生の経歴を簡単に紹介しておこう．Safran 先生は 1978 年にマサチューセッツ工科大学で学位を取得し，ベル研究所でのポスドク時代を経て，1980 年からエクソン研究所 (石油会社) に 10 年間滞在した．当時エクソン研究所ではソフトマテリアルの新しい研究分野を開拓するために若い有能な研究者が世界中から集められ，Safran 先生はその中にあってリーダー的な存在として活躍した．ちなみに「Complex Fluids」(複雑流体) という言葉は 1985 年にエクソン研究所で開かれたシンポジウムで最初に使われたものであり，まさに Safran 先生は「Complex Fluids」の生みの親と言えよう．現在この言葉はアメリカ物理学会が出版するフィジカル・レビュー誌の細項目の一つにもなっている．1990 年からはイスラエルのヴァイツマン科学研究所に迎えられ，現在に到っている．御本人からお

聞きしたことで印象に残っているのは，ヴァイツマン科学研究所に着任する際，物理学科と化学科の教授ポストのいずれかを選択することが可能であったそうで，物理学者である彼は敢えて化学科に身を置く決意をしたという逸話である．異分野の研究者と積極的に交流することで，新しい研究分野を開拓したいという思いがあったそうだ．ここでもエクソン研究所時代で培われた研究に対する精神が貫かれ，Safran 先生は現在もソフトマテリアルの分野で世界をリードし続けている．

　Safran 先生は敬虔なユダヤ教徒であるため，安息日などのユダヤ教の戒律には厳格に従う．このように書くと，ユダヤ教に疎い我々日本人には取っ付きにくそうな印象を与えてしまうが，実際はその逆である．どんなに遠くにいても，こちらの姿が見えるといつでも手を振ってくれるような大変気さくな研究者なのだ．周囲に対しても常に気配りをされ，いつでも気軽に話し相手になって下さる．私が研究に行き詰まっても，Safran 先生と議論をすれば必ず何らかの新しい道が開けてくるのは不思議であった．そのような Safran 先生を，周囲の研究者は「研究のエンジン」と呼んでいた．Safran 先生の研究を進める力強さを物語るエピソードであろう．なお，訳者のイスラエル滞在記が「物性研究」の 2001 年 3 月号に掲載されていることを付け加えておく．

　邦訳に当たっては，なるべく原書の内容を忠実に表現するように心がけたつもりである．当然ながら，原書にあったミスプリントなどは可能な限り修正した．注はすべて訳者の判断で付け加えたものであり，式変形を追いやすくするなど，初学者の理解を助けることに努めた．また訳語がまだ日本語として定着していないものについては，訳注で英語を書き添えた．6 章の補遺 A, B は原著書には含まれていなかった話題であるが，Safran 先生の意向により翻訳版で新たに加えることになった．全体として翻訳には細心の注意を払ったつもりであるが，何分にも浅学非才であり，思わぬ誤

訳があるかも知れない．読者諸兄の御叱正を賜わりたいので，具体的な内容に関しては以下の電子メイルアドレスまで御連絡を頂ければ幸いである．なお，出版後の本書のサポートは，インターネット上の私のホームページ(下記参照)で行う予定である．

　原稿の段階で目を通していただいた，関和彦氏(物質工学工業技術研究所)，佐藤勝彦氏(京都大学理学部)，西田憲生氏(九州工業大学情報工学部)，田村啓造氏(九州工業大学情報工学部)，佐伯章氏(慶應義塾大学理工学部)，寺本敬氏(慶應義塾大学理工学部)，本山美穂氏(お茶の水女子大学理学部)，早瀬友美乃氏(お茶の水女子大学理学部)には心よりお礼を申し上げたい．本書を訳出するにあたり，上川正二氏および吉岡書店の方々が示された忍耐強い努力に感謝の意を表したい．

2001年1月，東京にて

好村滋行

e-mail: komura@comp.metro-u.ac.jp

URL: http://www.comp.metro-u.ac.jp/~komura/

索 引

圧縮率, 253
圧力, 54, 70, 73, 197, 207
 曲がった界面, 71, 153
 膜内の圧力分布, 236, 243
イジングモデル, 25
ウィグナー・サイツ・セル, 283
ウルフの法則, 73
液体, 84
エマルション化失敗, 317, 329
L3 相, 320
エントロピー, 9, 10, 35, 88, 183, 190, 222, 250, 271, 286, 310
 同種粒子, 11, 188, 195, 212
 マイクロエマルション, 318
 ミセル, 301
オイラー・ラグランジュ方程式, 97, 105, 140, 207, 210
応力, 197
 静電的寄与, 199, 202

縦応力, 198, 199, 207, 236, 243
テンソル, 54
膜内, 236, 241
横応力, 198, 202, 236, 243
界面, 1, 4, 24, 69
 円柱状, 108
 界面張力, 70, 82
 気体・液体, 84, 87
 高分子, 91
 自由エネルギー, 80
 中立面, 227
 不安定性, 107, 108
 プロファイル, 73, 82, 99
 平坦性, 102
 飽和, 222, 224
 マイクロエマルション, 313
 ゆらぎ, 96, 100
 ランダム, 322
界面エネルギー, 148

索引

界面活性剤, 3, 5, 88, 89, 186, 218
    可溶性, 90, 93
    相互作用, 300
界面張力, 70
界面プロファイル, 70, 77, 86, 96, 97, 99
ガウス曲率, 43, 45, 48, 226
ガウス分布, 20, 61, 114, 324
化学ポテンシャル, 12, 14, 25, 29, 85, 195, 206, 223, 302, 304, 306
拡散律速凝集, 294
拡散律速凝集体, 270
確率分布, 9, 19, 74
仮想仕事, 239
加速度, 54
乾き, 159
気体, 84
気体・液体の界面プロファイル, 141
気体・液体の共存, 84, 122, 138
気体・液体の相転移, 282
基盤, 122
ギブス分布, 10
凝集, 269, 275, 278, 281
凝集数, 301, 303, 304, 307

凝集体, 270
共存曲線, 29, 31, 74, 277
共通接線, 29
極小曲面, 50
極性基, 88, 186
曲線, 36
曲率, 36, 41, 64
    弾性率, 230, 232
    膜, 225
曲率エネルギー, 230, 237
    低分子系, 242
    二重膜, 235, 255
    微視的モデル, 232
    フラストレーション, 308
    ベシクル, 308
    マイクロエマルション, 314
    ランダムな表面, 324
曲率剛性率, 230, 234, 235
    圧力分布との関係, 236, 241
    繰り込み, 248, 330
    高分子ブラシ, 256
    固体, 255
    静電的寄与, 243, 256
曲率弾性, 220
曲率弾性率, 230, 235
ギンズブルグ・ランダウ展開, 79,

96
計量, 39
結晶成長, 117
結晶の形状, 73
格子気体, 25, 77, 86
構造因子, 23
剛体球, 272
　　結晶化, 273
　　柔らかい斥力, 278
高分子, 35, 61, 91, 248
　　吸着, 208, 287
　　グラフト高分子, 287
　　コロイドの安定化, 271
　　表面との相互作用, 208, 213
　　不屈長, 256
　　溶液, 35
　　立体斥力, 287
高分子ブラシ, 256, 288, 296
　　曲率剛性率, 256
　　自由エネルギー, 290
枯渇相互作用, 204
固体, 73
　　結晶の平衡形, 118
　　表面, 111
　　ラフニング, 111
コロイド, 1, 5, 186, 268

安定性, 269, 270
応用, 269
凝集体, 269, 292
凝集の運動論, 293
結晶, 270
静電相互作用, 283
相互作用, 280, 295
相分離, 277
帯電コロイド, 282
DLVO 理論, 280
デルヤギン近似, 275
立体斥力, 287

サスペンション, 5
サドル・スプレイ, 230
サドル・スプレイ剛性率, 234, 319, 324
散乱, 23, 323
　　球, 61
　　高分子, 61
自己会合, 5, 300
実効的な電荷, 285
自発曲率, 230, 234, 309, 329
遮蔽, 195
自由エネルギー, 10, 71, 74, 77, 79, 89, 96
　　界面, 109, 139

索引

壁の間の溶質, 204
曲率, 226, 230
グランドポテンシャル, 12, 14, 27, 33, 81, 139, 143, 190, 205
光子, 177
高分子, 289
最小化, 11, 81, 97, 114, 125, 131, 135, 141, 190, 227, 302, 311
静電的, 189
帯電コロイド, 285
ぬれ, 125, 131, 134
フローリー・ハギンス, 35
ベシクル, 310
ヘルムホルツ, 10, 27, 81, 84, 213
飽和した界面, 224
膜, 246
ミセル, 301
ゆらぎ, 100
ゆらぐ膜, 252
ランダウ展開, 32
重力, 103
重力による流れ, 59
主方向, 47

潤滑近似, 153
準理想気体, 13, 60
浸透圧, 29, 85, 207, 211, 236
スピノーダル, 30, 62
スポンジ的構造, 320
 トポロジー, 324
 ラメラ相との関係, 321
 ランダム, 322
ずり流れ, 58
静電相互作用, 186
 塩の効果, 188, 194, 281
 応力, 202
 曲率エネルギーに対する寄与, 256
 曲率弾性に対する寄与, 243
 高電荷密度の極限, 194
 コロイド, 280
 コロイドの安定化, 271
 自由エネルギー, 189, 212
 帯電表面間の応力, 199
 帯電表面間の力, 202
 力, 197
 対イオン分布, 192
 デバイ・ヒュッケル近似, 194
 表面, 211
 理想気体の極限, 193

接触角, 123, 125, 133, 147, 150
　　ヒシテリシス, 124, 133
接触線, 123
　　ゆらぎ, 132, 157
接線, 39
相関関数, 61, 91, 118
　　界面, 102
　　基盤上の不純物, 133
　　表面, 104
　　不屈長, 248
　　法線, 247
　　ゆらぐ接触線, 137
相関長, 116, 117, 142
相挙動, 28
相互作用, 14, 17, 25, 27, 35, 89, 161, 186
　　イオン結合, 162
　　引力, 16, 269
　　　コロイド, 273
　　エントロピー的斥力, 250
　　共有結合, 162
　　金属結合, 162
　　枯渇力, 203
　　コロイド, 270, 273, 280
　　　相分離, 277
　　斥力, 250

　　コロイド, 250, 291
　　膜, 258
　　双極子相互作用, 163, 165
　　疎水性相互作用, 164, 300
　　頭部・尾部間のパッキングの競合, 230
　　表面間, 197
　　引力, 207, 213, 214
　　斥力, 209
　　溶質誘起, 203, 212
　　ファン・デル・ワールス相互作用, 165
　　分子間力, 162
　　膜間, 258
　　溶媒媒介, 163
　　立体相互作用, 291
相転移, 30
　　一次転移, 31, 34, 63, 146, 159
　　二次転移, 33, 146
　　ぬれ, 132, 159
相分離, 24, 30, 32, 35, 268, 275, 277
　　気体・液体, 277
層流, 56
速度, 52, 53, 104, 152

索引

ダイナミクス, 104, 117
タナーの法則, 156
力, 55
　表面間, 197
秩序変数, 74, 214
中立面, 225, 227, 255
調和振動子, 19
対イオン, 88, 186, 190, 194, 243, 283
　球周辺の分布, 284
　帯電表面周辺の分布, 191
　二帯電表面間の分布, 192
　非束縛, 286
DLVO 理論, 280
デバイ・ヒュッケル近似, 196, 211
デルヤギン近似, 275, 288
電荷の繰り込み, 286
　円筒状の棒, 295
電荷分布, 191, 192
　球面近傍, 284
　非束縛, 286
電荷密度, 190
　デバイ・ヒュッケル近似, 194
統計力学, 8
ナビエ・ストークス方程式, 55, 107, 153

二元混合物, 24, 77, 96, 204
二重膜, 219, 227, 308, 309
　曲率エネルギー, 235, 255
二相の共存, 28, 70, 74, 82, 85, 91
　高分子, 91
　ぬれ, 147
ニュートンの法則, 54
ぬれ, 4, 122, 141
　液滴の形状, 125, 131, 158
　完全ぬれ, 122, 143, 158
　巨視的理論, 122, 129
　接触線のゆらぎ, 132
　ダイナミクス, 151, 156
　動的プロファイル, 154
　ぬれ転移, 143, 146, 150, 159
　薄膜, 142
　薄膜のプロファイル, 143
　パターン形成, 157
　微視的理論, 138
　ファン・デル・ワールス相互作用, 130
　不安定性, 157
　部分ぬれ, 122, 147
　変分理論, 125
　密度プロファイル, 141
　ヤングの式, 123

熱平均, 18
粘性, 56, 100, 119
粘性率, 55, 153
濃度勾配, 82, 204, 210
濃度プロファイル, 77
ノンスリップ境界条件, 52, 152

排除体積, 25, 89, 289
バイノーダル曲線, 31, 34, 62
薄膜, 119, 141
　　破裂, 119
　　不安定性, 152
波数ベクトル, 20
ハマカー定数, 119, 130, 170, 173, 175, 282
ハミルトニアン, 10, 14, 25, 74, 77, 101, 112, 113, 167, 251
非圧縮性, 232, 315
非圧縮性流体, 55, 104, 153
ビエルム長, 190
微細構造, 6
微分幾何学, 36
表面, 3, 36, 69
　　陰関数的表示, 38
　　曲率, 41, 43, 45, 49
　　固体, 73, 111

主方向, 47
助変数表示, 38
中立面, 227
張力, 70, 82
不安定性, 107
プロファイル, 82
平坦性, 102
面積, 40
モンジュ表示, 38
ゆらぎ, 96
ランダム, 322, 324
表面張力, 70, 73, 82, 90, 93, 99, 108, 246
　　界面活性剤による減少, 88
　　ぬれ, 122
表面張力数, 155
表面張力波, 100, 104, 119
表面張力不安定性, 107
ビリアル係数, 85, 92, 139, 274, 275, 277, 278
ビリアル展開, 16
ファン・デル・ワールス相互作用, 108, 119, 129, 158, 165
　　原子, 166
　　高温の極限, 183
　　光子の自由エネルギー, 177

索引

347

コロイド, 280
遅延効果, 184
低温の極限, 183
電磁的基準モード, 180
ぬれに対する影響, 130
媒質中, 169
薄膜と膜, 171, 175, 182, 210
マイクロエマルション間, 329
連続体理論, 176
フーリエ変換, 20, 136, 252
不均一系, 16, 77, 83, 97, 132
複雑流体, 2
不屈長, 248, 249, 322
　　高分子, 256
フラクタル凝集体, 270, 292, 296
　　運動論, 293
ブロックコポリマー, 6, 219
分極率, 169
分散関係, 106, 180, 211
分散系, 1, 186, 268
分子当りの面積, 222, 226
分配関数, 11, 177
平均曲率, 43, 45, 48, 226
平均場近似, 27
平衡, 71, 122, 222
平行な曲面, 49

ベシクル, 303, 308
　　安定性, 310, 312
　　大きさ, 310, 311, 330
　　界面活性剤の混合系, 312
　　曲率エネルギー, 308
　　形状, 310
　　自発的, 308
ヘルフリッヒ相互作用, 250
ヘルフリッヒのパラメータ, 231
変分近似, 74, 77, 80, 97, 113, 116, 278, 283
変分法, 81
ポアズイユ流, 57
ポアッソン・ボルツマン方程式, 196, 212, 282, 283
法線, 36, 38
ボーズ統計, 176
ボルツマン因子, 19, 113, 252
ボルツマン分布, 75

マイクロエマルション, 6, 312
　　エマルション化失敗, 317
　　円柱相, 319
　　球状, 317
　　曲率エネルギー, 314
　　形状, 314, 315, 319
　　格子モデル, 314

コロイド的側面, 318, 329
　　相互作用, 329
　　双連結, 6, 313, 320
　　ゆらぎ, 319
　　ラメラ, 319
マイクロエマルションの格子-モデル, 314
膜, 218
　　圧力分布, 236, 241
　　アンバインディング, 250
　　壁の間, 258
　　曲率, 225
　　曲率エネルギー, 230
　　曲率エネルギーに対する静電的寄与, 243
　　曲率弾性, 220
　　高分子, 256
　　固体膜, 218, 236, 254
　　斥力相互作用, 250
　　微視的モデル, 232
　　ゆらぎ, 245
　　流体膜, 218
曲げ剛性率, 230, 235
曲げ弾性率, 230, 235
マックスウェル方程式, 180
ミセル, 6, 90, 164, 186, 300

円柱状, 306, 329
円盤状, 307, 330
球状, 304
凝集数, 301, 304
CMC, 223, 303, 305
密度汎関数理論, 16
モンジュ表示, 48, 96, 245
ヤングの式, 127
誘電関数, 180
誘電率, 189
ゆらぎ, 18, 31, 91, 95, 96, 218
　　界面, 100
　　スポンジ構造, 322
　　接触線, 132, 136, 157
　　相互作用, 250, 258
　　マイクロエマルション, 313, 319
　　膜, 245, 248
　　ラフニング, 111
溶液, 312
溶質, 25, 203, 204, 212
溶質誘起, 203, 212
溶媒, 25, 35, 187, 204, 219
　　テータ溶媒, 289, 296
　　貧溶媒, 289
　　良溶媒, 289

索引

ラグランジュの未定乗数, 12, 45, 125, 246, 310
ラフニング, 246
ラフニング転移, 111, 115
 一次元, 120
 温度, 116
 結晶, 118
 自由エネルギー, 119
 相関長, 116, 117
 ダイナミクス, 117
ラプラス圧, 71
ラメラ構造, 250, 299, 303, 310, 312, 319, 321
乱雑混合近似, 28, 190
ランダウ展開, 96
ランダム表面, 322
理想気体, 16, 177, 189, 240
立体斥力, 250
流体力学, 52, 119
 境界条件, 52, 55
 ぬれ, 152
両親媒性分子, 218
臨界点, 30, 32, 36, 81, 91, 278
臨界ミセル濃度, 223, 303
レイノルズ数, 56
レイリー不安定性, 108

連続極限, 79
連続近似, 112
連続の式, 53
連続流体, 53

349

ISBN 4-8427-0000-9

訳者略歴

好村　滋行（こうむら　しげゆき）
1987年　東京大学理学部物理学科卒業
1989年　東京大学理学系大学院物理学専攻修士課程
　　　　修了
1991年　東京工業大学理学部応用物理学科文部技官
1992年　京都大学理学部物理学第一教室助手
1993年　理学博士（東京大学）
1995年　九州工業大学情報工学部機械システム工学
　　　　科助教授
1999～2000年　文部省在外研究員（ヴァイツマン科
　　　　学研究所）
2000年より　東京都立大学大学院理学研究科化学専
　　　　攻助教授
専攻　コロイド物理学，物性理論

Ⓡ本書の全部または一部を無断で複写複製（コピー）することは，著作権法上での例外を除き，禁じられています。本書からの複写を希望される場合は，日本複写権センター（03-3401-2382）にご連絡ください。

S. A. Safran：コロイドの物理学　　　　2001 ©

2001年2月20日　　第1刷発行

訳　者　好　村　滋　行
発行者　吉　岡　　誠

〒606-8225 京都市左京区田中門前町87
株式会社　吉　岡　書　店

（物理学叢書86）　　電話(075)781-4747/振替　01030-8-4624

印刷・製本㈱太洋社

ISBN 4-8427-0294-X

「物理学叢書」刊行に際して

　二十世紀の物理学の進歩は，物質の極微の構造の暴露に，物質の精妙な機構の解明に，驚異的な発展，飛躍をもたらした．その結果，新しい自然力の解放，支配を実現化したばかりでなく，新しい物質の創造，生命の謎への挑戦をも企画せしめつつある．更に，既知の自然力の未曾有の強力な駆使さえ可能にしつつある．二十世紀後半に至って，原子力に，あるいはオートメーションに今や第二の産業革命を喚起せんとするに至った原動力は，物理学の開拓的な創造性によることは言をまたない．更に，現在の物理学は，かつての相対論，量子論の出現にも比すべき革命の前夜にあるといわれているこの時に当たり，物理学の新領域の単なる解説，あるいは時局的な技術書ではなく，真にわが国物理学の発展の糧となるべき良書の出版は緊急の必要事といわねばならぬ．ここに「物理学叢書」を編んで世に送る所以である．

　この叢書に収められる原著は，いずれもそれぞれの分野の世界的権威者による定評ある名著に限られるが，前述の精神に鑑みその性格，スタイルに特徴あるものを選ぶと共に，その本質において創造的価値高きものを目標とした．

　この叢書が，物理学またはその関連分野へ進む学徒に，よき伴侶として用いられ，真にその血肉となり得ることがわれわれの念願であり，更にこの叢書によって伝えられる海外の学風が，広くわが国の教育，研究へのよき刺戟となり，わが国の明日の科学を築く基礎に貢献するところがあれば幸いである．

(1954年12月)

物　理　学　叢　書

編集・小谷正雄／小林　稔／井上　健／山本常信／高木修二

シッフ　　　　　　　井上　健訳 新版 量　子　力　学 上下 　　　　　　　上 368頁　下 320頁		刊行以来無比の標準的教科書として絶賛を博してきた本書は，原著第3版刊行にともない全面的に版を改めた．基本的な概念やその数学的形式を丁寧に解説されている量子力学の入門書である．
ゴールドスタイン　　　瀬川富士他訳 新版 古　典　力　学 上下 　　　　　　　上 528頁　下 416頁		最近，物性物理や素粒子物理を学ぶ人の間に，古典力学はきちんと学ぶべきだという気持が強い．本書は，場の理論から，多体系の物理学を研究する上で，基本的な入門書であり，古典力学を新しい見地から解説．
モット，マッセイ　　　高柳和夫他訳 新版 衝　突　の　理　論 （全4巻）上 I　　上・II 328頁 　　　　　下 I　　下・II 232頁		量子力学の重要な適用対象である衝突理論を丁寧に述べた代表的教科書である．衝突の一般論と，電子衝突，原子と原子の衝突，さらに原子核による核子の散乱など多くの実際問題を扱っている．
ライフ　　　中山寿夫・小林祐次訳 統計熱物理学の基礎 上中下 　　　　上 388頁　中 352頁　下品切		統計力学の基礎概念から応用まで体系的に取扱い，初心者が容易に理解できるよう豊富な例題を駆使して懇切丁寧に解説した学部学生向き教科書の決定版．化学・生物の学生にも理解し易い記述である．
キャレン　　　　山本常信・小田垣孝訳 熱　　　力　　　学 上下 　　　　　　上品切　下 216頁		この教科書は従来の歴史的発展に沿った記述を取らず，いくつかの公理に基づいて熱力学を再構築し，論理構造を明確にした．今後の熱力学の発展と飛躍のためにこのような安定化のもつ意義は深い．

頁数記載なきは品切もしくは未刊

ハーケン　　　　　松原武生・村尾　剛訳 **固体の場の量子論** 上下 ——素励起物理学入門——　上 168頁　下 232頁		教養程度の知識のみで，短期間に系統的に場の量子論の方法と固体論への応用を完全に習得できる．上巻では多くの演習問題で理解を早め，下巻では現在の考え方・モデル・方法などが整然と解説されている．
アシュクロフト，マーミン　松原武生・町田一成訳 **固体物理の基礎** （全4巻）　上・I 304頁　下・I 288頁 　　　　　上・II 272頁　下・II 280頁		学部生にも大学院生にも使えるよう工夫され，内容の取捨選択がしやすく，種々の目的，異なる水準でもうまく使い分けられる．固体物理学の現象の記述と理論的解析による統一という著者の目標は完全に達成されている．
ド・ジャン　　　久保亮五監修・高野・中西訳 **高分子の物理学** ——スケーリングを中心にして——　360頁		全く刷新された最近の高分子物理学の成果を，ド・ジャン自らが平明なスケーリング則の解説と共にまとめた労作である．むつかしい理論に立入らず，スケーリング則とその実験的検証を理解させるという立場を貫いている．
シュッツ　　　　　家・二間瀬・観山訳 **物理学における幾何学的方法** 　　　　　　　　　　　　　　328頁		本書は近年理論物理学において，極めて基礎的でかつ有効な数学的手法である微分幾何についての教科書である．概念を中心に分かり易く解説してあり，物理学への応用も示してある．
J.J.Sakurai　　　　　　　　　桜井明夫訳 **現代の量子力学** 上下 　　　　　　　　上 392頁　下 320頁		素粒子物理学の独創的理論家であった著者が，UCLAでの多年の講義に基づき書き遺した現代的教科書．非相対論的量子力学の核心が，最近の理論・実験の発展に則し，新しい視点から明快かつ具体的に記述されている．
ジョージアイ　　　　　　九後汰一郎訳 **物理学におけるリー代数** ——アイソスピンから統一理論へ——　224頁		GlashowとともにSU(5)に基づく素粒子の大統一理論を初めて提唱した著者が，その研究の苦闘の中で体得した豊富な実践的知識を込めて書いた，リー代数とその表現論のわかり易い解説書．
フォスター・ナイチンゲール　原　哲也訳 **一般相対論入門** 　　　　　　　　　　　　　　284頁		初学者には難解とも思える一般相対論の内容を，分り易く解き明かしてある．物質の存在が時空を歪め，その曲がりにより重力的現象が起因するという概念を平易，明快に解説．
ジーガー　　　山本恵一・林　真至・青木和徳訳 **セミコンダクターの物理学** 　　　　　　　　上・320頁　下・340頁		電子輸送現象にかなりの頁数を費やしており，企業の研究者にとっても最適である．さらに多くの図面により，物理現象の把握に役立つ．
ゲプハルト・クライ　　　　好村滋洋訳 **相転移と臨界現象** 　　　　　　　　　　　　　　378頁		ランダウの相転移論から始まり，先年ノーベル賞の対象となったウイルソンのくりこみ群までを，あまり数式を用いず実験例との対応を明らかにするため，豊富な図表を用いて親しみ易く解説した現代的入門書．
ストルコフ・レヴァニューク　　正田朋幸訳 **強誘電体物理入門** 　　　　　　　　　　　　　　248頁		強誘電体の相転移を構造相転移の一つとみなし，統一的に基礎的な立場から記述．物質の各論や応用などには殆どふれず，物理的なエッセンスのみを抽出して解説する．両著者ともにこの分野の世界的権威である．

パリージ　　　　青木　薫・青山秀明訳 **場　の　理　論** ――統計論的アプローチ――　　438頁	第一線の研究者の手になる量子場理論の最新の教科書．イジング模型，ランダウ・ギンツブルグ模型等を導入し，相転移の物理を基礎から説き起こす．素粒子論や統計物理を志す学生・院生のための教科書として最適．
キューサック　　　遠藤裕久・八尾　誠訳 **構造不規則系の物理**　上下 　　　　　　　　　上 286頁　下 282頁	構造不規則系の研究は物理学の魅力ある分野である．本書は構造不規則系の静的・動物構造，電子状態，またその応用について，実験，理論両面にわたる初めての総合的な教科書．
J.D.Jackson　　　　　　　西田　稔訳 **ジャクソン電磁気学**　上下 （原書第2版）　　　　上 648頁　下 480頁	標準的教科書として世界的に著名なジャクソンの原書第2版の翻訳．理論物理学，実験物理学，天体物理学，プラズマ物理学に関心をもつ学生，研究者に必携の書．第2版において更に最新の内容に充実，完成された．
アブリコソフ　　東辻千枝子・松原武生訳 **金属物理学の基礎**　上下 　　　　　　　　　上 376頁　下 332頁	この分野で世界をリードしてきた著者が固体電子論の立場から集大成した．メソスコピック系や高温超伝導・セラミックスなども明快に解説されており，特に量子効果がマクロに観測される領域の部分は圧巻である．
メンスキー　　　　　　　　町田　茂訳 **量子連続測定と径路積分** 　　　　　　　　　　　　　　　272頁	量子論の基本問題を連続測定の観点から径路積分を使ってとらえ直し，初期宇宙での時間の出現なども論じている．日本語版では多くの追加がされており，読みやすい入門書となっている．
チャンドラセカール　　木村初男・山下　護訳 **液　晶　の　物　理　学** 原書第2版　　　　　　　　　　544頁	最近20年の新成果を取り入れて全面的に改訂増補された．豊富な実験データの図版を用いて簡潔・明快であり，文献リストも非常に充実したアップツーデートな入門書である．
スティックス　　　田中茂利・長　照二訳 **プ ラ ズ マ の 波 動**　上下 　　　　　　　　　上 344頁　下 364頁	冷たいプラズマの波動の分類と特徴から始まり，プラズマの最も魅力的かつ特徴的なプラズマ粒子の集団的相互作用に基づく無衝突減衰（ランダウおよびサイクロトロン減衰）から弱乱流プラズマの準線形理論へと展開する．
スワンソン　　　　　　　　青山秀明他訳 **経　路　積　分　法** ――量子力学から場の理論へ――　502頁	汎関数空間やグラスマン数など，初学者がとまどいやすい部分についても非常に丁寧な導入を行なっており，場の理論およびその素粒子物理への応用について概観するのにも適している．
ワインバーグ　　青山秀明・有末宏明訳 **粒　子　と　量　子　場** 場の量子論シリーズ①　　　　432頁	簡単な歴史的記述から入り，相対性原理と量子力学の理論を用いて素粒子の性質を論じることにより「場の量子論」が自然の帰結として現れてくる．貴重な参考文献であると同時に，教科書として適切である．
アグラワール　　　小田垣　孝・山田興一訳 **非線形ファイバー光学** 原書第2版　　　　　　　　　　688頁	光ファイバーにおける非線形効果の理論と応用の集大成．光ファイバー内で起こるあらゆる非線形現象の背後にある物理を判りやすく解説し，さらに最先端の話題まで完全に網羅した類のない最新の名著．学生，研究者に必携．

ワインバーグ　　青山秀明・有末宏明訳 量子場の理論形式 場の量子論シリーズ② 446頁	本書はS.Weinbergによる「場の量子論」全4巻の第2巻である．正準形式，ファイマン則，量子電磁理論，経路積分，くりこみ，などの理論形式の核となる部分が論じられる．
ワインバーグ　　青山秀明・有末宏明訳 非可換ゲージ理論 場の量子論シリーズ③ 376頁	現代の素粒子論における標準理論の基礎をなす非可換ゲージ理論が導入され，また場の理論の現代的手法である有効場の理論，くりこみ群，大域的対称性の自発的破れの一般論が展開される．
キャレン　　小田垣　孝訳 熱力学および統計物理入門 上下 第2版 上330頁 下368頁	世界的に高い評価を得ている熱力学の代表的な教科書である．公理に基づく熱力学体系の構築は他に類をみない．上巻では平衡状態を定める条件が論じられ，下巻では相転移の熱力学への導入が詳しく論じられる．
ワインバーグ　　青山秀明・有末宏明訳 場の量子論の現代的諸相 場の量子論シリーズ④ 342頁	くりこみ群や対称性の破れにとって重要な演算子積展開，電弱理論のゲージ対称性の自発的破れが論じられる．これとは対称的に量子力効果として対称性を破るアノマリーと，それによる物理的結論が述べられる．
チエイキン，ルベンスキー　松原武生・東辻千枝子他訳 現代の凝縮系物理学 上396頁 下376頁	凝縮系の物理学を現代的な視点で扱った待望の書．臨界現象とくりこみ群の方法に特に注目し，扱う対象は液体・結晶・不整合結晶・準結晶・非晶質系に及ぶ．250以上の図，多くの演習問題，文献リストを含む．
Y. イムリー　　樺沢宇紀訳 メソスコピック物理入門 314頁	固体電子の局在と緩和の一般論，典型的な題材である微細な系の永久電流と量子輸送，量子ホール効果，超伝導メソスコピック系，および雑音の問題を著者一流の観点から論じる．

別　巻

井上　健監修・三枝寿勝・瀬藤憲昭著 量　子　力　学　演　習 ——シッフの問題解説—— 392頁	理論的基礎に重点をおきながら，実験・技術を志ざす学生にも容易に理解できる演習書たるべく，代表的教科書として定評あるシッフの同書より，章末の各問題を詳細に解説した．
井上　健監修・瀬藤憲昭・吉田俊博著 古典力学の問題と解説 ——ゴールドスタイン（第2版）に基づいて—— 434頁	近代的な量子力学・場の理論・物性論を学ぶ際の踏み台として，古典力学を新しい見地から解説された，一般力学の標準的教科書と，誉れの高いゴールドスタイン（第2版）の章末の問題を詳細に解説した最新の演習書．
大槻義彦監修・飯高敏晃他著 演習現代の量子力学 ——J.J.サクライの問題解説—— 336頁	本書は，J.J.サクライの教科書「現代の量子力学」の章末問題の解説である．この解説は1991年度，早稲田大学の物理学科，応用物理学科のはじめて量子力学を学ぶ学部3年生を対象に行った演習に基づいている．

改訂増補	木村利栄・菅野礼司著 **微分形式による解析力学** 272頁	「マグロヒル出版」より刊行されていた前著にその後の拘束力学系の理論の発展を取り入れた．物理学理論で強力かつ不可欠な武器となる外微分形式を用いて，解析力学を詳しく紹介した．
訂正増補	F.クローズ　井上　健訳・九後汰一郎補遺 **宇宙という名の玉ねぎ** ——クォーク達と宇宙の素性　268頁	物質の根源の姿を追求してきた今世紀の素粒子物理学の，心躍る発見と認識の深化のプロセスを読者に追体験させてくれる．数式を用いずに一般向けに解説．前著に「その後の発展と歴史的経緯に対する補遺」追加．
	生物物理から見た生命像 1． **蛋白質——この絶妙なる設計物** 赤坂一之編　146頁	わかりやすさ・親しみやすさを重視して，これから学問を始めようとする人に，蛋白質の「自然による絶妙な設計物」としてのおもしろさを伝える．
	生物物理から見た生命像 2． **生体膜——生命の基本形を形づくるもの** 葛西道生・田口隆久編　180頁	20世紀後半の生体膜モデルの確立，単一分子解析から単一細胞での解析，再構成膜系での解析へと進み，「脳研究の世紀」といわれる21世紀へつながる生き生きとした研究展開を感覚的に理解できるよう工夫されている．
	生物物理から見た生命像 3 **ナノピコスペースのイメージング** 柳田敏雄・石渡信一編　172頁	生体分子1個を見て操作するという斬新な技術を中心に紹介し，それらを使って分子モーターの働くしくみがどの程度までわかってきたかが解説され，分子機械のあいまいさに柔軟な生物システムの原点を探る．
	生物物理から見た生命像 4 **知覚のセンサー** 津田基之編　138頁	知覚のセンサーの巧みなシグナルの獲得と情報処理のメカニズムに焦点を合わせ第一線の研究者がわかりやすく解説．脳で最も研究の進んでいる知覚のセンサーの理解は「脳科学の世紀」である21世紀に必須である．
	スティーブンス　早田次郎訳 現代物理を学ぶための**理論物理学** 292頁	予備知識はほとんど仮定されておらず，必要とされる数学的知識は最初の章にまとめて解説されている．式の導出は非常に丁寧で，物理を学ぼうとする人が現代物理の基礎を学ぶためには絶好の書である．
	高橋光一著 **宇宙・物質・生命** ——進化への物理的アプローチ——　224頁	著者の長年にわたる教養教育課程の講義の中から生まれた．宇宙誕生から生物進化までの解明に物理学が果たした役割と，進化に科学がどのようにかかわってきたのかを物理的視点から眺める．文系教養教科書として最適．
	日置善郎著 **場の量子論** ——摂動計算の基礎——　176頁	相対論的な場の量子論の基本的な構成がスケッチされるとともに，主要な計算方法である共変的な摂動論の基礎が，幾つかの具体的な計算例とともに丁寧に解説される．場の量子論・摂動計算の公式集の価値がある．
	花井哲也著 **不均質構造と誘電率** ——物質をこわさずに内部構造を探る——　316頁	個々の工業生産物や生物細胞などについて，処理解析の技法，結果の実用的解釈の仕方の実際例などを初心者にも理解できるよう解説．化学・工業生産の技術分野の技術者・研究者には待望の書である．